교양으로 읽는 하늘 이야기

대단한
하늘여행

교양으로 읽는 하늘 이야기

대단한 하늘여행

윤경철 지음

What happens in the sky?

우리가 사는 지구,
그 지구의 하늘과 우주에 대한 소소하지만 놀라운 이야기

푸른길

머리말...

　인간은 지구라는 행성에서 살아간다. 지구에는 육지와 바다가 있고 그 위에 하늘이 있다. 인간들이 발을 딛고 살아가는 육지뿐만 아니라 바다와 하늘도 우리들과는 떼려야 뗄 수 없는 밀접한 관련이 있다. 지구의 육지에 대해서는 『대단한 지구여행』에서 다루었고, 바다에 대해서는 『대단한 바다여행』에서 논하였다. 그래서 이번에는 같은 동아리인 하늘에 대해서 정리하였다. 하늘(우주)은 지구와 이웃하는 학문 분야로 조금씩 익히고 들어 왔기 때문에 완전히 생소한 분야는 아니라고 생각한다. 하지만 배우고 공부하는 자세로 하늘과 관련된 도서와 자료를 참고삼아 정리하였다.

　부제인 '교양으로 읽는 하늘 이야기'에서 알 수 있듯이 이 책은 청소년들이나 일반인들이 교양으로 읽는 관점에서 바라보았다. 즉, 우리들의 일상생활에서 생기는 하늘에 대한 궁금증과 호기심의 관점에서 접근한 것이다. 이 책을 읽는 독자들은 하늘이 우리 일상생활에 얼마나 밀접하게 연관되어 있는지 깨닫게 될 것이다. 더불어 독자들이 하늘에 대해 좀 더 친근감을 가지고 가까이 다가갈 수 있었으면 하는 바람으로 이 글을 쓰게 되었다.

　하늘도 최초의 10억 년 동안은 엄청난 변화를 겪었다. 원시의 수프 상태에서 수소와 헬륨의 바다가 생겼고, 거기에서 요동(수축과 붕괴)이 일어나 은하들이 생겨났다. 빅뱅의 과정을 거쳐, 우주의 선사 시대를 지나, 시공간이 생겨났다. 1859년, 빛의 스펙트럼이 분석되어 별의 화학적 구성도 알아냈다. 이제 우리가 살아가는 지구도 거대한 우주 공간을 잠깐 지나가는 것이라는 점도 어느 정

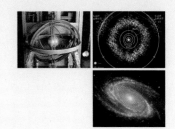

도 알려졌다. 뿐만 아니라 지구인에게 에너지를 공급하는 태양도 적색 거성의 단계를 거쳐 백색 왜성이 되어 언젠가 소멸한다는 것도 이미 알려진 사실이다. 그러므로 우리가 속한 태양계도 광대한 코스모스(Cosmos) 속을 스치는 한 점에 지나지 않는다.

이 책을 저술하는 과정에서 전공 서적과 관련 자료를 활용했는데, 각 자료들마다 천체와 행성들의 속성 자료(궤도 성질, 물리적 성질, 대기 성질)들이 각기 달랐다. 이에 이 책에서는 가급적 국립천문연구원의 자료를 참고하였음을 밝힌다. 또한 천문에 관한 수량은 그 단위가 너무나 크기 때문에 일일이 소수점 이하까지 표현할 필요는 없다고 생각되어, 편의를 위해 다음과 같이 반올림하여 사용하였다. 예를 들어 목성의 공전 주기 11.86년은 12년으로, 지구에서 태양까지의 거리 149,600,000km(1AU)는 1억 5천만km로 표기한 것 등이다.

이 책에서는 천문이나 우주, 항성 같은 공학적인 용어 대신에 우리의 일상생활에서 친근하게 사용하는 하늘이나 별 같은 용어를 많이 사용하였다. 왜냐하면 천문이나 우주, 항성이라는 용어는 그 자체에서 풍기는 학문적인 냄새 때문에 어렵고 딱딱하게 느껴져서 일반인들이 쉽게 접근하기 어렵기 때문이다. 그래서 아름답고 부드러운 단어인 하늘, 별 같은 용어를 많이 사용하려고 노력하였다. 단 천문이나 우주, 항성 같은 용어를 사용하지 않으면 문장이 어색하거나, 이해가 잘 되지 않을 곳에서는 어쩔 수 없이 그 용어들을 사용하였음을 밝힌다. 또한 '태양'이라는 용어 대신에 '해'라는 단어를 많이 사용하려고 하였

으나, 태양이라는 단어가 모든 분야에서 너무나 다양하게 쓰이고 있기 때문에 해보다는 태양을 더 자주 사용하였다. 예쁜 우리말인 '해', '달', '별'을 더 자주 썼으면 하는 바람이다.

이 책에서는 천문이나 우주에 대한 지나치게 깊이 있는 이론적 설명은 생략하였다. 특히 수학적인 공식이나 우주 천문의 계산, 관측, 깊이 있는 우주 탐사 기술 등에 대한 내용은 시중에서 쉽게 구할 수 있는 우주 천문에 관한 전문 도서가 많이 있기 때문에 다루지 않았다. 독자 여러분의 양해를 구한다.

누구나 쉽게 접할 수 있도록 하는 것에 중점을 둔 만큼, 이 책은 중학교 이상의 교육 수준이라면 큰 부담 없이 읽을 수 있을 것이라고 생각한다. 독자들이 이 책을 읽고 하늘에 대해 더욱 흥미를 갖고, 전보다 더욱 친밀감을 느낄 수 있게 된다면 저자로서는 더 없이 행복할 것이다. 끝으로 이 책이 발간되기까지 편집에 애써 주신 푸른길 김선기 사장님을 비롯한 담당자에게도 감사의 말씀을 전한다.

2010년 겨울, 호주 시드니 North Rocks에서

저자 윤경철

What happens in the sky?

차례...

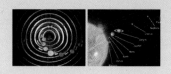

하늘 나라 우리 동네

하늘 나라 먼 동네 3

지구의 외아들

하늘을 탐사하는 과학기술

5

지구촌을 누비는 하늘버스

하늘과 인간 생활 7

하늘이 만들어 내는 기상 8

1

하늘 문이 열렸다

교양으로 읽는 하늘 이야기 - 대단한 하늘여행

시간도 공간도 없는 작은 점에서부터
– 빅뱅

　백 수십억 년 전 빅뱅(big bang)으로 우주가 탄생되었고, 그 후부터 현재까지 우주는 초스피드로 팽창하고 있다는 것이 우주 생성에 대한 일반적인 사고방식이다. 빅뱅 이전에는 시간도 공간도 존재하지 않았다는 것이다. 그렇다면 시간도 공간도 없는 곳에서 어떻게 우주가 만들어졌을까? 우주의 저쪽 끝에는 무엇이 있고 그것은 어떤 물질로 되어 있을까? 이러한 의문들이 자연스럽게 생긴다.

　현대 우주론에 따르면 태초에는 아무것도 없었다고 한다. 우주라는 용어도 별도 원자도 없었다. 이때 시간과 공간이 태어났는데 우리는 이것을 대폭발, 혹은 빅뱅이라고 부른다. 그 전에는 무無의 세계, 즉 알 수 없는 세계였다. 현대 우주론의 출발점은 1917년 아인슈타인(Albert Einstein, 1879~1955)이 발표한 정적 우주론이 효시이다. 아인슈타인은 우주는 팽창하지도, 수축하지도 않는다고 주장했다. 그런데 1916년에 발표된 아인슈타인의 일반상대성이론을 면밀히 살핀 러시아의 수학자 프리드만(Alexander Friedman, 1888~1925)과 벨기에의 신부 르메트르(Georges Lemaitre, 1894~1966)의 생각은 아인슈타인과 달랐다. 프리드만은 1922년 "우주는 극도의 고밀도 상태에서 시작돼 점차 팽창하면서 밀도가 낮아졌다."라는 논문을, 르메트르는 1927년 "우주가 원시 원자들의 폭발로 시작됐다."라는 논문을 각각 발표했다. 그러나 아인슈타인은 그들의 논문을 무시

해 버렸다.

1929년, 아인슈타인에게 충격적인 사건이 발생했다. 미국의 천문학자 에드윈 허블(Edwin Powell Hubble, 1889~1953)이 은하의 후퇴 속도를 관측해 우주가 팽창한다는 사실을 발표한 것이다. 허블의 우주팽창설은 두 가지 면에서 과학자들의 궁금증을 자아냈다. 하나는 우주가 팽창하기 전으로 돌아가면 어떤 모습일까 하는 것이고, 또 하나는 우주가 언제까지 팽창할 것인가 하는 것이다. 초기 우주의 모습을 처음으로 정확하게 계산해 낸 과학자는 프리드만의 제자인 러시아 태생 미국 물리학자 가모브(George Gamow, 1904~1968)였다. 가모브는 우주가 고온 고밀도 상태였으며 급격하게 팽창했다는 논문을 1946년 초기에 발표했다. 이에 따르면 우주의 온도는 탄생(빅뱅) 1초 후 1백억℃, 3분 후 10억℃, 1백만 년이 됐을 때는 3천℃로 식었다고 한다. 또 우주 초기에는 온도가 너무 높아 무거운 원자들은 존재할 수 없었다고 하는데, 이때 생긴 수소와 헬륨이 현재 우주 질량의 대부분을 차지한다고 설명했다.

아무튼 빅뱅을 천재지변이라고 생각하면 빅뱅에 견줄 만한 천재지변은 없다. 이 사건의 위력으로 시간과 공간이 생겨났으며, 여기에는 '바깥'도 없고 제3자로서 관찰할 수 있는 사람도 없었다. 또한 여기서는 '먼저'라는 개념도 존재하지 않는다. 뿐만 아니라 일반적인 의미의 폭발이라는 것도 별 의미가 없다. 이러한 빅뱅 이론의 타당성을 뒷받침하는 첫 번째 근거는 모든 은하가 서로 점점 더 멀어지고 있다는 점이다. 두 번째는 우주를 구성하고 있는 물질 중 약 75%는 수소이며, 나머지 25%는 헬륨이라는 것이다. 세 번째 근거는 우주의 모든 방향에서 희미한 라디오파가 방출된다는 사실이다. 이 세 가지 발견 사실을 근거로 우주 모형에 관한 가설인 빅뱅이론(big bang)이 정립되었다.

1948년 미국의 물리학자 랄프 앨퍼(Ralph Alpher, 1921~2007)와 로버트 허먼(Robert Herman, 1914~1997)은 초기 우주의 흔적인 우주배경복사가 우주 어딘가에 남아 있으며, 그 온도는 영하 268℃일 것이라고 예언했다. 또한 1965년 독일 태생의 전파천문학자인 펜지어스(Arno Allan Penzias, 1933 출생)와 미국 태생의 로버트(Robert Woodrow Wilson, 1936 출생)에 의해 우주의 초단파 배경복사(cosmic microwave background)•가 예견되었다. 또 벨 연구소의 연구원들도 빅뱅의 잔존물로 생각되는 어떤 음音을 발견하였다고 했으며, 1992년 캘리포니아 국립 로렌스리버모어(Lawrence Livermore National Laboratory)의 연구원이자 캘리포니아대학 버클리 분교의 교수인 조지 스무트(George Fitzgerald Smoot III, 1945 출생)가 코비 위성(COBE; Cosmic Background Explorer)의 관측 결과를 통해 우주배경복사를 확인했다고 한다.

우주론에서 대폭발 이후 현재까지 남아 있는 것으로 여겨지는 대폭발의 흔적을 우주배경복사라고 함.

우주가 팽창하고 있다는 것을 거꾸로 생각해 보자. 꽃이 피는 장면을 찍은 필름을 거꾸로 돌리면 꽃봉오리가 다시 오므라지고 돋았던 싹이 땅속으로 들어가 버린다. 우주도 마찬가지다. 지금의 우주를 거꾸로 돌린다면 차츰 축소되어 마침내는 우주가 아주 작은 덩어리가 될 것이다. 그 덩어리는 다시 작아지고 작아져서 하나의 점이 되고 언젠가는 우주, 즉 그 점이 처음 탄생하는 순간으로 돌아가지 않을까? 그렇다면 우리 우주는 처음부터 줄곧 있던 것이 아니라 갓난아기가 어머니 뱃속에서 태어나듯이 아득히 먼 어느 날 처음 태어나서 오늘날까지 팽창을 계속해 온 것이 아닐까? 바로 이러한 의문들이 '대폭발설', 즉 빅뱅이론을 탄생하게 만들었다. 빅뱅에 대한 답을 완전히 알려고 노력할 필요는 없다. 현재의 과학기술 수준으로는 아무리 알려고 해도 정확한 답을 구할 수 없기 때문이다.

천지창조와 인간 탄생

천지창조 이전에는 우주도 없었고, 지구도 없었고, 만물을 덮는 하늘도 없었다. 우주는 그저 막막하게 퍼진 펑퍼짐한 모양이었을 것이라고 추측된다. 당시에는 생명이 없는 입자들, 사물로 굳어지지 않는 요소들, 그리고 구획도 없는 혼란스러움뿐이었다. 말하자면, 제 모습을 갖추고 있는 것은 아무것도 없었다는 것이다. 현대 과학이 발달한 오늘날에도 창조과학자들이나 진화론자들이 주장하는 것 중 어느 것이 정답이라 확답할 수 없다. 정답일수도 있지만 정답이 아닐 수도 있다. 왜냐하면 천지창조나 인간의 탄생을 일반인들이 이해할 수 있도록 꼭 집어 답해 줄 사람이 없기 때문이다. 우리는 천지나 인간을 낳은 부모도, 자란 학력이나 이력도 모른다. 다만 진화 과정에서 발생하는 각종 유기 물질들이 화학적으로 생성되는 원리를 실험실에서 간접적으로나마 알 수 있을 뿐이다. 그렇다고 하늘이 열리고 어찌어찌하여 인간이 탄생되었다고 불명확하게 말할 수도 없다. 이렇듯 천지창조나 인간의 탄생을 알려면 우주 및 지구의 생성 과정부터 정확히 알아야 하기 때문에, 이 문제는 영원한 숙제로 남을 지도 모른다. 앞으로 천지창조와 인간 탄생의 비밀은 긴 시간 동안 'Unknown'으로 남아 있을 수밖에 없다. 어쩌면 탄생의 비밀을 모른 채 우리 인간들이 먼저 멸망할 지도 모른다.

지구인이 생각하는 하늘
- 하늘 이야기

양지바른 날 지구의 하늘은 맑고 푸르게 보이지만 해질녘 지평선 근처에서는 밝은 톤으로 보인다. 낮 동안에는 파란 하늘에 해와 구름이 보이지만 밤 동안에 보이는 하늘(천구)은 검은 암흑의 세계로, 달과 별들이 보인다. 그리고 하늘에는 무지개, 오로라, 번개(낙뢰) 등 특이한 현상들이 나타나고 각종 기상 현상(눈, 비, 바람 등)이 일어난다. 국어사전에서는 '지평선이나 수평선 위로 보이는 무한대의 넓은 공간'이라고 하늘을 정의하고 있다. 하지만 보통 사람들이 생각하는 하늘은 땅에서 위를 올려다볼 때 보이는 곳을 뜻한다. 그러므로 거의 모든 사람들은 지구 위에서 매일 하늘을 보고 있는 셈이다.

많은 문화권에서 하늘을 천국과 다양한 신들의 보금자리라고 믿으면서 강한 종교적 특성을 부여해 왔다. 특히 일부 종교에서는 하늘을 별천지인 천국으로 생각해, 사람이 죽으면 지상 세계를 떠나 하늘나라로 간다고 표현한다. 이때 하늘나라를 천국(天國, heaven)이라고 하는데, 천국은 신 또는 다른 영적인 존재들이 거주하는 장소를 일컫는다. 또한 천국은 사후나 최후의 심판 이후에 구원받은 자, 선택된 자, 축복받은 자 들의 거처나 그 존재 상태를 이르는 말로 의미한다. 이 말은 지하세계(저주받은 자들이 거주하는 곳 : 지옥)와 대조되는 천상의 영역을 의미한다. 그러므로 천상의 공간인 하늘은 선과 성스러움을 나타내는 상징적 장소이기도 하다.

우리나라 사람들은 가을 하늘을 특별히 좋아한다. 1년 중 가장 맑고 높을 뿐만 아니라 뭉게구름과 같은 아름다운 구름이 많이 떠 있기 때문일 것이다. 하늘과 구름은 떼려야 뗄 수 없는 관계이다. 만약 하늘에서 구름이 영원히 없어진다면 하늘같지 않은 이상한 느낌으로 다가올 것이다. 한편 하늘에 관한 속담도 많은 편이다. '마른하늘에 날벼락', '손바닥으로 하늘 가리기', '하늘 높은 줄은 모르고 땅 넓은 줄만 안다', '하늘의 별 따기', '하늘이 무너져도 솟아날 구멍은 있다', '하늘은 스스로 돕는 자를 돕는다', '하늘을 우러러 한 점 부끄럼이 없다' 등 수없이 많다. 뿐만 아니라 하늘이라는 단어는 각종 시, 소설, 수필, 가사 등에서 수없이 나타난다. 예를 들어 밤하늘, 하늘나라, 하늘색, 하늘빛, 하늘가, 하늘땅, 하늘소, 새벽하늘, 하늘구멍, 하늘다람쥐, 하늘 문 등, 이루 다 헤아릴 수 없이 많은 여러 단어들이 인간의 생활과 밀착되어 사용된다.

하늘도 동쪽에서 서쪽으로 움직인다
- 천구

둥글게 보이는 밤하늘을 학문적으로 천구(天球, celestial sphere)라고 부른다. 천구와 지구의 자전축을 연장한 선이 만나는 두 점을 천구의 극이라 칭하고, 지구의 적도면이 천구와 만나서 그려지는 대원을 천구의 적도라고 한다. 그리고 천구상에서 관측자의 머리 바로 위를 천정天頂이라고 한다. 북극상의 관측자가 볼 때 천정은 천구의 북극과, 지평선은 천구의 적도와 일치한다. 적도상의 관측자가 볼 때 천구의 극은 북점, 남점이 되며 천구의 적도는 지평선과 수직으로 만난다. 북반구상의 관측자가 볼 때 천구의 북극 고도는 위도와 같으며 천구의 반지름은 무한대이다. 동서남북은 항상 관측자가 볼 때 지평선상에서 오른쪽 방향으로 동 → 남 → 서 → 북 → 동 순서로 배열됨에 유의해야 한다. 동점, 서점, 남점, 북점이란 지평선과 동쪽 방향, 서쪽 방향, 남쪽 방향, 북쪽 방향이 일치하는 점으로 정의한다. 특히 지구의 북극이나 남극에 있는 관측자를 고려할 때 방향에 유의해야 한다. 예를 들어 지구의 북극에 있는 관측자의 경우 북쪽은 물론 동서 방향도 없다. 그 관측자는 어느 쪽으로 넘어져도 남쪽으로 넘어지게 된다(해와 달, 별이 뜨고 지는 원리). 우리가 익히 알고 있는 북극성은 천구의 북극으로부터 약 3/4°쯤(약 1°) 떨어져 있다. 이렇듯 천구는 우리가 일반적으로 하늘이라고 표현하는 것과는 사뭇 다르다.

지구는 서쪽에서 동쪽으로 자전하므로 천구는 상대적으로 동쪽에서 서쪽으로 하루에 한 번씩 회전하게 된다. 이것이 바로 천구의 일주 운동日週運動인데, 천구의 상대적 시운동視運動이라 일컫는다. 지구는 자전만 하는 것이 아니라 1년에 한 번씩 태양의 둘레를 공전한다. 따라서 지구의 공전에 따른 상대적 시운동이 있게 되는데 이것을 천구의 연주 운동年周運動이라고 한다. 천구의 연주 운동으로 인해 몇 달이 지나면 밤하늘의 별자리들이 변하게 된다. 태어날 때부터 우리는 해와 달, 별들이 동쪽에서 떠서 서쪽으로 지는 것을 보아 왔는데, 이것을 보고 우리는 각 천체들이 운동을 한다고 생각했다. 하지만 천체들이 움직이지 않고 천구(하늘)에 박혀 있다고 생각해 보자. 우리 눈에는 천체들이 동쪽에서 떠서 서쪽으로 지는 것처럼 보일 것이다.

지구는 1년에 걸쳐 해의 둘레를 한 바퀴 돌기 때문에 하루에 약 1°를 움직인

천체가 일주 운동에 따라 자오선을 지나다.

다. 따라서 전날 자정에 남중하였던● 별은 다음날 자정에는 남중하지 않고 반드시 서쪽으로 1° 치우쳐 있게 된다. 별들이 매일 서쪽으로 1°씩 치우쳐 간다는 말은 별들이 매일 1° 만큼 동쪽에서 일찍 떠오른다는 말이다. 지구의 자전을 기준으로 할 때 1°의 각거리는 약 4분(1/360 × 86,400초 ÷ 60)에

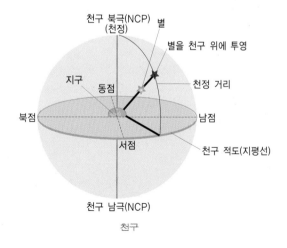

천구

해당되므로 천구의 연주 운동에서는 별들이 매일 4분씩 일찍 뜬다. 여기서 우리는 지구의 자전 주기가 24시간이 아니라 이보다 4분이 짧은 23시간 56분이라는 사실을 알 수 있다. 왜냐하면 지구의 자전 주기는 아주 먼 별들을 기준했기 때문이며, 이때 23시간 56분이 항성일, 24시간이 태양일이다.

천구는 태양, 별들, 행성들, 달이 여행하는 것처럼 보이는 가상의 돔이다. 각 거리 1°는 매우 작으므로 연주 운동의 효과가 금세 나타나지는 않는다. 가을밤 자정에 잘 보이던 별들이 3개월이 지나 겨울이 오면 6시간(4분×90일)이나 빨리 떠서 자정 무렵에는 서쪽 하늘에 낮게 떠 있거나 곧 지게 된다. 뿐만 아니라 북극성 주위의 별들도 매일 시계반대방향으로 1°만큼씩 회전한다. 따라서 3개월이 지나면 북두칠성도 90°(1°×90일) 만큼 더 돌아가서 북극성의 위치가 변하는 것이다. 즉, 북두칠성은 1년 365일 동안 북극성 주위를 365° 바꿔 회전하는 것이다.

가상의 돔 천구도 지구의 경위도와 같이 좌표로 표현할 수 있는데, 이때 관측자를 좌표의 원점으로 생각하고 방위각과 고도, 방위각과 천정거리에 따라 천체의 위치를 나타낸다. 이것을 지평좌표(地平座標, Horizontal coordinate system, 수평좌표)라고 한다. 천구의 적도와 1년 동안 별자리 사이를 움직이는 태양의 겉보기 경로인 황도(黃道, ecliptic)●의 교점인 춘분점을 기준으로 천체의 위치를 나타내는 것을 적도좌표(赤道座標, equatorial coordinates system)라고 한다. 그 외에도 황도좌표(黃道座標, ecliptic coordinates), 은하좌표(銀河座標, galactic coordinate) 등이 있으며 천문을 연구하는 분야에서 주로 이용하는 편이다.

태양의 둘레를 도는 지구의 궤도가 천구(天球)에 투영된 궤도. 천구의 적도면(赤道面)에 대하여 황도는 약 23° 27′ 기울어져 있으며, 적도와 만나는 두 점을 각각 춘분점, 추분점이라 한다.

하늘에도 경계가 있고, 주인이 있다
- 영공

하늘에도 주인이 있다. 이 말은 집주인의 허락을 받지 않고는 다른 사람이 들어올 수 없다는 말이다. 우리나라도 우리 하늘을 가지고 있다. 이것을 영공이라고 한다. 영공(territorial sky, airspace, aerial domain)은 당초에는 방어를 주목적으로 설정되었지만 최근 들어 그 의미가 많이 변질되었다. 영공은 국제법상 개별 국가의 영토와 영해의 상공을 일컫는데, 영토를 통치하는 국가에 속하는 것으로 그 통치 권리를 영공권領空權이라고 한다. 즉 영공은 지배하는 국가의 배타적인 주권으로, 비록 여객기라 할지라도 영공에 함부로 들어오지 못한다. 영공 침범으로 간주되면 즉시 떠나라는 명령을 받고, 불이행 시 격추 당할 위험도 있다. 하지만 당사국과 항공협정을 체결하면 수월하게 오갈 수 있다. 그래서 여객기는 반드시 노선 개설에 따른 항공협정을 맺어야 한다. 최근의 영공권은 상업 항공에 있어서 자국의 권익을 옹호하기 위한 법적 수단으로 이용되고 있다.

구소련을 비롯한 공산주의 체제가 무너지기 전에는 여객기의 항로가 제한적이었지만, 지금은 극히 일부를 제외하고는 세계 어느 나라의 영공이든 여객기가 날아갈 수 있다. 동서해빙이 되기 전에는 우리나라 국적기가 유럽으로 갈 때, 알라스카를 거치는 북극 항로를 이용하였지만 지금은 좀 더 가까운 러시아 항로를 이용하고 있다. 영공은 항공협정에서 중요한 역할을 한다. 왜냐하면 영공이 경제적으로 상당한 가치를 창출하기 때문이다. 이제는 우리도 영공의 이러한 경제적 가치를 따져 볼 때이다. 하루빨리 마지막 남은 북한의 영공이 열리기를 기대한다.

영공의 수평적인 범위는 영토와 12해리 영해의 상공인데, 수직적인 영공의 범위 한계는 얼마나 되는지 궁금하다. 1967년의 우주조약(Outer Space Treaty)에 따르면 "각 나라의 상공인 우주 공간(outer space)은 영공에 포함되지 않는다."라고 규정되어 있다. 이는 영공이 끝나고 우주 공간이 시작되는 고도에 대해서는 수량적으로 규정하지 않았다는 말이다. 영공의 수직 한계에 대해서는 영공무한설, 인공위성설, 실효적 지배설 등 여러 학설이 있으나 정확한 기준은 없다. 다만 대기권 내에 한정된다고 보는 것이 일반적인 견해이다. 특히 우주 공간은 특정 국가에 속하지 않는 자유로운 공간이므로 각 나라의 절대적인 주권이 미치지 않고 무해통항無害通航이 가능한 공간이다. 유엔이나 우주평화이용회는 상공을 대기권과 외기권으로 구별하는데 후자에 대해서는 국가의 영역권이 미치지 않는 곳으로 보고 있지만, 여전히 논란의 대상은 되고 있다. 예전에는 대공포 최대 사거리(항공기 격추 가능 고도)를 기준으로 했지만 지금은 별 의미가 없다. 이제 영공의 고도는 눈(망원경, 레이더 등)에 띌 정도로 낮게 진입할 수 없는 높이로 보면 된다.

대한민국 영공의 고도 한계는 군사력, 특히 대공포對空砲나 공군의 고공 전투 능력에 의해서 정해진다. 그리고 그들 한계는 군사적인 것이라 공표될 수 없다. 우리의 군사력(대공 격추력)이 성장하면 현실적 영공의 고도 한계는 점점 더 높이 올라갈 것이다. 또한 영공은 1944년 12월 7일 시카고협약(민간항공협약) 1조를 통하여 "협약 가입국은 각국이 영역상의 공간에 있어 완전하고도 배타적인 주권을 갖는다."라고 규정되어 있다. 참고로 방공식별구역(KADIZ; Korea Air Indentification Zone)은 영공보다 확장된 개념으로, 영공과는 구분해야 한다.

하늘 연구에 이바지한 학문
– 수학과 기하학

오늘날과 같이 천문학을 깊이 연구할 수 있게 기초를 다진 사람은 그리스의 수학자들이다. 그들 중 특히 기하학의 기초를 다진 사람은 유클리드(Euclid, BC 330~275)로 그리스어 이름은 '에우클레이데스(Eucleides)'라고 한다. 알렉산드리아에서 프톨레마이오스 1세에게 수학을 가르쳤다는 것 외에는 확실히 알려진 것이 없다. 하지만 기하학(수학)을 가장 합리적인 방법으로 간추려서 전개한 "기하학 원론" 13권을 저술하였다는 것이 잘 알려져 있다. 논리적인 사고력을 단련시키는 데는 이보다 더 좋은 책이 없다고 할 정도이며, 현재까지 기하학의 규범이 되고 있다. 이 책은 당시 사람들에게 중대한 영향을 끼쳤으며, 19세기 비 유클리드 기하학이 출현할 때까지 기하학의 교본이 되었다. 이 책은 서구 세계에서 쓰인 책 중에서 성서 다음으로 많이 출판 · 번역 · 연구된 책으로 2천 년 이상 바뀌지 않고 사용되어 왔으니, 일급 수학교사임에 틀림이 없다.

독일의 수학자인 리만(Georg Friedrich Bernhard Riemann, 1826~1866)은 기하학의 기초를 형성하는 가설을 제안한 사람이다. 리만은 기하학과 해석학에 폭넓은 영향을 끼쳤고, 근대 이론물리학 발전에 깊은 영향을 주었으며, 상대성이론에 사용된 개념 및 방법에 기초를 제공한 학자이다. 루터교 목사의 여섯 자녀 중 둘째로 태어난 리만은 1851년 괴팅겐 대학교에서 박사학위를 받았다. 그의 명성은 점점 커져 마침내 1859년 가우스의 두 번째 계승자로 괴팅겐 대학교에서 영구 교수직을 얻었다. 1862년 엘리제 코흐와 결혼하였으나 얼마 가지 않아 결핵으로 악화된 늑막염을 앓게 되었다. 회복을 위해 이탈리아를 여러 번 다녀왔지만 건강은 점점 악화되어 1866년에 사망하였다.

프랑스의 수학자 · 물리학자 · 천문학자인 앙리 푸앵카레(Henri Poincare, 1854~1912)는 1875년에 파리 이공과 대학을 졸업했다. 푸앵카레는 어머니로부터 특별한 지도를 받았고 의사였던 아버지에게 큰 교훈을 받았다. 사춘기 때 이미 수학에 흥미를 가졌으며 1872~1875년 파리의 에콜 폴리테크니크 대학을 수석으로 졸업하고, 1879년 미분방정식에 관한 논문으로 박사 학위를 받았다. 수학 분야뿐만 아니라 우주진화론, 천체역학, 전자파론, 양자론, 상대성이론, 전기역학 등에 많은 업적을 남겼다. 특히 푸앵카레 추측(Poincare conjecture)이 유명하다. 어떤 하나의 닫힌 3차원 공간에서 모든 폐곡선이 수축되어 하나의 점이 될 수 있다면 이 공간은 반드시 원구로 변형될 수 있다는 내용으로, 1904년에 제기한 추측이다. 캉 대학교(University of Caen)에서 해석학을 가르친 그는 1881년 파리 대학교에서 역학, 실험물리, 순수 및 응용수학 분야와 이론 천문학에 관한 500여 편의 논문을 쓰면서 여생을 보냈다. 수학계의 중요한 난제 중 하나인 푸앵카레 추측은 그 후 유대계 러시아 수학자인 그리고리 페렐만(Grigori Yakovlevich Perelman, 1966 출생)이 증명하였다.

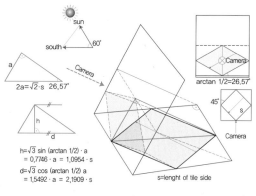

수학과 기하학

기원전부터 하늘을 관찰한 구조물
– 천문대

천문대의 전신은 계시計時와 역법易法을 위해서 태양과 달 그리고 다른 천체들의 위치를 추적하던 구조물에서 비롯되었다. 이러한 구조물 중에서 가장 오래된 것은 BC 2500~1700년에 걸쳐 영국에서 건축된 스톤헨지(Stonehenge)이다. 바빌로니아에서는 점성술사들과 성직자들이 지구라트(ziggurat)●라고 알려진 계단식 탑의 꼭대기에서 태양·달·행성들의 운동을 관측했다. 멕시코 유카탄 반도의 인디언들은 오늘날의 광학천문대와 비슷한 돔 모양의 구조물을 만들어서 관측했다고 한다. 우리나라의 강화도 참성단에서도 천문 관측을 했을 것으로 추측되며, 특히 신라 선덕여왕(善德女王, 재위 632~647) 때 건립된 것으로 알려진 첨성대瞻星臺에서 천문 관측을 하였다고 한다. 예전에 천문 현상을 관측하고 연구하기 위하여 설치한 이러한 시설 또는 그런 기관 모두를 천문대(astronomical observatory)라고 할 수 있다.

천체의 위치를 정확하게 측정하기 위해 기기를 사용한 최초의 천문대는 BC 150년경 로도스 섬에 건설되었다. 위대한 천문학자인 히파르코스(Hipparchos, BC 146?~127?)는 이곳에서 세차운동(歲差運動, precession)을 발견했으며, 천체의 밝기를 표시하는 데 사용되었던 등급 체계를 개발하였다. 현대식 천문대는 9~10세기경 이슬람 세계인 다마스쿠스(Damascus)와 바그다드에 건설되었다.

1260년경 마라그헤흐(이란)에 천문대가 건설되었고, 이곳에서 프톨레마이오스(Ptolemaeos Claudios, AD 83~168?)의 천문학이 도입되었다. 가장 활발하게 관측을 한 천문대는 1420년경 티무르(Timurid)의 왕자 울루그베그(Ulugh Beg)가 사마르칸트(Samarkand)에 세운 천문대이다. 여기에서는 커다란 4분의(四分儀, 망원경 이전의 천체관측기구)로 천체를 관측하여 별 목록을 작성했다. 중세 유럽에서 유명한 천문대는 티코 브라헤(Tycho Brahe, 1546~1601)를 위해 덴마크의 왕 프레데리크(Frederik)가 1576년에 벤 섬에 세운 우라니보르(Uraniborg) 천문대이다. 그 후 광학망원경의 발달로 18~19세기에 그리니치 · 파리 · 케이프타운 · 워싱턴 DC에 천문대가 건설되었다.

개인이 건설 · 운영했던 유명한 천문대는 윌리엄 허셜(Sir Frederick William Herschel, 1738~1822)의 누이인 캐롤라인(Caroline Herschell, 1750~1848)이 그의 동생을 위해 잉글랜드 슬라우(Slough)에 세운 천문대이다.

오늘날 세계에서 광학망원경이 가장 많이 밀집되어 있는 지역은 미국 남부

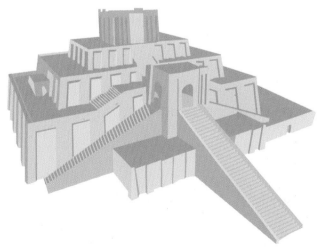

지구라트 상상도(고대의 천문 관측소)

의 애리조나 투손 근처의 키트피크 정상이다. 대부분의 망원경들은 키트피크 국립천문대(Kitt Peak National Observatory)의 것이며, 애리조나대학교의 스튜어드 천문대(University of Arizona's Steward Observatory)를 비롯한 몇몇 대학교의 천문대, 그리고 미국국립전파천문대(National Radio Astronomy Observatory) 등이 산재하고 있다.

우리나라도 국립, 공립, 사립 천문대가 있다. 천문우주과학을 연구하는 국립기관인 대전의 한국천문연구원 산하에 소백산천문대, 보현산천문대, 대덕천문대가 있고, 영월의 별로마천문대, 안성천문대, 김해천문대, 세종천문대(여주), 시민천문대(대전) 등 지방자치단체가 세운 공립 천문대가 있다. 2007년에는 개인이 세운 송암천문대(양주)가 생겼는데 여기에는 일반 시민들이 숙박을 하면서 관측할 수 있는 시설도 있다. 그 외에 아마추어 천문가들이 관측 활동을 활발히 하고 있는데, 그들은 천문학을 전공한 천문학자가 아니면서도 천체와 우주에 대해 특별히 관심을 가지고 독학으로 공부를 하며 천체 관측을 취미로 즐기고 있다.

우주 구조를 고민한 사람들
- 천문학자

　처음 하늘을 관찰하고 그 내용을 기록으로 남긴 민족은 BC 3000년경 이라크 근처에서 살았던 수메르(Sumer)인과 바빌로니아인이었다. 특히 수메르인들은 작은 점토판에 새겨진 쐐기 모양의 설형 문자를 남겼는데, 니푸르(Nippur)에서 출토된 이 점토판은 일종의 천궁도天宮圖이며, 가장 오래된 천문학에 관한 자료로 인정된다. 그 후 우주의 구조를 최초로 구상한 사람은 탈레스(Thales, ?~?)의 제자인 아낙시만드로스(Anaximandros, BC 610~546)였다. 그는 두터운 원반 모양의 지구를 우주의 중심에 두고 서로 엇갈리는 세 개의 고리가 지구를 돌고 있다고 생각했다. 한 세기 반이 지난 후 아낙사고라스(Anaxagoras, BC 500?~428)는 달과 행성들이 지구와 비슷하며 단단한 물체라고 주장하면서 우주 구조를 고민하였다.

　고대에는 주로 농사를 목적으로 천문학(Astronomy)이 발달되었지만 그리스 시대에는 좀 더 나아가 철학적인 관점에서 우주의 구조에 대해 고민하게 되었다. 그리스의 철학자인 아리스토텔레스(Aristoteles, BC 384~322)도 지구가 고정되어 있다는 지구 중심적인 사고를 갖고 있었다. 그는 지구를 중심으로 태양, 달, 행성들, 별들이 각자 고유한 주기로 끊임없이 돌고 있다고 생각했다. 즉, 천동설을 주장했다. 그 후 헬레니즘 시대(BC 323~30)•가 지날 때에도 프톨레마이오스를 비롯한 많은 사람들이 천동설에 근거를

고대 그리스의 뒤를 잇는, 세계 역사상 한 시대를 규정짓는 개념으로서 그리스인을 의미하는 헬렌(Hellen)이라는 말에서 유래

둔 우주관을 가지고 있었다. 이러한 천동설은 우주의 중심은 지구이고, 모든 천체는 지구의 둘레를 돈다는 학설인 지구중심체계(地球中心體系, geocentric system)로 근대 천문학이 발달되지 않은 16세기까지 세계적으로 널리 받아들여졌다.

아리스타르코스(Aristarchos, BC 310?~230?)는 지구가 태양 주위를 돈다는 가설을 최초로 암시했다. 일종의 지동설이었다. 지동설은 태양중심체계(太陽中心體系, heliocentric system)로, 지구가 자전하면서 태양의 주위를 돈다는 설이다. 16세기 초엽, 성직자 코페르니쿠스(Nicolaus Copernicus, 1473~1543)는 기존 우주관을 완전히 뒤엎는 혁신적인 가설을 제시하였다. 그는 우주의 중심은 태양이며, 지구도 태양 주위를 도는 행성이라는 가설을 제안한 최초의 근대적 천문학자였다. 하지만 코페르니쿠스도 아리스토텔레스의 관점에서 크게 벗어나지는 못하였다. 말하자면 탈레스가 살았던 시대부터 근 2천 년은 우주에 관한한 혼란과 혼동의 시기인 셈이다.

1608년 한스 리퍼세이(Hans Lippershey, 1570~1619)가 초보적인 망원경을 발명하였는데, 이듬해 갈릴레이(Galileo Galilei, 1564~1642)가 그것을 개조하여 인류 역사상 최초로 망원경을 사용하여 천체를 관측하기 시작하였다. 17세기와 18세기에는 뉴턴(Isaac Newton, 1643~1727)이 지구에서 물체를 운동시키는 힘과 행성이 태양 주위를 돌게 하는 힘이 같다는 운동법칙을 밝혔다. 또한 뉴턴의 만유인력법칙은 행성이 태양 주위를 돌게 하는 힘을 수학적으로 증명해 냈다. 그후 그는 천체의 운동을 밝히는 데 반드시 필요한 미적분(calculus)을 발명해 낸다. 독일의 천문학자 케플러(Kepler Johannes, 1571~1630)는 뉴턴이 발견한 운동법칙으로 태양과 각 행성 사이의 상대적인 거리를 파악하였다. 1672년 프랑스의 천문학자 카시니(Jean Dominique Cassini, 1625~1712)는 다른 연구자와 더불어 지구와 태양 간의 거리인 천문단위(AU; Astronomical unit)를 계산해 냈는데, 오늘날 측정한 거리와 10% 정도밖에 차이가 나지 않았다. 그리고 1676년 뢰머(Ole

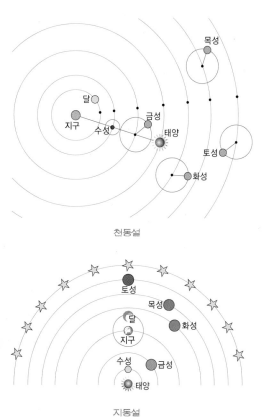

천동설

지동설

Christiansen Rømer, 1644~1710)는 세계 최초로 빛의 속도를 계산해 냈다.

19세기와 20세기 초반은 물리학 분야에서 천문학적 성과들이 얻어진 시기였다. 1800년 윌리엄 허셜(William Frederick Herschel, 1738~1822)은 태양이 사람의 눈으로는 볼 수 없는 빛을 내뿜고 있다는 사실을 알아냈다. 1814년 물리학자인 요셉 프라운호퍼(Joseph von Fraunhofer, 1787~1826)는 가시광선의 종류를 알아냈으며, 물리학자 제임스 클라크 맥스웰(James Clerk Maxwell, 1831~1879)은 가시광선도 입자들의 상호 작용으로 발생하는 파장의 일종인 전자기파(Electromagnetic radiation)라고 주장했다. 1913년 덴마크의 닐스 보어(Niels Henrik David Bohr, 1885~1962)가 시작한 양자역학(quantum mechanics)도 비약적인 발전을 거듭하여, 물체의 스펙트럼(spectrum)•을 분석하면 성분 물질을 알아낼 수 있다는 사실을 밝혀냈다. 이 같은 물리학적 발견들을 토대로 천문학자들이 천체가 발산하는 빛을 분석할 수 있게 되었으며, 이는 현대 천체물리학이 탄생하는 계기가 되었다.

광학에서 가시광선 · 자외선 · 적외선 등을 파장에 따라서 배열한 것으로, 스펙트럼을 눈으로 관찰할 수 있게 고안한 기구를 분광기라고 한다.

지구에 기준선을 긋고 시간을 정한 천문대
- 그리니치 천문대

　대항해 시대를 지나면서 지구에 기준선을 긋는 문제가 대두되기 시작하였다. 즉 본초자오선의 결정이었다. 이 선은 지구의 남극과 북극을 잇는 자오선 중에 어느 것이라도 상관없었기 때문에 당시 유럽의 각 나라들은 각기 자기네 국가를 지나는 기준자오선을 사용하고 있었다. 하지만 수많은 자오선 중에 하나를 결정할 필요성이 있었고, 이것은 각 국가마다 자존심이 걸린 문제였다. 대부분은 자기 나라를 지나는 자오선이 기준자오선으로 결정되기를 바랐다. 때문에 쉽게 결정하기 어려웠지만 지구 위의 값(상대값, 절댓값)을 통일하기 위해서는 기준이 반드시 필요했다.

　당시에 지도를 만드는 사람들은 아조레스 제도, 케이프버데 제도, 로마, 런던, 코펜하겐, 예루살렘, 페테르스부르크, 피사, 파리, 필라델피아, 카디즈(Cadiz), 크리스티아니아(노르웨이의 옛 수도), 페로 제도(Ferro Is.), 리스본, 나폴리, 풀코와(Pulkowa), 리우데자네이루, 스톡홀름 등 각 나라마다 자기네 수도를 지나는 자오선을 기준자오선으로 삼았다. 지금처럼 통일된 본초자오선을 사용한 것이 아니고 각 나라마다 지도를 그릴 때 기준선을 다르게 그렸다는 것이다. 그러므로 이때 그린 각각의 지도를 연결하는 것은 불가능하다. 서로 간에 사용한 기준선이 다르기 때문에 연결할 수 있는 방법이 없다. 이러한 혼란을 간파한 당시의 선각자들은 1884년 워싱턴에서 국제자오선회의(International Meridian

Conference)를 열었다. 이때 출석한 25개국 중 22개국이 영국 그리니치 왕립천문대를 지나는 선을 본초자오선으로 인정하게 되었다. 이때부터 각 국가마다 다르게 설정된 기준자오선은 종말을 고하게 되고 그리니치를 지나는 자오선이 기준자오선으로 확정되었다. 이렇게 결정된 기준자오선(본초자오선)은 당시에는 주로 항해에 많이 이용하였는데, 오늘날에는 각 국가 간의 정확한 위치(극동, 극서, 극남, 극북)를 결정하는 등 다양하게 이용되고 있다.

한편, 이때는 시간의 기준도 명확하지 않았는데, 지구의 기준선인 본초자오선이 결정되었기 때문에 시간의 기준도 정하자는 여론이 형성되었다. 지구가 15°씩(360÷24) 돌아갈 때마다 1시간씩 변하는 것은 알고 있었지만 그 기준(00시 00분 00초)을 어디다 정하는가 하는 것이 문제였다. 당시에는 각 지역마다 1시간을 단위로 하여 서로 다른 지방시를 사용했다. 다행스러운 것은 주어진 시간대 안에서는 분(')과 초(")가 서로 같다는 점이었다. 이 회의에서 시간의 기준도 영국의 그리니치로 채택되고 경도 180° 지점에는 날짜변경선이 설정되었

영국 그리니치 천문대의 위치

다. 런던에서 서쪽으로 12시간이면 서반구이고, 동쪽으로 12시간이면 동반구로서 서로 마주치는 곳은 태평양 바다의 한가운데가 된다. 여기가 국제날짜변경선인 것이다. 그래서 지구상에서 하루가 가장 먼저 시작하는 곳이 뉴질랜드를 비롯한 태평양 상의 조그마한 섬들이다. 또한 1925년 초에 하루의 시작을 정오正午에서 지금과 같이 자정子正으로 바꾸었다.

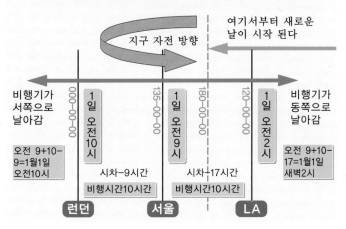

지구 자전 속도 1,670km/h   비행기의 속도 1,000km/h

여기서부터 새로운
날이 시작 된다

지구 자전 방향

비행기가
서쪽으로
날아감

1일 오전 10시

1일 오전 9시

1일 오전 2시

비행기가
동쪽으로
날아감

000-00-00

135-00-00

180-00-00

120-00-00

오전 9+10-
9=1월1일
오전10시

시차-9시간

시차-17시간

오전 9+10-
17=1월1일
새벽2시

비행시간10시간

비행시간10시간

런던

서울

LA

10시간 날아가도

 시차 계산

우리나라를 기준으로 시간을 계산해 보자. 이 선에서 동쪽으로 가서 날짜변경선을 지나면 하루를 득 보고(전날) 우리나라에서 서쪽으로 가면 같은 날(오늘)이 된다. 즉, 한국이 1월 1일 오전 9시라면 이때 동쪽의 LA는 12월 31일 오후 4시가 되고, 서쪽인 런던은 12월 31일 밤 0시(24시)가 된다. 한국에서 1월 1일 오전 9시에 비행기를 타고 LA에 간다면 1월 1일 새벽 2시에 LA에 도착하므로 비행기 출발 시간이 되려면 아직 7시간을 더 기다려야 한다(1월 1일 오전 9시+비행시간 10시간–시차 17시간=1월 1일 새벽 2시). 반면에 같은 시각에 런던으로 출발했다면 1월 1일 오전 10시에 도착하였으므로 1시간 만에 런던에 도착한 꼴이 된다(1월 1일 오전 9시+비행시간 10시간–시차 9시간=1월 1일 오전 10시). 이 계산은 각각의 비행시간이 10시간으로 동일하다는 가정을 전제하였으며, 런던은 –9시간의 시차가 있고 LA는 –17시간의 시차가 있다.

우리나라에도 별자리 지도가 있었다
– 천문 관측과 천문도

우리나라의 천문 역사는 지금으로부터 3~4천 년 전에 축성된 참성단塹星壇에서부터 비롯된다. 산의 꼭대기를 베어서塹 성城과 같은 단壇을 쌓았다는 뜻으로 알려진 강화도 마니산의 참성단塹城壇은 조선 시대까지 천문학자를 파견하여 천문 관측을 수행하였다는 기록이 있다. 고조선의 단군왕검이 건설하였다는 참성단은, 천문 관측보다는 신성한 하늘에 제사를 지내는 의미가 더 강했던 것으로 해석된다. 참성단은 강화군 화도면 마니산 정상에 위치해 있으며 자연석을 다듬어 반듯하고 납작하게 만들었는데, 1639년(인조 17)과 1700년(숙종 26)에 중수했다고 전하며 1964년 7월 11일부로 사적 제136호에 지정되었다.

일찍부터 중국의 영향을 받은 우리나라도 천문도(astronomical map, 天文圖)를 많이 그렸다. 낙랑고분樂浪古墳, 무용총舞踊塚, 각저총角抵塚 등에서 일부 별 그림이 발견되었다. 하지만 이들은 천문적인 의미보다는 주술적인 의미가 더 강한 것으로 알려져 있다. 뿐만 아니라 고구려 시대의 여러 무덤 벽화에서도 천문도 형상의 그림이 발견된다. 별들을 선으로 이은 벽화가 발견되며, '석각천문도'도 만들어졌을 것으로 추정한다. 신라 시대인 선덕여왕 16년(647)에는 우리나라 천문학사에 가장 위대한 유물인 '첨성대(瞻星臺, 국보31호)'가 세워졌다. 일찍이 일본의 고대 문화 형성에 많은 영향을 주었던 백제도 예외가 아니었다. 553년 일본 왕의 요청으로 천문학자인 고덕固德 왕보손王保孫을 파견하였고,

602년에는 승려인 관륵觀勒을 파견하여 천문 서적과 역서를 전하기도 했다.

고려 시대에 들어오면서 천문 관측은 그 이전보다 더욱 체계적이고 정밀하게 이뤄졌다. 개성에도 첨성대가 만들어졌고 '서운관書雲觀'이라는 천문 담당 관청을 두었다고 한다. 고려사의 천문지에는 일식, 월식, 혜성, 유성 등의 기록과 함께, 특히 태양 흑점에 대한 기록도 나타나는데 이는 서양보다 수백 년 앞선 것이라고 한다. 조선 시대에는 천문 담당 관청인 '관상감(觀象監, 서운관의 전신)'을 설치하고 여기에서 관측한 내용을 '성변측후단자星變測候單子'•

에 기록하였다고 전한다. 관측 기록 중에는 1759년에 나타났던 핼리 혜성의 위치와 밝기, 꼬리의 모양 등에 대한 내용도 담겨져 있다고 한다. 조선 시대에 들어와서 천문도가 본격적으로 만들어졌는데, 명나라 말기 이후에는 선교사들을 통해서 서양 과학을 접하게 되었다. 이때 가장 두드러진 것이 숙종 34년(1708)에 탕약망湯若望•의 적도남북총성도赤道南北總星圖를 모사模寫 제작한 것이다. 이는 서양 천문학의 영향을 받아 모사한 최초의 천문도로 추측된다.

우리나라에서 가장 유명한 천문도인 천상열차분야지도天象列次分野之圖는 중국(남송)의 순우천문도淳祐天文圖가 우리나라로 들어와 별자리가 추가되고 형태가 좀 바뀌어서 제작된 것이라고 한다. 이 지도에는 1464개의 별이 새겨져 있으며, 설명문에는 작성 경위를 비롯한 12명의 참여자 이름이 새겨져 있다. 문필가인 권근(權近, 1352~1409)이 글을 짓고, 유방택(柳方澤, 1320~1402)은 천문 계산을 하고, 서예

천상열차분야지도

가인 설경수(偰慶壽, ?~?)는 글을 썼다고 한다. 그 다음으로 명단에 오른 사람은 권중화(權仲和, 1322~1408)로 그는 당시 국립천문대 격인 서운관의 영사領事를 겸하고 있었던 인물이다. 나머지 8명(최융, 노을준, 윤인룡, 지거원, 김퇴, 전윤권, 김자수, 김후)에 대해서는 이름만 기재되어 있을 뿐 전해지는 역할은 없다. 이들은 유방택과 함께 천문 계산을 맡았던 서운관 소속 관원들로 짐작된다. 여러 정황으로 보았을 때 이 지도를 만든 책임자가 유방택이라고 생각된다. 왜냐하면 천문도 제작에서 가장 중요한 일은 천문 계산이고, 이 일을 책임진 사람이 바로 유방택이기 때문이다. 지금은 표면이 심하게 깎여서 알아보기가 어려운 부분이 있으나, 고구려 때 만들어진 석각石刻 천문도의 원형을 짐작케 하는 귀중한 유물로서 한국의 국보 제228호이다.

 한국천문연구원

한국천문연구원(韓國天文研究院, Korea Astronomy and Space Science Institute)은 1974년 9월 설립된 대한민국의 천문우주과학 분야의 정부 출연 연구 기관이다. 대전 유성구에 위치해 있고, 천문우주과학의 발전에 필요한 학술 연구와 기술 개발을 종합적으로 수행하기 위하여 설립되었다. 천문학과 우주과학에 대한 연구 및 사업, 대형 관측 시설의 운영 및 기기 개발, 표준시의 관리 등 국가 천문 업무의 수행, 국내·외 관련 기관과의 협력 및 공동 연구 수행, 대국민 천문 지식 및 정보 보급 사업, 정부 및 국내·외 관련 기관과의 연구 및 기술 용역에 대한 수탁·위탁 등을 수행한다. 1978년 국립천문대 소백산천체관측소 준공(단양), 1985년 대덕전파천문대 준공, 1992년 GPS 관측소 설치, 1996년 보현산천문대 준공(영천), YSTAR-NEOPAT 남아공관측소 완공, 2003년 레몬산천문대 완공(미국) 국산 우주망원경(원자외선 우주망원경 FIMS) 과학기술위성 1호 탑재, YSTAR-NEOPAT 호주관측소 완공 등 활발한 활동을 하고 있다.

사람을 의롭게 하는 그릇
- 우리나라의 천문기구

옛사람들은 천체를 관측하는 기기를 '사람을 의롭게 하는 그릇'이라고 표현하였다. 즉, 사람 '인人' 변에 옳을 '의義'를 써서 '의기儀器'라고 했다. 이렇게 표현된 천문의기는 크게 천체 위치 측정기, 시간 측정기, 천구의, 구면 측정기 등 여러 종류로 나뉘는데 가장 대표적인 것이 혼천의이다. 혼천의를 선기옥형璇璣玉衡·혼의渾儀·혼의기渾儀器라고도 한다. 세종 때 만들어진 것으로 알려진 혼천의(渾天儀, armillary sphere)는 고대 중국의 우주관이던 혼천설• 에 기초를 두어 BC 2세기경 중국에서 처음으로 만들어졌다고 한다. 혼천의는 천체의 운행과 위치를 관측하던 장치로 지평선을 나타내는 둥근 고리와 지평선에 직각으로 교차하는 자오선을 나타내는 둥근 고리, 그리고 하늘의 적도와 위도 등을 나타내는 눈금 등이 달린 원형의 고리를 짜 맞추어 만든 천문기구이다.

혼천의는 고대 동아시아뿐만 아니라 서양에도 알려졌으며 가장 기본적인 천체 측정용 기기였다. 혼천의가 우리나라에 언제쯤 전래되었는지는 확실하지 않지만 대체로 삼국 시대 후기 또는 통일 신라 시대부터 사용되었으리라 짐작된다. 고려 시대에도 천문 관측에 사용했을 가능성이 있으나, 이 시대의 역사서에는 기록이 나타나지 않고 있다. 기록상으로는 세종의 명으로 정초鄭招와 정인지鄭麟趾 등이 연구하고, 이천李蕆과 장영실蔣英實이 감독하여

고대 중국의 우주 구조에 관한 대표적인 학설로 천동설의 하나이다. 우주를 달걀 모양에 견주어 하늘은 밖에서 노른자위인 땅을 싸고 있으면서 돌고, 껍데기는 없다고 생각하였다. 기원전에 체계화되었는데 이 우주관에 기초하여 혼천의를 만들었다고 한다.

1433년(세종 15)에 혼상·혼의 등을 비롯한 여러 천문의기를 만들어냈다고 한다. 또 1548년(명종 3)에는 관상감觀象監에서 혼천의를 만들어 홍문관弘文館에 두었다는 기록이 있다고 한다. 혼천의는 천문 관측의 기본적인 기구로서 조선시대 천문역법天文曆法의 표준시계와 같은 구실을 하게 되었다. 1669년(현종 10)에는 이민철李敏哲과 송이영宋以穎이 각각 혼천의를 만들었다고 하는데, 현재 송이영의 혼천의가 고려대학교 박물관에 보관 중이다.

원元나라의 곽수경郭守敬이 전에부터 사용되던 혼천의의 결함을 보충하기 위해 아라비아의 천문기구 등을 참고하여 새로 고안해 낸 것이 간의簡儀이다. 종전의 기구에 비해 비록 크기는 크지만 관측값의 정밀도가 좋았기 때문에 한때는 간의가 주 관측기기로 사용되었다. 우리나라에서도 이천李蕆·장영실蔣英實 등이 세종의 명으로 간의를 만들었는데 이것을 흔히 대간의라고 부른다. 세종은 1438년 경복궁의 경회루 북쪽에 간의대를 크게 설치하여 매일 밤 천문관원들을 보내 하늘을 관찰하도록 하였다. 그리고 하늘에서 이상한 조짐이 발견되면 즉시 임금에게 보고하게 했다. 경복궁 이외에 다른 궁궐에도 간의가 있었다고 전한다. 그 외에 천문 측정에서 중요한 시간을 측정하기 위해 해시계, 별시계, 물시계 등이 개발되었다. 세종 16년(1434)에 장영실이 자동 시보 장치를 갖춘 물시계인 자격루自擊漏를 만들었고, 장영실, 이천, 김조 등이 제작에 참여한 것으로 알려진 솥 모양의 해시계인 앙부일구仰釜日晷도 만들었다. 당시에는 이러한 시계도 천문기구였고, 적도의赤道儀, 지구의地球儀 등도 천문기기로 사용되었다.

혼천의(국보230호, 고려대학교 소장)

하늘, 거기에 누구 계십니까
- 외계인

　　그리스의 철학자 에피쿠로스(Epikuros, BC 341?~270)는 '우주는 무한하며, 우리가 모르는 생명체가 사는 곳도 수없이 많을 것'이라고 주장했다. 로마의 시인 루크레티우스(Titus Lucretius Carus, BC 94~55)도 "우주 어딘가에 우리 지구와 같은 것이 있어 사람이나 동물이 살고 있을 것이다."라고 기록하였다. 또한 그리스의 루시안(Lucian, AD 120~180)은 달에도 지구처럼 사람이 살고 있다고 믿었다. 중세의 이 같은 생각은 16세기 들어 코페르니쿠스의 지동설이 발표되면서 더욱 확산되었고, 이탈리아의 철학자 브루노(Giordano Bruno, 1548~1600)도 외계인설을 주장하였다. 하지만 그는 이것 때문에 교회에서 처형당하였다고 한다. 그럼에도 불구하고 외계 생명체의 존재에 대한 생각은 더욱 확산되었고 케플러나 칸트도 다른 행성에 생명체가 살 것이라고 주장하였다. 17~18세기에는 외계인에 대한 관심이 더욱 높아져 네덜란드 물리학자 호이겐스(Christian Huygens, 1629~1695)도 외계인의 구조에 대한 논문을 발표하였는가 하면 스위프트(Jonathan Swift, 1667~1745) 같은 소설가들도 풍자적으로 외계인을 그렸다.

　　문명이 더 발달하여 정밀한 망원경이 발명된 후에도 이곳에 우리만 외톨이로 살고 있는가 하는 점에 대해서는 확실한 해답이 없었다. 은하에도 수백 억 개나 되는 별이 있고 지구와 비슷한 행성이 있다는 것도 알려졌다. 하지만 아직까지 지구와 같은 모습의 행성은 발견되지 않았다. 설사 있다고 해도 그곳에 생명체가 있을지는 알 수 없다. 우리 은하계 안에서는 지구인 이외에는 아직까지 아무도 발견되지 않았다. 지구와 가장 비슷한 화성에 많은 기대를 걸었으나 생명체의 흔적은 없었다. 우리보다 더 진보한 문명을 지닌 종족이 어딘가에 있다면 그들도 우리에게 무인탐사선을 보냈을 것이다. 하지만 지금까지 지구 바깥의 외계인이 지구를 방문했다는 뚜렷한 과학적 증거는 발견되지 않았다. 물론 UFO가 출현했다는 기록이 있지만, 이는 과학적으로 입증되지 못한 일종의 해프닝이다. 현재 외계 지적 생명체 탐사(SETI; Search for Extra-Terrestrial Intelligence) 프로그램이 진행 중이다. 만약 외계인이 발견된다면 그것은 인류 역사상 가장 중요한 사건으로 기록될 것이다.

천문학자들이 우리 은하계 내에 사람이 살 수 있는 지구형 행성이 있는지 시험 삼아 계산해 보았는데 1개에서 1천만 개로 다양하게 계산되었다고 한다. 말하자면 yes라고 대답할 수도 있고, no라고 대답할 수도 있다는 말이다. 은하계는 수십 억 개의 별이 모여 있으므로 우주를 구성하는 은하단, 초은하단에는 생명체가 존재하지 않을까 하는 고민이 계속되었다. 어쩌면 그럴지도 모른다. 하지만 너무나 멀리 떨어져 있어 발견된다 하더라도 공통점을 찾기 어렵고 교신도 거의 불가능하다. 의도적이지 않았지만 우리는 우리 자신의 존재를 계속 알려 왔다. 텔레비전이나 라디오 전파는 지구에만 미치는 것이 아니고 우주 공간으로, 그리고 광속으로 은하계로 퍼져 나간다. 1920년 최초의 라디오 방송 전파는 이미 70광년 거리의 별을 지나쳤고 최초의 텔레비전 방송 전파도 60광년 떨어진 곳에 이르고 있다. 1976년에 화성에 착륙한 바이킹호와 지구 간의 교신도 우주에서 잡혔을지도 모른다. 하지만 아직 아무런 징후를 발견하지 못하였다.

하지만 지구와 비슷한 환경의 골디락스(Goldilocks) 행성 '글리제(Gliese) 581'에 생명체가 살고 있을 확률이 있다고 한다. 하버드 대학교 천문학자인 리사 칸테네거 교수 연구팀은 지구에서 20.5광년 떨어진 천칭자리에 있는 글리제

d, 글리제 g이 두 행성의 온도·공기압 등을 측정했는데, 글리제 d의 공기압은 지구에 비해 7~8배 높은 밀도를 유지하는 것으로 밝혀졌다. 이 행성에 사는 생명체는 중력을 이기기 위해 근육질 모습을 하고 있을 것이고, 땅을 기어 다닐지 모른다고 추정했다. 한편 글리제 g는 지구에 비해 중력이 3~4배 높기는 하지만 지금까지 발견된 행성 중 생명체의 존재 가능성이 가장 높은 곳이라고 한다. 이 행성은 빛의 양이 적어 항상 어두컴컴하여 식물이 광합성 활동을 하기 어려울 것이기 때문에 풀과 키 작은 나무가 무성하고 그 잎은 검을 것이라고 한다. 이러한 추측이 사실일지 아닐지 알 수 없지만, 우주에 우리 지구인만 외톨이로 있다고 생각하면 너무나 심심하다. 어딘가에 지구인과 내통할 수 있는 생명체가 있다면 얼마나 좋을까?

한편 2009년 11월, 로마 교황청이 외계 생명체의 존재 여부에 관심을 기울였다. 교황청은 각 분야의 전문가들을 모아 학술회의를 열고 외계 생명체의 존재 가능성과 그 신학적 의미에 대한 토론을 벌였다. 교황청 천문대는 이 회의 결과 지구 밖 어딘가에 생명체가 존재하는지에 대한 물음은 매우 적절하며, 진

 화성인

지구 외에도 생명체가 존재할 수 있는 곳으로 진지하게 생각한 곳이 바로 화성이다. 화성인이 지구를 공격하는 영화도 있었다. 미국에서는 1960년 매리너 (Mariner) 탐사선을 화성 근처에 보내 사진을 찍었지만 생명체의 증거를 찾지 못하였다. 1970년대에 2대의 바이킹 우주선을 화성 표면에 내려 생명체를 찾았지만 모두 허사였다. 1990년대에는 패스파인더(Pathfinder), 2000년대에는 스피릿 (Sprits), 오퍼튜니티(Opportunity) 등의 탐사선을 보냈지만 어떤 생물도 찾지 못하였다. 그러나 화성표면에 물이 흐른 흔적이 있기 때문에 과거에 생명체가 존재했을지 모른다는 생각을 버리지 못 하고 있다. 1938년 10월 30일 저녁, 뉴욕 시내에 화성인이 나타났다는 CBS방송보도가 긴급 뉴스로 나갔다. 나중에 알려진 것이지만 젊은 연출가 '올손 웰스'가 핼러윈 특집으로 거짓 방송한 것으로 드러났다.

지하게 검토해 볼 만한 사안이라고 말했다. 외계 생명체의 존재 가능성이 '철학적으로나 신학적으로 많은 의미를 내포하고 있다.' 라고 강조했다. 또 외계에서 지능이 있는 존재가 발견된다면, 이 역시 '창조의 한 부분' 으로 간주될 것이라고 말했다. 지금으로서는 그 순간을 기다려 볼 수밖에 없을 것이다.

하늘에서 머물다 온 최초의 남녀
- 우주인

우주인은 인위적으로 만들어진다. 일반인들 중에도 우주 체공 관련 훈련을 받고 하늘에 갔다 오면 우주인이 될 수 있다. 즉 우주인은 우주선을 타고 지구 밖으로 나가는 사람을 지칭하는데, 돈을 주고 우주 관광을 하는 관광객은 제외한다. 과거에는 지구가 아닌 다른 행성의 생명체를 표현할 때도 우주인이라고 불렸지만 지금은 외계인이라고 부른다.

초기에는 미국보다 구소련이 우주 개발에 한발 앞서 있었다. 그래서 우주에 관한 모든 기록은 구소련이 가지고 있었고 우주인도 예외는 아니었다. 인류 최초의 우주인은 유리 알렉세예비치 가가린(Yurii Alekseevich Gagarin, 1934~1968)이다. 집단 농장 목수의 아들인 유리는 1951년 모스크바 근처에 있는 직업학교(trade school)에서 주형기능공으로 졸업했다. 이후 사라토프(Saratov)에 있는 대학에서 계속 공부하면서, 동시에 비행 교육과정에도 참가했다. 이 교육과정이 끝나자 오렌부르크

우주인의 모습(NASA)

(Orenburg)에 있는 구소련 공군사관학교에 입학하여 1957년에 졸업했다.

우주인으로 선정된 유리는 보스토크 1호(무게 4.75t)에 탑승하였다. 보스토크 1호는 1961년 4월 12일 오전 9시 7분(모스크바 시간)에 발사되어 최고 고도 301km에서 1시간 29분 만에 지구를 한 바퀴 선회비행한 뒤 오전 10시 55분에 지구에 돌아왔다. 이 우주비행으로 유리는 전 세계적으로 유명해졌으며, 레닌 훈장과 구소련 우주비행사의 영웅이라는 칭호를 받았다. 기념비가 세워졌고, 구소련뿐만 아니라 전 세계에서 그 업적을 기렸다. 유명해진 유리는 그 후 우주비행을 하지 않고 다른 우주비행사들을 훈련시키는 역할을 했다. 1962년부터는 구소련 최고회의 의원으로 일했지만 일상적인 훈련 비행을 하던 중에 항공기 추락으로 다른 조종사와 함께 사망했다. 유해는 크렘린 궁전 벽의 벽감(壁龕 : 벽을 움푹 들어가게 해 놓는 곳)에 놓여 있다. 반면에 미국은 23일 늦은 5월 5일, 프리덤(Freedom) 7호에 셰퍼드(Alan B Shepard, 1923~1998) 중령을 태워 하늘로 올려 보냈다.

세계 최초의 여성 우주인도 같은 러시아의 테레시코바(Valentina V. Tereshkova, 1937 출생)로, 테레시코바는 유리 가가린에게 감동을 받고 여성 우주인이 되었다. 우주인이 되겠다는 결심으로 비행스포츠클럽에 가입해 스카이다이빙을 잘하는 낙하 전문가가 된 후, 마침내 우주인이 되었다. 1963년 6월 16일 테레시코바는 카자흐스탄 바이코누르(Baikonur)에 설치된 우주선 발사대에서 우주 왕복선 보스토크 6호에 탑승하여 올라갔는데, 우주에서 3일 동안 지구 궤도를 48번 돌았다.

테레시코바는 그 후 보다 적극적으로 공산당 정치 활동에 참여했고 구소련 정치권력의 핵심이라고 할 수 있는 중앙위원회 위원에 당선되었다. 1963년 11월 자신에게 우주비행 훈련을 가르친 훈련교관이며 역시 우주비행사인 니콜라예프(Andriyan Grigoryevich Nikolayev)와 결혼하였다. 고희를 넘긴 테레시코바는 건강한 모습으로 2008년 북경올림픽 성화 봉송 주자로 나와 러시아 국민들로부터 열렬한 박수갈채를 받기도 했다. 미국이 여성을 우주로 보내기 시작한 것은 이보다 무려 20년이 지난 1983년 이후이다.

앞으로는 우주인들이 직장을 잃게 될 가능성이 높다. 왜냐하면 미래 우주 탐사의 대부분은 무인로봇탐사로 진행될 전망되기 때문이다. 로봇이 선호되는 가장 큰 이유는 '비용'이다. 현재 우주인을 양성하는 데는 어마어마한 투자가 필요하다. 한국 최초 우주인 이소연 박사를 포함한 2명을 교육하고 훈련시키는 데에만 250억 원 이상이 소요됐다. 동일한 우주 탐사 임무를 실행할 때, 유인 탐사는 무인 탐사에 비해 약 1,000배 이상의 비용이 들어간다. 현재 NASA는 인체와 유사한 구조의 로봇을 개발 중이며, 2015년 이전에 실전에 사용할 수 있을 것으로 예상된다.

 우주 멀미

멀미란 자동차, 선박, 항공기 등에 탔을 때 어지럽고 구토가 나는 증상으로 주로 흔들림과 가속이 원인이다. 특히 운행 중인 우주선은 가속도가 매우 크고 지구와 환경이 달라서 심한 멀미를 일으킨다. 나사에 따르면 우주인 2명 중 1명은 멀미로 고생한다고 한다. 우주선이 운항 중일 때는 눈앞의 경치가 계속 바뀌면서 시각 정보와 몸의 정보가 혼동을 일으키면서 멀미가 생긴다. 특히 여기에는 중력도 없고 위아래가 없기 때문에 감각기관이 혼동을 일으키고 귓속 전정기관도 위아래를 판단하지 못하여 더욱 어지럽다. 우주정거장에 도착하면 멀미가 사라질 것 같지만 그렇지 않다. 이를 극복하기 위한 약이 있지만 위장에서 둥둥 떠다녀 흡수가 잘 되지 않는다. 주사(Phenergan, 페너간)도 개발되어 있지만, 장기간 우주 생활을 해야 하는 우주인은 무의식적으로 이루어지는 평형감각 조절 자율 훈련법으로 멀미를 극복한다.

한국인 최초로 우주를 날다
- 이소연

    우리나라는 2000년 12월 과학기술부(현 교육과학기술부)가 러시아와 공동으로 우주여행자양성계획(한국 우주인 배출 사업, KAP; Korean Astronaut Program)을 수립하였다. 그 후 우주 여행자 모집 공고를 하고 2006년 12월부터 약 9개월간 총 4차례의 선발 과정을 통해 2006년 12월 25일, 고산과 이소연을 최종 우주인 후보로 선출하였다. 선발된 두 명은 2007년 3월부터 15개월간 러시아의 가가린 우주인훈련센터(GCTC; Gagarin Cosmonauts Training Center)에서 우주비행에 필요한 훈련을 받았고, 2007년 9월 15일 고산이 탑승 우주인으로, 이소연이 예비 우주인으로 선정되었다.

    하지만 2008년 3월 10일, 훈련 과정의 규정 위반을 이유로 고산은 예비 우주인이 되었으며, 탑승 우주인이 이소연으로 변경되었다. 이소연은 우주인으로서 적합한 신체적 평가를 받았으며, 과학 능력, 사회 적합성, 우주 적합성 등에서 높은 점수를 차지했다. 참고로 NASA가 규정한 우주비행사의 기초적인 자질은 ① 건강한 신체 ② 협동성 ③ 영어 능력 등이다.

    2008년 4월 8일 오후 8시 16분 39초(한국 시간). 이소연을 태운 소유스 TMA-12 우주선의 발사가 카운트다운에 들어가고 3초, 2초, 1초를 지나 드디어 발사되었다. 이를 지켜본 국민들은 흥분과 전율을 동시에 느꼈다. 우주선은 발사 후 4월 10일 오후 9시 57분에 국제우주정거장(ISS)에 도킹하였다. 이소연은 4

월 11일 밤 12시 41분에 세르게이 볼코프(Sergey Volkov)에 이어 두 번째로 ISS로 건너가면서 157번째 탑승자가 되었다. ISS에서는 9박 10일간 머물면서 18가지의 우주과학 실험 임무를 수행하였다. 이제는 돌아올 시간이었다. 4월 19일 오후 2시 6분 30초에 러시아의 유리 말렌첸코(Yuri Ivanovich Malenchenko), 미국의 페기 윗슨(Peggy Annette Whitson)과 함께 소유스로 갈아타고 도킹을 풀었다. 우주선은 19일 오후 5시 28분경 예상 착륙 지점에서 420km 떨어진 카자흐스탄 국경 부근의 오르스크 남동쪽 초원 지대에 착륙, 귀환하였다.

유리 가가린이 최초로 우주로 날아간 이래 47년 만에 한국인을 태운 우주선이 성공적으로 발사됨으로써 한국은 36번째로 우주인을 배출한 국가가 되었고, 이소연은 세계 475번째 우주인이자 49번째 여성 우주인으로 기록되었다고 한다. 역대 3번째로 나이가 어린 여성 우주인이며 또 2명의 아시아계 미국인을 포함하여 4번째 아시아 여성 우주인이라고 한다. 그러나 2008년 4월 28일 날짜로 최신 업데이트된 세계 공인 우주인 명단(총 480명)에는 이소연의 이름이 없다. 이소연을 우주비행 참가자(SFP; Spaceflight Participant)로 표기하였다고 한다. 국제우주연맹(IAF), 국제우주학회(IAA), NASA, 유럽우주국(ESA), 유럽우주개발기구(ESA) 등에서 우주인으로 인정하지 않은 것이다. 일반적으로 미국이나 러시아의 우주인 분류는 선장(commander)과 파일럿, 비행 엔지니어 등으로 구분되므로 이소연과 같은 경우는 정식 우주 임무에는 참여하지 않는 우주인인 셈이다.

이와 관련해 NASA 측은 이소연의 소유즈호 탑승은 한국과 러시아 우주연방청의 상업계약(a commercial agreement)에 따른 차원이라고 밝히고 있다. 실제로 지난 2006년 12월 7일 당시 과학기술부와 한국항공우주연구원은 러시아 연방 우주청에서 한국 우주인의 훈련과 탑승에 대해 정식 계약을 체결했었다. 세계 최연소 여성 우주인이라는 수식어를 우리나라 내에서 사용하는 것은 문제가 없지만, 국제적인 호칭으로 사용하기에는 어딘가 어색한 것 같다. 나로호 발사

도 성공하고 스페이스클럽에 가입된다면 국제적으로 우주 관련 발언권도 강화
된다. 그 후에는 이소연도 진정한 여성 우주인이 되어 있을 것이다.

 우주 식품

1960년대 초 머큐리 우주비행사들의 우주 식품은 냉동 건조된 가루 혹은 알루미
늄 튜브에 든 유동식이었다. 그 후 아폴로 시절에는 데워 먹을 수 있는 음식이 주
류를 이루었고, 오늘날의 우주 식품은 아주 광범위하고 다양해졌다. 특히 이소연
은 우주 식품으로 볶음김치와 고추장, 된장국, 홍삼차, 녹차, 밥, 김치, 라면, 수정
과 등을 가져갔는데, 앞으로 더 다양해질 것으로 생각된다. 2010년 3월 러시아 연
방우주청 산하 생의학연구소(IBMP)에서 미생물 시험을 통과한 한식 우주 식품은
볶음김치와 분말 고추장, 불고기, 잡채, 비빔밥, 호박죽, 식혜, 녹차, 홍삼차, 카레
등 10종이다.

2

하늘 나라 우리 동네

교양으로 읽는 하늘 이야기 – 대단한 하늘여행

붕괴와 수축으로 형성된 우리 동네
– 태양계

옛 사람들은 밤하늘의 천체를 보고 처음에는 고정되어 있다고 생각하였다. 그 후 조금씩 문명이 발달하고 사물을 판단하는 사고가 발달함에 따라 몇몇 밝은 별들이 조금씩 이동하는 것을 이해했다. 이때 본 것이 바로 행성인 것이다. 5개의 행성들이 일찍 사람들의 눈에 띄었다. 사람들이 하늘을 보는 시각이 차츰 밝아지고 천문학에 대한 식견이 넓어진 고대 그리스 시대에는 지구를 중심으로 모든 천체가 돌고 있다는 지구중심설, 즉 천동설天動說이 대두되었다. 16세기에 코페르니쿠스의 태양중심설, 즉 지동설地動說이 제기될 때까지 천동설은 전 지구를 지배하고 있었다.

태양계의 기원에 대해서 지금까지 많은 설說이 주장되었는데 크게 두 가지 범주로 나눌 수 있다. 첫째는 태양의 탄생과 진화 과정에서 태양계가 함께 형성되었다는 성운설星雲說, 전자설電磁說, 난류설暖流說 등이고, 둘째는 태양과 다른 천체가 우연히 만나거나, 혹은 충돌과 같은 우연적인 사건이 일어나 생겼다는 소행성설小行星說, 조석설潮汐說, 쌍성설雙星說 등이다. 그 외에 슈미트설(Otto Schmidt, 1944), 휘플설(Fred Whipple, 1947~2004), 호일설(Fred Hoyle, 1955) 등이 제안되었다.

성운설은 1755년 독일의 철학자 칸트(Immanuel Kant, 1724~1804)가 주장한 이후 1796년 프랑스의 라플라스(Pierre Simon de Laplace, 1749~1827)가 다시 수정한

이론이다. 이 이론에 따르면 태양계는 천천히 자전하는 고온의 가스 덩어리에서 시작했다고 한다. 1942~1946년 스웨덴의 알벤(Hannes Alfven, 1908~1995)은 태양의 자기장을 근거로 전자설을 발표했는데, 과거 태양 주위는 비어 있었으나 고체 미립자로 된 소규모 우주 구름이 나타났다가 태양의 자기장과 중력에 의해 그 일부가 붙잡혀 각 행성들이 생성되었다는 설이다. 난류설은 1944년 독일의 바이츠제커(Carl Friedrich von Weizsacker, 1912 출생)가 발표한 것으로, 초창기 태양은 수소와 헬륨 등이 주성분인 가스 원반에 둘러싸여 있었다는 것이다. 이 가스 원반은 내부에 난류가 있어서 자전이 모두 똑같지 않았다고 한다. 이 때문에 군데군데 소용돌이가 생기고 소용돌이와 소용돌이 사이에 물질이 모여 작은 덩어리를 만들었고, 이것들이 합쳐져서 행성이 되었다는 설이다.

대체로 태양계는 약 46억 년 전(태양의 나이 50억)에 시작되었다고 추정하고 있다. 이러한 태양계 형성에 관한 여러 가지 학설 중 가장 대표적인 것이 성운설이다. 성운설에 따르면 우리 은하의 나선 팔에서 먼지와 가스로 이루어진 구름이 중력 붕괴를 일으키고 수축을 계속했는데, 그 수축이 진행되면서 회전 속도

태양계의 행성들(NASA)

가 빨라져 구름들이 원반 형태를 갖추게 된 것이라고 한다. 수축이 어떤 상태에 도달하면 중심부의 온도와 밀도가 높아져서 핵융합 반응을 일으키게 된다. 이때 수축된 질량의 대부분이 모여 태양을 형성하였고 8개의 행성을 비롯한 여러 천체들이 만들어졌다는 것이다. 8개의 행성 끄트머리에 있는 명왕성까지의 평균 거리는 60억km나 되고 그 바깥에 카이퍼벨트와 오르트 구름이 더 있다. 그러므로 태양계는 우리가 생각하는 것보다 훨씬 규모가 크다. 앞으로 수억 년이 지나면 태양은 자신의 자식들과 손자들을 붙잡아 둘 수 있는 힘을 점차 잃게 될 것이라고 한다. 그때쯤이면 태양계에는 오직 태양만 홀로 남을 것이라고 한다. 그리고 태양도 나중에는 쓸쓸히 사라질 것이다.

우리가 살고 있는 태양계는 은하계의 중심으로부터 약 2만 5000~2만 8000 광년 떨어진 변두리에 위치하고 있다. 우리 은하에 대한 태양계의 공전 주기는 약 2억 2600만 년이며, 공전 속도는 217km/s라고 한다. 태양계는 현재 우리 은하의 오리온 나선팔의 안쪽 가장자리에 속하며, 국부 성간 구름을 통과 중이라고 한다. 심장부에 있지 않고 변두리에 있는 것이 오히려 잘된 일이다. 왜냐하면 우리 은하의 중심핵 부근은 굉장히 소란스럽기 때문이다. 여기서는 수많은 별들이 빠른 속도로 만들어지기도 하고 생명을 끝내는 초신성 폭발도 자주 일어난다. 이때 방출되는 엄청난 에너지(감마선)는 주변의 모든 행성들에게 영향을 끼친다. 또한 은하의 중심부에는 태양 질량의 260만 배에 이르는 블랙홀도 있다고 한다. 그러므로 우리 태양계가 있는 지금 이 자리가 우리 지구인이 살아가기에 아주 적합한 조용한 시골 동네인 셈이다.

수소폭탄을 터트리는 노란 별
– 태양

    태양(太陽, Sun, 해)은 태양계에 있는 모든 생명체에게 어머니와 같은 존재이다. 왜냐하면 인간이 사용하는 모든 연료의 근원이 태양으로부터 나오며 여덟 개의 행성은 물론 그 위성들과, 소행성 그리고 수많은 천체 등 태양계의 전 가족이 태양을 바라보며 돌아가고 있기 때문이다. 태양의 색깔은 노랗고 그 무게는 지구 질량(5.9736 × 10²⁴kg)의 33만 배에 이른다. 또한 모든 행성들을 합쳐 놓은 질량의 750배 이상이나 되고, 태양계 전체 질량의 99.85%를 차지한다. 태양의 지름에 도달하기 위해서는 109개의 지구를 옆으로 나란히 놓아야 한다. 또한 태양의 부피는 130만 개의 지구가 차지하는 공간과 같다. 이처럼 여러 측면에서 태양은 태양계에서 독보적인 존재이다. 태양의 나이는 약 100억 년 정도이며, 약 50억 년 전에 제대로 된 모습을 갖추었다고 한다. 태양은 태양계 내에서 스스로 빛을 내는 유일한 천체이지만 전 우주로 따지면 태양도 하나의 항성(별)에 불과하다. 태양은 우리 동네 하나뿐인 별이지만, 지구 중심적인 사고를 가졌던 그리스인들은 태양을 지구(Gaea, 가이아), 천왕성(Uranus), 토성(Saturn)보다도 더 격을 낮춰서 불렀으며, 이때는 태양을 행성과 같은 존재로 간주했다고 한다.

    하루도 쉬지 않고 수소폭탄을 터트리며 불타는 거대한 태양이 한결같이 우리의 낮을 밝혀 주고 있다. 태양의 깊은 곳으로부터 가스 덩어리가 올라와 표면에서 부글부글 끓어 열기를 방출하고 다시 내부로 들어가 가라앉는다. 원자들이 점점 더 많이 모여서 열은 더욱 높아지고 수소와 헬륨에 의한 핵융합 반응이 일어나 폭발한다. 태양의 내부 온도는 상상을 초월하는 섭씨 1500만℃에 달하는데 바로 여기서 핵융합이 일어나고 초당 400만 톤의 질량을 빛으로 바꾼다. 이렇게 끓고 있는 태양의 열기도 표면으로 나오면 온도가 많이 내려가서 섭씨 5500~6000℃ 정도 되는데 여기를 사람들은 광구(光球, photosphere)라고 부른다. 광구의 두께는 약 400km 정도 되며 지구에 직접 도달하는 태양빛의 대부분이 여기서 방출된다.

　태양의 광구 위에는 두께가 6,000km 정도 되는 희박한 대기층이 있는데, 여기를 채층(彩層, chromosphere)이라고 한다. 1868년 영국의 천문학자 요셉 로키어(Joseph Norman Lockyer, 1836~1920)가 이름붙인 채층은 약 2,000km 이상 되는 곳부터는 바늘처럼 삐쭉삐쭉하게 생긴 스피큘(spicule)이라는 불꽃이 튀는데 (20km/s), 이들 불꽃은 광구로부터 1만km 높이까지 솟아오른다고 한다. 채층의 온도는 광구와 가까운 아랫부분은 4500℃ 정도 되지만 맨 윗부분에서는 약 100만℃ 이상 된다고 한다. 태양의 플레어(flare)와 홍염(紅焰, Solar prominence)이 주로 채층에서 일어나는 현상이다. 홍염은 붉은 불꽃 모양의 가스체를 지칭하는데 주성분은 수소가스로 추정되며 개기일식 때 볼 수 있다고 한다.

　태양 탐사는 1960년대부터 시

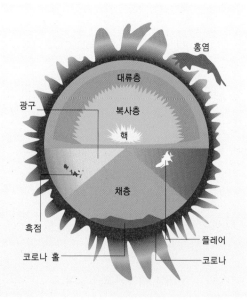

태양의 구조

작되었다. 1990년 10월에는 태양의 플라즈마(이온화된 상태의 기체)와 자력을 탐사하기 위한 율리시스(Ulysses)호가 발사되어 지금까지 약 20년 동안 미션을 수행해 왔으나, 2009년 6월 30일에 운용을 종료하였다. 1991년 8월에는 태양의 플레어가 복사하는 엑스선을 포착하기 위해 미국, 영국, 일본이 공동으로 참여한 태양 관측 인공위성인 '요코(SOLAR-A)'가 발사되었다. 그 외에도 1995년 11월에 미국 플로리다 주에서 세 번째 태양탐사 우주선인 소호(Soho)가 발사되었고 이 위성은 현재 태양 주변을 돌며 활동 중이다.

 태양 흑점

밝게 빛나는 태양에도 사람 얼굴의 검버섯처럼 어두운 반점(흑점)이 보인다. 이 반점은 광구의 평균 온도보다 2000℃ 정도 낮지만 그래도 여전히 4000℃를 유지한다. 이곳은 주변보다 약 80% 정도 더 적은 빛을 발산하기 때문에 상대적으로 어둡게 보이는 것이다. 태양 흑점은 예수회 신부이자 천문학자인 독일의 샤이너 (Christoph Scheiner, 1575~1650)가 1610년경 발견하였다. 이때 샤이너가 스케치한 흑점은 아직까지도 널리 쓰일 정도로 유명하다. 독일의 아마추어 천문가인 슈바베(Samuel Heinrich Schwabe, 1789~1875)는 태양을 관측하던 중 우연히 태양의 흑점이 11년을 주기로 증감하는 것을 발견하였다. 태양 흑점(太陽黑點, sunspot)의 어두운 중심부를 암부(umbra)라고 하며, 바깥의 약간 밝은 부분을 반암부(penumbra)라고 한다. 흑점 중에는 하루 이틀 지나면 사라져 버리는 것도 있지만 몇 개월씩 존재하는 것도 있다. 또한 크기도 다양하여, 목성만큼 큰 흑점도 발견되지만 겨우 수백 킬로미터 밖에 안 되는 작은 것도 보인다.

태양이 만들어 내는 우주 기상
- 태양풍과 코로나

　태양에서 불어오는 바람을 태양풍이라고 하는데, 태양풍은 빠른 태양풍과 느린 태양풍으로 나눌 수 있다. 빠른 태양풍이 지구 공전 궤도에 도달할 때는 약 200~750km/s의 속도로 도착한다. 이때 순수한 바람만 불어오는 것이 아니라 각종 전파, 감마선, 엑스선, 자기장파, 입자선•, 입자 등을 동반하는데, 이것들은 지구의 자기권과 대기권을 통과할 때 대부분 소멸하지만 일부는 지표에 도달한다.

　태양풍에 의해 방출된 전자파 등은 속도 때문에 3단계로 따로따로 지구에 도착한다. 가장 먼저 도착하는 것이 전자파電子波로, 빛의 속도로 오기 때문에 고작해야 8분 정도면 지구에 도달한다. 전자파는 주로 전파 장해를 일으키고 통신시스템(인공위성, 비행기의 무선 등)에 장애를 준다. 두 번째로 오는 것이 방사선放射線으로, 몇 시간이면 도달한다. 마지막으로 코로나 질량방출(CME; Coronal Mass Ejection)이 2~3일 후면 도달하는데, 이것이 가장 위험하다. CME가 송전선을 타게 되면 전류를 방해하여 정전 및 전력시스템을 파괴를 일으킨다. 그러므로 처음에 도착하는 전자파를 빨리 인지하여 각처에 정보를 제공하면 2차, 3차로 도달하는 방사선과 코로나 물질로 인한 피해를 예방할 수 있다. 태양풍에 대한 주요 대책으로는 인공위성을 이용한 감시를 들 수 있는데, 현재 나사의 ACE(Advanced Composition Explorer) 위성이

粒子線 매우 좁은 간격으로 서로 충돌하지 않고 한 방향으로 나아가는 미립자 흐름의 다발. 분자선 원자선 중성자선 전자선 따위가 있다. 입자(粒子)는 물질을 구성하는 미세한 크기의 물체를 말하며 소립자, 원자, 분자, 콜로이드 따위를 이른다.

태양풍 도착 1시간 전에 이를 감지하여 알려 주고 있다.

태양풍의 형태

태양에는 코로나(corona)라는 대기층이 있다. 이곳은 비정상적으로 높은 온도를 유지하고 있는데, 밝기는 광구의 100만 분의 1 정도밖에 안 되지만 온도는 채층의 맨 윗부분과 비슷한 100만℃ 정도가 된다. 코로나의 위치는 태양 대기의 맨 바깥 부분으로, 태양 표면에서 약 100만km 되는 곳에 있다. 코로나의 온도 상승은 잘 설명되지 않지만 아마도 태양 자기와 연관이 있을 것으로 추정하고 있다. 이 고온 때문에 초속 수백km에 달하는 속도로 코로나가 팽창하면서 코로나 물질을 희석하고 태양풍을 방출한다. 코로나는 태양의 개기일식 동안에 볼 수 있으며 물이 흐르는 모양(streamers), 깃털모양(plumes), 고리모양(loops) 등 다양한 특징을 보여 준다.

 태양폭발

과학자들은 2013년에 과거 어느 때보다도 강력한 태양폭발(flare)이 있을 것으로 우려하고 있다. 태양은 근 2년 동안 지나치게 잠잠해 2009년에는 폭발 활동이 단 한 차례도 없었고, 2010년 들어서도 아주 미약한 폭발뿐이었다. 한해 평균 2~3차 례의 태양폭발이 일어났던 점을 감안하면 심상치 않다. 2013년에 태양 활동 극대기가 되면 과거 어느 때보다 강력한 태양 표면 폭발이 발생할 것이라고 한다. 태양 표면이 폭발하면 열과 전자, 양성자 등 고에너지 입자가 뿜어져 나와 최대 초속 2,000km의 속도로 지구로 돌진해 온다. 해프닝으로 끝날지 아니면 재앙 수준의 피해를 가져올지, 지금부터 대비책을 세워야 한다.

태양의 에너지도 한계가 있다
– 태양의 죽음

　태양의 빛과 열이 없었다면 지구는 황량하게 텅 비었을 것이다. 지난 46억 년 동안 태양은 성실하게 빛과 열을 만들었다. 그 결과 지구에 생명체를 탄생시켰고 오늘날과 같이 살아 있는 지구로 만들었다. 하지만 태양도 영원하지는 않다. 오늘날 과학의 힘을 빌려 태양이 어떤 운명을 맞게 될지, 그리고 지구의 미래는 어떻게 될지 예견할 수 있다. 137억 년 전 우주가 만들어지고 100억 년 전에 태양의 모태가 생겨, 오늘날과 같은 태양의 모습이 된 지는 약 46~50억 년 정도 지났을 것으로 추정된다. 46~50억 년이라는 시간이 얼마나 긴지 계산해 보자. 46억 년을 1년에 1초라고 생각하고 1초, 2초, 3초 이렇게 세어 보면 146년[46억 년 : 60×60×24×365]이 걸린다. 하지만 이렇게 긴 세월을 살아온 태양도 영원히 타오를 것 같지는 않다. 왜냐하면 태양도 타오를 재료가 떨어지면 에너지를 낼 수 없기 때문이다.

　천문학자들의 예견대로라면 태양의 여생은 100억 년 정도 남았다고 한다. 이 숫자는 현재 태양이 내고 있는 빛으로 계산해 본 것이지만 다른 의견도 많이 있다. 일부 천문학자들은 태양이 약 50억 년 뒤에 팽창하여 적색 거성이 될 것이라고 한다. 대부분의 별들은 그 중심부에서 수소를 태워 헬륨을 만드는데, 이 헬륨의 재는 별의 중심부에 쌓여 별의 팽창을 부채질한다. 그러므로 일단 적색 거성이 되면 태양의 크기는 현재보다 20~50배까지 팽창할 것이라고 한다. 여러 정황으로 보아서 태양이 적색 거성이 되기도 전에 팽창된 태양의 열 때문에 지구는 소멸할 것이라는 설이 지배적이다. 아무튼 태양은 적색 거성의 과정을 거쳐 백색 왜성으로 변하게 되는데 이때쯤이면 핵연료를 다 소모한 뒤 죽음을 맞게 된다.

이미 알려졌듯이 태양은 수소를 사용해 에너지를 발생시킨다. 더 정확하게 말하면 태양의 중심부에서 압력과 열을 이용해서 4개의 수소 원자핵이 하나의 헬륨 원자핵으로 융합된다. 이러한 핵융합이 에너지를 방출하고 태양의 온도를 높인다. 태양이 탄생할 당시에는 수소가 4분의 3을 차지했고 헬륨이 4분의 1을 차지했다. 하지만 수소가 많이 감소하여 지금은 헬륨의 비율이 50% 이상으로 상승했다고 한다. 앞으로도 중심부에 헬륨이 계속 쌓이면서 태양의 바깥쪽은 그 열로 팽창하게 될 것이라고 한다. 이렇게 되면 태양은 서서히 부풀어 오르게 된다. 태양의 표면은 조금씩 냉각되고 붉은색(적색 거성)을 띠게 된다. 그렇게 되면 10억 년 후에는 빛이 약해져 지구의 생명체가 일부 소멸될 수도 있다. 과학자들은 그때가 되면 수소의 양이 35%로 줄어들어 열과 빛이 지금과 같지 않을 것이라고 예견한다.

태양의 팽창 속도가 가속되면 수성과 금성을 삼키고, 지구는 태양의 열 때문에 모든 것이 타 버려 물도 공기도 없는 행성으로 변해 갈 것이다. 마침내 태양이 최대 크기가 되면 다시 빠르게 수축하기 위하여 더 많은 빛을 발산하게 된다. 그 후 수억 년 동안 팽창과 수축을 반복할 것이고 이때 태양의 질량 일부가 우주로 날아갈 것이다. 결국에는 핵융합에 필요한 모든 연료가 다 소모되고 태양은 상대적으로 작은 백색 왜성으로 변하고 만다. 태양은 점점 식어 가고 약 100억 년이나 200억 년이 흐르면서 점차 냉각되어 마침내 차갑고 외로운 흑색 왜성(Black dwarf)이 되어 생을 마감할 것으로 판단된다. 그러나 이것은 아득히 먼 미래의 이야기이다.

태양계를 떠도는 여덟 형제들
– 태양의 아들

태양계에는 8개의 행성(行星, planet)이 있다. 즉 태양의 빛과 열을 받으며 태양을 바라보고 돌고 있는 아들들인 셈이다. 행성은 태양(항성)의 공전 궤도를 따라 공전하는 물체를 말하는데, 혜성·유성·위성은 행성이 아니다. 밤하늘의 별은 아득히 먼 곳에 있어서 계절이 바뀌어도 한자리에 고정된 것처럼 보이지만, 태양계의 행성들은 비교적 가까운 곳에 위치해 있어서 태양을 중심으로 공전하는 모습을 파악할 수 있다. 물론 주기도 제각각 다르다. 그래서 지구의 입장에서 보면 공전 주기가 다른 이들 행성들의 움직임이 상당히 불규칙한 것으

표 1. 태양계 행성의 분류

구분		행성	태양에서 거리(AU)	반경	비고
지구형 행성(고체 행성)		수성	0.39(지구에서 0.61)	0.38	내행성
		금성	0.72(지구에서 0.28)	0.95	
		지구	1.00	1.00	–
		화성	1.52(지구에서 0.52)	0.53	외행성
거대 행성	목성형 행성	목성	5.20	11.21	
	(거대 가스 행성)	토성	9.54	9.5	
	천왕성형 행성	천왕성	19.18	4.01	
	(거대 얼음 행성)	해왕성	30.06	3.88	

태양으로부터 지구까지의 거리는 1AU(1억 4960만km), 반경은 지구의 적도 반경 6,378.14km를 1로 했을 때 기준이다.

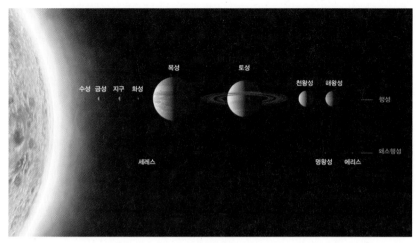

태양의 아들

로 생각되었고, 옛날 사람들은 이러한 이유를 알지 못했기 때문에 행성들을 '떠돌이 별'이라고 불렀다고 한다. 행성의 영어 표기 'planet'은 방랑자라는 뜻의 그리스어 'planētes'에서 유래되었다.

태양계의 행성들이 모두 지구처럼 암석으로 이루어진 것은 아니다. 이들은 태양으로부터의 거리에 따라 수성·금성·지구·화성·목성·토성·천왕성·해왕성의 순서로 위치하는데 2개의 동아리로 나뉜다. 태양에 가까운 안쪽의 4개 행성은 암석으로 이루어졌기 때문에 지구형 행성 또는 고체 행성이라고 하며, 가스와 얼음덩어리로 된 목성부터 해왕성까지는 목성형 행성(가스 행성 또는 얼음 행성)이라고 부른다.

목성형 행성은 주성분에 따라 다시 둘로 나누기도 한다. 내핵이 암석질로 이루어진 주위를 두터운 가스층으로 둘러싸고 있는 목성과 토성은 거대 가스 행성으로, 주위를 엷은 가스층과 얼음으로 둘러싸고 있는 천왕성과 해왕성은 거대 얼음 행성으로 나누어 부른다. 8개의 행성이 비슷한 시기에 만들어졌다고 추정되지만 이들 행성들은 크기, 자전 시간, 공전 시간, 구성 성분 등이 각기 다르다. 특히 밤하늘에서 금성 다음으로 밝게 보이는 목성은 암석으로 이루어진 작은 핵이 있지만 대부분은 가스 상태의 수소(81%)와 헬륨(17%) 그리고 일부 다른 성분으로 둘러싸여 있다. 목성의 핵은 아주 뜨거워 섭씨 3만 5000℃ 정도 되고, 태양에서 받는 열의 2배를 밖으로 내보낸다고 한다. 만약 목성의 질량이 지금보다 50배 정도 더 컸다면 수소융합이 가능해져 제2의 태양이 되었을지도 모른다. 해왕성이 태양계의 마지막 행성이기 때문에 그곳이 끝이라고 생각하면 태양의 막내아들은 약 45억km 떨어진 곳에 있는 셈이다.

 행성의 기준

태양의 주변을 공전하는 것에는 행성 외에도 혜성, 소행성 등이 있기 때문에 국제 천문연맹은 행성과 다른 천체를 구분하기 위하여 다음과 같은 조건을 내걸었다. 새롭게 정의된 행성의 기준은 첫째, 태양 주위를 공전하고, 둘째, 충분한 질량을 가져 정역학적 평형 상태, 즉 구형을 이루며, 셋째, 자신의 공전 궤도에서 지배적인 역할을 해야 한다는 것이다. 그리고 태양 주위를 공전하는 구형의 천체이지만 자신의 궤도에서 지배적인 역할을 하지 못하는 천체들은 왜소행성(dwarf planet)으로 새롭게 분류했다. 그 외에 태양을 공전하는 작은 물체를 태양계 물체(SSSB; Small Solar System Bodies)라고 정의했다.

태양의 자식들은 어떻게 이름을 얻었는가
- 행성의 이름

　태양계는 태양을 포함하여 9개의 큰 천체가 있다. 이들의 이름이 어떻게 지어졌는지 궁금하다. 고대에는 수성水, 금성金, 화성火, 목성木, 토성土 등 5개의 행성과 태양日과 달月을 포함하여 행성이 7개라고 생각했지만 16세기 코페르니쿠스가 태양이 별이라는 것을 알아채고 6개로 줄였다고 한다. 행성들은 각기 그리스와 로마의 신화에서 유래된 이름을 가지고 있는데 저마다 독특한 의미를 지니고 있다. 망원경이 발명된 이후에 발견된 천왕성, 해왕성, 명왕성도 고대의 신 이름이 붙여져 있다. 로마와 그리스 시대가 아님에도 불구하고 왜 로마와 그리스 신화에 등장하는 신 이름이 그대로 행성의 이름으로 사용되었을까? 결론적으로 말하면 이들 행성을 발견한 천문학자들이 기존 행성들의 이름이 그리스 · 로마 신화에서 비롯됐다는 점을 인정하고 새로 발견한 행성에도 당시에 있었던 신의 이름을 사용하기로 한 것이다.

　태양의 첫 번째 아들인 수성(水星, Mercury)은 전령의 신에서 따왔는데, 로마인들은 힘과 미를 대표하고 신의 전령을 전하는 헤르메스(Hermes)를 머큐리(Mercury)라고 불렀다고 한다. 칼 세이건(Carl Edward Sagan, 1934~1996)은 수성을 신들의 심부름꾼인 머큐리라고 부른 것은 수성이 태양에서 멀리 떨어지는 일이 없고, 1초에 48km의 공전 속도로 행성 중에 가장 빨리 달리기 때문이라고 한다. 그래서 신의 소식을 빨리 전하는 심부름꾼이라는 뜻으로 '머큐리' 라는 이름이 붙게 되었다.

금성(金星, Venus)은 미와 풍요의 여신인 아프로디테(Aphrodite)에서 따온 이름이다. 그리스어로 거품을 뜻하는 아프로디테를 로마인들은 베누스(영어로 비너스)라고 불렀다. 또는 금성(샛별)이 밝기 때문에 아름다움(美)을 표현하는 미의 여신 이슈타르(Ishtar)라고 불렀다고 한다. 우리나라에서는 아침과 저녁에 보이는 금성이 각각 다르다고 생각했다. 기독교에서는 라틴어로 '빛을 가져오는 자'(루시퍼, Lucifer)라 불렀고, 불교에서는 석가모니가 금성이 빛나는 것을 보고 진리를 발견했다고 전해진다.

화성(火星, Mars)은 전쟁의 신인 아레스(Ares, 로마식)에서 비롯됐다. 아레스는 제우스와 헤라 사이에서 태어난 외아들인데, 로마인들은 아레스를 마르스(Mars)라고 불렀다고 한다. 한편 화성이 붉게 보이기 때문에 전쟁의 신 이름을 붙였다고도 한다.

목성(木星, Jupiter)은 제우스(Zeus, 로마식)라는 말에서 따왔는데, 당시 제우스는 아버지 크로노스(Kronos)를 물리치고 최고의 신이 됐다. 그리스인들이 신들의 왕에 해당하는 제우스(주피터)를 목성에다 붙인 것은 그들의 뛰어난 예견력으로밖에 볼 수 없다. 왜냐하면 당시까지 목성이 행성 중에서 가장 크다는 사실을

표 2. 행성의 이름

행성	요일	한자(영어이름)	신의 이름	신의 역할
수성	수	水星(Mercury)	헤르메스(Hermes)	상업의 신(전령의 신)
금성	금	金星(Venus)	아프로디테(Aphrodite)	사랑과 미의 여신(이슈타르)
지구		地球(Earth)	가이아(Gaea)	땅의 여신
화성	화	火星(Mars)	아레스(Ares)	전쟁의 신
목성	목	木星(Jupiter)	제우스(Zeus)	하늘의 신 Jove에서 온 말
토성	토	土星(Saturn)	크로노스(Kronos)	농업의 신
천왕성		天王星(Uranus)	우라노스(Uranos)	하늘의 신
해왕성		海王星(Neptune)	포세이돈(Poseidon)	바다의 신

천왕성과 해왕성은 늦게 발견되었기 때문에 이전의 행성들 발견 당시에는 존재를 몰랐다.

신들의 재탄생

알지 못했기 때문이다. 특히 목성은 신화에서 많은 아내를 둔 제우스처럼 많은 위성들을 거느리고 있으며, 실제로 이오, 칼리스토, 유로파 등 여러 위성의 이름이 제우스 아내의 이름이다.

토성(土星, Saturn)의 영어 이름인 새턴(Saturn)은 로마 신화의 농경의 신 사투르누스(Saturnus)에서 유래한 것이다. 태양에서 멀고 운행이 느려 늙은 신의 이름이 붙여졌다고 한다. 그리스 태초의 신 중 하나인 크로노스(Kronos, 로마식 새턴 : 농업의 신)를 인용했다는 설도 있다. 크로노스는 아버지 우라노스(Uranos)를 몰아내고 왕에 올랐지만 결국 자신도 아들 제우스에게 밀려났다.

천왕성(天王星, Uranus)은 하늘의 신인 우라노스를 뜻한다. 우라노스는 최초로 세계를 지배한 신이었다. 1781년에는 영국의 천문학자인 윌리엄 허셜이 그의 후원자였던 영국 왕 조지 3세의 이름을 따서 '조르지움 시두스'(조지의 행성)란 이름을 붙였다. 그런데 행성들은 그리스 · 로마 신화에 따라 이름을 짓는 것이 관례였기 때문에, 독일의 천문학자 보데(Johann Elert Bode, 1747~1826)가 1850년부터 우라노스라고 다시 이름 붙였다고 한다. 우라노스는 제우스의 할아버지에 해당한다.

해왕성(海王星, Neptune)은 바다의 신 넵투누스(Neptunus)의 이름을 딴 것이다. 해왕성에서 청록색 빛이 났기 때문에 바다를 상징하는 이름이 지어진 것으로 분석된다. 지금도 해왕성은 청록색의 진주라는 별칭을 가지고 있다. 이밖에 태양(Sun)은 태양의 신 헬리오스(Helios, 로마식)에서 비롯됐고, 달(Lunar)은 셀레네(Selene, 로마식 루나)에서 따왔으며, 지구(Earth)는 대지의 여신인 가이아(Gaea)를 일컫는 말로 이름 지어졌다.

 행성과 요일

행성의 이름에는 요일이라는 비밀이 숨어 있다. 월요일의 월(月)은 달, 화요일의 화(火)는 화성, 수요일의 수(水)는 수성, 목요일의 목(木)은 목성, 금요일의 금(金)은 금성, 토요일의 토(土)는 토성, 그리고 마지막으로 일요일의 일(日)은 태양을 가리킨다. 그런데 몇 개 빠진 것이 있다. 우선 지구가 빠졌고, 천왕성과 해왕성이 빠졌다. 지구가 빠진 것은 옛날 사람들이 지구를 우주의 중심에 있다고 생각하였기 때문이고 나머지 2개의 행성은 당시에는 찾지 못했기 때문이다. 그래서 영국의 천문학자 허셜이 천왕성을 발견하기 전까지 수천 년 동안 행성의 수는 태양과 달을 제외한 5개로만 알려졌었고 결국 요일에 적용한 행성도 5개일 수밖에 없었다. 동양에서는 태양, 달, 수성, 금성, 화성, 목성, 토성 등의 이름은 음양(日月) 오행(水金火木土)에 따라 정했다는 설이 있다.

행성들도 스스로 돌면서 나아간다
– 행성의 운동

대부분의 천체는 자전과 공전을 하고 있다. 태양과 달도 자전을 한다. 태양 이외의 다른 항성과 블랙홀 중에서도 자전이 확인된 것도 있다. 펄서(pulsar)는 고속으로 자전하는 중성자 별로 알려져 있다. 천체가 자전하는 데 중심이 되는 축을 자전축이라고 하며, 스스로 한 바퀴 도는 데 걸리는 시간을 자전 주기라고 한다. 자전 주기는 각 행성이 360° 회전하는 시간을 말하는 것이다. 이 자전 축의 기울기는 각 행성의 공전 궤도면에서 수직된 축에 대해 시계 방향으로 기울어진 정도를 뜻한다. 지구는 1일(정확히 23시간 56분 4초)을 자전 주기로 돌며 지구보다 태양에 더 가까이 있는 수성은 자전하는 데 59일 걸리고 자전축은 겨

표 3. 행성의 자전과 공전

행성	자전 속도 (km/s)	자전 주기(일)	자전축 기울기	평균 공전 속도(km/s)	공전 주기(일)
수성	0.003	58.6462	0.01°	47.8725	87.97
금성	0.0018	−243.0185	−2.64°(177°)	35.0214	224.7
지구	0.4651	0.99727	23.44°	29.7859	365.26
화성	0.2411	1.02595	25.19°	24.1309	686.96
목성	12.6	0.41354(9.8시간)	3.12°	13.0697	4333.29(12년)
토성	9.87	0.44401(10.2시간)	26.73°	9.6742	10,756.20(29년)
천왕성	2.59	0.71833(17.1시간)	82.23°(98°)	6.8352	30,707.49(84년)
해왕성	2.68	0.67125(16.1시간)	28.33°	5.4778	60,223.35(165년)

우 0.01°로 거의 똑바로 서서 돈다. 수성의 자전과 공전은 3 : 2의 비율인데. 이것은 수성이 태양의 주위를 2번 공전할 동안 3번 자전한다는 뜻이다.

금성의 운동은 여러 가지 측면에서 특이하다. 우선 자전 주기가 243일로 8개의 행성 중에 가장 길며, 자전축의 기울기도 −2.64°[약 177°]로 다른 행성의 반대 방향으로 기울어져 있다. 다른 행성들은 지구의 자전 방향으로 돌지만 금성은 그 반대로 돌아간다. 금성 이외의 대부분의 행성에서는 태양이 동쪽에서 떠서 서쪽으로 지지만, 금성에서는 태양이 서쪽에서 떠서 동쪽으로 지는 꼴이다. 금성의 자전이 왜 역방향인지 알 수는 없으나, 태양과 다른 행성들의 중력섭동重力攝動●이 큰 영향을 줬다고 생각되고 있다. 그리고 시간당 6.48km [0.0018km/s]로 굉장히 천천히 돌고 있는 금성은 공전 주기에 비해 자전 주기가 매우 길다. 태양을 중심으로 한 바퀴 도는 공전[225일]보다 스스로 한 바퀴 도는 자전[243일]이 더 길다. 지구가 태양을 한 바퀴 도는 데 하루가 걸리는 것에 비하여 금성은 무려 243배나 더 시간이 걸린다는 말이다. 어지러울까봐 천천히 자전하는지 모르겠지만 다른 행성에 비해 유난히 도는 속도가 느린 편이다.

화성은 자전축의 기울기가 25°로 지구와 비슷하고 하루도 24시간 37분으로 지구와 큰 차이가 없다. 아마도 지구와 비슷하게 계절의 변화도 생길 것이다. 목성은 적도 지방이 불룩한 타원체로 볼 수 있다. 목성은 대부분 기체로 이루어져 있어 태양처럼 차등 자전을 한다. 즉 적도에서 가장 빠르고 극지방에서 상대적으로 느린 자전을 한다. 적도 부근에서는 9시간 50분 주기로 자전을 하며, 고위도에서는 9시간 55분 주기로 자전을 한다. 토성은 탐사선의 관측 결과에 따르면 약 10시간 12분을 주기로 자전을 한다. 토성도 기체로 이루어진 행성이라 차등 자전을 하며, 거대한 몸에 비해 빠른 속도[9.87km/s]로 자전을 하여, 형태가 납작하다. 천왕성의 자전축 기울기는 특이하게도 98°로 거의 옆으로 쓰러져서 태양을 돌고 있다. 지구를 비롯한 6개의 행성의 자전 방향은 북극

● 주요한 힘의 작용에 의한 운동이 부차적인 힘의 영향으로 인하여 교란되어 일어나는 운동. 즉 어떤 천체의 평형 상태가 다른 천체의 인력에 의해서 교란되는 현상

에서 내려다 봤을 때 반시계 방향이지만 금성과 천왕성은 그 반대로 자전한다.

지구가 태양을 중심으로 돌듯이 태양계의 모든 행성들도 태양을 중심으로 돌아간다. 즉, 공전을 하며, 언제나 황도 12궁• 근처로 돌게 된다. 천구의 일주 운동으로 행성들도 매일 지고 뜨는데, 이것들을 몇 달 동안 관찰을 해 보면 한자리에 머물러 있지 않는다. 우리는 이를 공전이라고 말하며 이때 공전한 기간을 공전 주기라고 한다. 태양과 가까운 지구를 비롯한 4개의 행성은 88일에서 687일로 비교적 공전 주기가 짧지만 좀 더 멀리 있는 4개의 가스 행성들의 공전 주기는 12년부터 165년 사이로 매우 길다. 그러므로 해왕성의 1년은 지구의 시간으로는 165년이 걸린다.

황도대(黃道帶), 태양이 지나가는 황도 주변으로 약 8° 거리의 천구를 말하며, 메소포타미아의 수메르에서 처음 쓰이기 시작했다.

각 행성의 공전 궤도는 어떠한가? 수성의 궤도 이심률은 태양계 행성 중에서 가장 큰데, 근일점이 약 0.31AU, 원일점이 약 0.47AU가 되는 타원 궤도를 그리고 있다. 금성의 궤도는 다른 행성들의 궤도에 비하여 가장 원에 가깝다. 화성의 공전 궤도는 평균 1.52AU 정도이며 약간 찌그러진 타원 형태로 지구와 가장 가까울 때는 0.37AU(약 5천 5백만km) 정도이다. 목성은 태양으로부터 약 5.2AU(7억 8천만km) 떨어져서 공전을 하고 토성은 태양으로부터 약 14억km 떨어져 공전을 하고 있다. 이에 따라 토성이 태양과 가까울 때는 약 13억 5천만km까지 다가오고, 멀리 떨어질 때는 거리가 약 15억km 정도 된다. 천왕성은 태양으로부터 평균 28억 7천만km 떨어진 곳에서 공전을 하고 있고, 해왕성은 태양으로부터 약 45억km 떨어져서 공전한다.

행성의 운동법칙을 밝혀내고 천체역학을 탄생시킨 케플러

물에 둥둥 떠다니는 행성도 있다
- 행성의 무게

 행성의 무게를 kg이나 톤으로 나타내기에는 자릿수가 너무 커지기 때문에 지구 질량(5.9742×10²⁴kg)을 1로 정하고 비교하면 이해하기 쉽다. 8개 행성의 질량을 비교해 보면 가장 거대한 목성이 그 크기에 걸맞게 질량도 318로 1위이다. 이 숫자는 지구 318개분이란 의미이다. 두 번째로 질량이 큰 것은 토성으로 지구 95개분이고, 다음은 17개분의 질량을 가진 해왕성이다. 태양계에서 가장 촘촘한, 다시 말해서 밀도가 가장 높은 행성은 어느 것일까? 암석으로 된 4개의 지구형 행성이 4~5g/cm³ 밀도를 가지고 있다. 그러므로 지구를 비롯한 4개의 행성이 태양계에서 가장 빈틈없이 꽉 찬 행성이다. 목성, 토성과 같은 거

표 4. 행성의 질량·부피·밀도·적도반경

행성	질량(kg)	부피(km³)	밀도(g/cm³)	적도반경(km)
수성	0.055(3.3×10²³)	0.0056	5.43	2,439.70
금성	0.815(4.9×10²⁴)	0.857	5.24	6,051.80
지구	1.000(6.0×10²⁴)	1	5.15	6,378.14
화성	0.107(6.4×10²³)	0.151	3.94	3,396.20
목성	317.832(1.9×10²⁷)	1321	1.33	71,492.00
토성	95.160(5.6×10²⁶)	764	0.69	60,268.00
천왕성	14.500(8.7×10²⁵)	63	1.27	25,559.00
해왕성	17.220(1.0×10²⁶)	58	1.64	24,764.00

질량과 부피는 지구를 1로 했을 때 기준이다.

대 가스 행성은 기체이기 때문에 그 순위가 한참 뒤로 밀려나 있다. 이 중 가장 밀도가 낮은 것은 토성이다.

밀도란 물질이 얼마나 **빽빽하게** 구성되어 있는가를 나타내는 것으로 물질의 질량을 부피로 나눈 값이다. 물질이 좀 더 촘촘하다는 말은 같은 부피에 대해 질량이 더 크다는 것을 의미한다. 그러므로 여러 물질이 섞여 있을 때 밀도가 큰 물질일수록 아래쪽으로 가라앉는다. 밀도의 기준은 물이다. 즉 물의 부피 $1cm^3$당 $1g$의 중량이 1밀도이다. 결국 밀도가 1보다 큰 물질은 물속으로 가라앉고 작은 물질은 물 위에 뜬다. 이런 이치가 적용되면 태양계 행성의 대부분은 밀도가 1을 넘어서지만 유독 토성만 밀도가 0.69밖에 되지 않으므로, 물보다 가볍다. 따라서 덩치가 크고 질량이 지구의 95배나 되며 부피는 거의 764배인 토성을 물위에 올려놓으면 둥둥 떠다닐 것이다.

수성의 내부에는 철과 같은 무거운 원소로 구성된 반경 1,800km 정도의 핵이 있다. 이것은 전체 반경의 약 4분의 3에 해당한다. 수성 전체의 질량 중 약 70%가 금속, 약 30%가 이산화규소로 되어 있다. 금성의 내부 구조는 아직 잘 알려지지 않았지만 크기가 지구의 0.95배, 질량은 지구의 0.82배로 지구와 매우 비슷하므로 이를 바탕으로 금성의 내부 구조는 지구와 비슷할 것으로 판단된다. 반면에 화성이 다른 지구형 행성에 비해 밀도가 낮은 것은 화성의 내부 구조가 지구와 다르다는 것을 의미한다. 목성의 가장 깊숙한 내부에는 얼음이나 암석으로 이루어진 핵이 존재하고, 그 위는 수소분자 지역으로 추정된다. 토성의 내부는 목성과 매우 유사하다. 가장 깊숙한 내부에 얼음과 핵이 존재할 것이고, 그 위로 액체금속수소가 있을 것이라고 한다. 목성에 비하여 낮

물보다 가벼운 토성

은 압력과 비슷한 정도의 밀도, 그리고 낮은 온도 등을 보았을 때 천왕성과 해왕성의 내부에는 수소와 헬륨 함량이 적고 암석과 얼음이 존재할 것이라고 추정한다.

행성들도 저마다 자식들이 있다
– 행성의 위성

위성이란 행성의 주위를 도는 천체를 말하는데, 8개의 태양계 행성 중 수성
과 금성을 제외한 6개의 행성은 위성을 거느리고 있다. 태양과 가까이 있는 4
개의 지구형 행성 중에는 지구가 1개(달, 지름 3476km), 화성이 2개(포보스, 데이모

태양계 위성들의 크기 비교

작은 태양계라 불리는 목성

스)의 위성을 거느리고 있다. 1877년 미국의 천문학자 홀(Asaph Hall, 1829~1907) 이 워싱턴 천문대에서 발견한 화성의 위성 포보스(Phobos, 27km)는 화성 표면으 로부터 9,380km 높이에서 돌고 있으며, 바깥쪽 위성 데이모스(Deimos, 16km)는 화성 상공 2만 3500km에서 돌고 있다. 그리고 좀 더 멀리 떨어져 있고 덩치가 큰 목성과 토성이 가장 많은 위성을 거느린 대가족 행성으로, 목성은 작은 태 양계라 불리기도 한다. 또한 목성의 큰 위성 4개는 갈릴레이가 발견했다 해서 갈릴레이 위성으로 불리기도 한다. 이 위성들은 독일의 천문학자이며 안드로 메다를 발견한 시몬 마리우스(Simon Marius, 1573~1624)에 의해 각각 이오(Io, 3,630km), 유로파(Europa, 3,138km), 가니메데(Ganymede, 5,262km), 칼리스토 (Callisto, 4,800km)라고 명명되었다. 목성에는 갈릴레오 위성 4개를 포함해서 위 성이 총 63개나 있다. 여기에는 메티스(metis), 아드라스테아(Adrastea), 아말테 아(Amalthea), 테베(Thebe) 등과 같이 원래는 위성이 아니었으나 목성의 강력한 인력에 붙잡힌 것도 있다.

토성이 보유한 위성도 만만치 않다. 2007년 나사가 공식적으로 발표한 위성의 수는 60개, 여기에 아직 위성이라고 공식 인정받지는 못했지만 위성과 유사한 것이 3개 더 있다고 한다. 이들이 공식으로 인정받게 되면 목성과 똑같이 63개가 된다. 토성에는 현재도 새로운 위성이 계속 늘어나는 추세이므로 머지않아 위성 수 1위 자리에 오를지도 모른다. 한편 이렇게 많은 토성의 위성은 몇 개의 큰 천체가 깨어져 생성된 것이라는 추측이 있다. 토성에서 가장 큰 타이탄(Titan, 5,150km)은 1665년 호이겐스가 발견하였다. 타이탄은 토성 주위를 평균 122만 1900km의 궤도로 돌고 있는데, 달과 마찬가지로 자전 주기와 공전 주기가 같다고 한다. 타이탄이 발견된 후 카시니는 1671년부터 1684년 사이에 이아페투스(Iapetus, 1,440km), 테티스(Tethys, 1,060km), 디오네(Dione, 1,120km) 등 몇몇 위성들을 추가로 발견하여 토성 연구에 큰 공을 세웠다.

천왕성의 위성은 현재까지 27개가 발견되었다. 가장 먼저 발견된 위성은 티타니아(Titania, 1,580km)와 오베론(Oberon, 1,520km)으로, 1787년 3월 13일, 윌리엄 허셜이 발견하였다. 그 다음으로 아리엘(Ariel, 1,160km)과 움브리엘(Umbriel, 1,170km)은 1851년 윌리엄 라셀(William Lassell, 1799~1880)이 발견하였다. 이들 위성의 이름은 셰익스피어에 등장하는 인물들의 이름이다. 위성 중 가장 작은 5번째 위성인 미란다(Miranda, 480km)는 1948년 카이퍼(Gerard Peter Kuiper, 1905~1973)가 발견하였다. 해왕성의 위성은 현재 13개가 발견되어 있다. 가장 큰 위성은 트리톤(Triton, 2,710km)으로, 1846년 윌리엄 라셀이 해왕성을 발견한 17일 후에 발견했다. 두 번째 위성인 네레이드(Nereid, 340km)는 1949년 카이퍼

표 5. 태양계 행성의 위성 수

행성	수성	금성	지구	화성	목성	토성	천왕성	해왕성
위성 수	–	–	1	2	63	60	27	13

(Gerard Peter Kuiper, 1905~1973)가 발견하였고, 다른 6개의 위성은 보이저 2호가 발견하였다. 태양계의 먼 행성에는 아직까지 발견되지 않은 위성이 있을 수도 있고, 목성이나 토성처럼 덩치가 큰 행성들은 떠돌아다니는 위성을 잡아 버리는 힘이 있기 때문에 앞으로 위성들의 수가 더 늘어날 것이다.

비록 행성이 아니지만 행성보다 더 큰 위성들도 있다. 태양과 행성 8개, 달을 비롯한 큰 위성 8개 등 도합 17개의 천체를 크기에 따라 줄 세워 보면 태양(140만km)이 단연 으뜸이고, 목성(지름 14만 3000km), 토성, 천왕성, 해왕성이 차지하고 6위는 지구에게 돌아오고 그 다음으로 금성과 화성이 뒤를 잇는다. 그러나 9위가 되면 목성의 위성인 가니메데(5,262km)가 등장하고 그 뒤를 토성의 위성인 타이탄(5,150km)이 따르고 11위가 되어서야 수성이 등장한다. 그 뒤에는 목성의 위성들인 칼리스토(Callisto)와 이오(Io)가 있고 그 뒤로 달(14위, 위성 중에서 5위), 그리고 목성의 위성인 에우로파(Europa)가 뒤따른다. 그리고 해왕성의 위성인 트리톤(Triton)이 그 다음이고 맨 끄트머리에 명왕성(17위)이 있다.

대기는 있지만 숨 쉴 공기가 없다

- 행성의 대기

　　지구 대기권의 구성 물질은 질소(N_2) 78.084%, 산소(O_2) 20.946%를 비롯하여 미량의 여러 물질들로 이루어져 있고 각 행성의 대기도 생명체가 살아갈 수 없는 물질이 대부분이며 수성에는 대기가 거의 없다고 한다. 금성의 대기는 이산화탄소가 대부분으로 전체의 96.5%를 차지하며 그 외에 질소(3.5%), 아르곤, 이산화황, 일산화탄소, 수증기 등으로 구성되어 있다. 화성 대기의 구성은 이산화탄소가 약 95%, 질소가 약 3%, 아르곤이 약 1.6%이고, 다른 미량의 산소와 수증기 등을 포함한다. 즉 화성의 대기는 금성과 매우 비슷하게 구성되어 있지만, 금성에 비해 대기가 매우 희박하다는 것이다.

　　목성의 대기는 주로 수소, 헬륨으로 이루어져 있으며 약간의 암모니아와 메탄이 존재한다. 또한 목성의 대기에는 줄무늬가 보이는데 검은 것은 띠(belt), 밝은 것은 대(zone)라고 부른다. 이를 적외선으로 관측해 보면 대는 띠보다 온도가 낮고, 더 높은 상층에 위치하고 있다고 한다. 토성의 대기도 목성과 마찬

표 6. 행성별 대기 구성 성분

행성	성분(%)
태양	수소 73, 헬륨 25
수성	칼륨 30, 나트륨 24
금성	이산화탄소 96.5, 질소 3.5
지구	질소 78, 산소 21
화성	이산화탄소 95.3, 질소 2.7
목성	수소 81, 헬륨 17
토성	수소 93, 헬륨 5
천왕성	수소 83, 헬륨 15
해왕성	수소 80, 헬륨 19

수성은 크기가 작아서 대기를 붙들어 둘 수 없다고 한다.

자료 : 한국천문연구원

가지로 띠가 존재하는데, 목성보다 희미하고 적도면에서는 상대적으로 두껍다. 토성 대기의 구성 성분 또한 목성과 비슷하다. 지금까지 메탄, 암모니아, 에탄, 헬륨, 수소분자 등이 검출되었고, 수소분자가 가장 풍부하다고 한다. 또한 온도가 낮아서 구름들이 낮은 고도에 위치하여, 목성에 비하여 색이 뚜렷하지 않다.

천왕성의 대기에는 수소가 약 83%, 헬륨이 15%, 메탄 2% 등이 포함되어 있다. 그리고 반사율이 높은 암모니아와 황이 대기 깊숙이 있을 것으로 예측된다. 천왕성의 대기는 태양빛의 적색 파장을 흡수하고 청색과 녹색의 파장들을 상당량 반사하기 때문에 전체적으로 청록색으로 보인다. 해왕성의 대기는 80% 정도가 수소로 구성 되어 있고, 약 19%는 헬륨, 나머지는 에탄·메탄 등으로 이루어져 있다. 마찬가지로 대기의 적색광 흡수와 청색광 반사로 인해 해

행성에는 숨 쉴 수 있는 대기가 없다

왕성도 역시 청색으로 보인다. 해왕성의 대기 구성은 천왕성과 매우 비슷하지만 대기의 흐름은 해왕성이 상대적으로 활발하다고 한다. 말하자면 지금까지 알려진 모든 행성의 대기는 인간이 숨을 쉴 수 없는 물질로 구성되어 있다.

불 같은 더위와 극한의 추위만 있는 행성
– 행성의 온도

태양계 행성들의 표면 온도는 태양과 떨어진 거리에 비례한다. 태양과 거의 붙어 있는 수성의 표면 평균 온도는 약 179℃이며, 온도 변화는 −179~427℃로 매우 심하다. 수성 다음에 있는 금성의 평균 온도는 467℃로 수성보다 많이 높다. 그러면 왜 금성의 평균 온도가 수성보다 더 높을까? 태양과의 거리도 더 먼데 말이다. 이유는 금성의 대기에 두꺼운 헤이즈(haze)●가 덮여 있기 때문이라고 한다. 이 안개구름이 금성에서 열이 빠져나가는 것을 막아주는 역할을 하기 때문에 금성의 표면이 엄청난 고온을 유지하고 있는 것이다. 즉 온실효과인 셈이다.

> ● 육안으로 구별할 수 없는 대기 중의 먼지나 입자 즉, 황산구름(안개구름)

여름철 한낮의 온도가 영상 25℃인 행성도 있다. 이 말만 들으면 지구로 착각하는 사람도 있을지 모르지만 실은 화성의 적도 부근 온도이다. 하지만 화성의 사계절 평균 표면 온도가 영하 80℃이므로 생물이 살아가기에는 여전히 너무 춥다. 목성의 표면(구름의 상단 부분) 온도는 약 −148℃ 정도이며, 토성의 구름 윗부분의 온도는 약 −176℃로 아주 낮다. 또한 목성과 토성은 둘 다 태양에서 받는 열보다 더 많은 열을 방출하는데, 아마도 두 행성의 내부에 열원이 있을 것으로 추정된다. 즉 두 행성은 태양으로부터 받는 에너지의 양보다 더 많은 에너지를 발산하고 있다는 말이다. 천문학자들은 토성의 에너지 원천을 헬륨강우(Helium rain)에 두고 있다. 즉 다른 목성형 행성들에 비하여 대기 상층부에 헬륨이 적기 때문이라는 것이다. 이는 온도가 낮은 토성에서는 헬륨들이 아래로 하강하면서 액체수소 속을 지나가는데 이때 그 마찰에 의하여 에너지가 발생한다는 해석이다.

덩치가 큰 목성과 토성도 이들 두 행성보다는 온도가 조금 더 높지만 극한의 추위이기는 마찬가지이다. 적외선 관측에 의한 천왕성의 평균 온도는 −215℃, 해왕성의 평균 온도는 −214℃로 두 행성의 온도는 비슷하다. 이들은 태양으로부터 너무 멀기 때문에 태양의 열에너지를 전혀 받지 못하는 상태이다. 하지만 이들도 태양으로부터 받은 에너지보다 높은 에너지를 방출하는 열원이 내부에 있을 것으로 추정하고 있다. 그러므로 행성의 온도는 금성을 제외하고는 대체적으로 태양으로부터 떨어진 거리에 비례함을 알 수 있다.

행성의 밝기도 대체적으로 떨어진 거리에 비례한다. 수성부터 토성까지는 비교적 밝은 −등급을 유지하고 천왕성과 해왕성은 +5~+8 사이로 매우 어두운 편이다('별에도 밝기와 등급이 있다 – 별의 등급' 참조).

표 7. 태양계 행성의 표면 평균 온도와 밝기

행성	표면 평균 온도(℃)	태양으로부터 거리(AU)	밝기(겉보기 등급)
수성	+179℃	0.39(5,800km)	−1.9
금성	+467℃	0.72(1억 800만km)	−4.6
지구	+17℃	1.00	−3.84
화성	−80℃	1.52(2억 2800만km)	−2.91~+1.8
목성	−148℃	5.20(7억 7800만km)	−2.94~−1.6
토성	−176℃	9.54(14억 2700만km)	−0.24~+1.2
천왕성	−215℃	19.19(28억 7000만km)	+5.32~+5.9
해왕성	−214℃	30.07(45억km)	+7.78~8.0

마지막 행성은 수학의 힘으로 발견했다
- 행성의 탐사와 발견

수성, 금성, 화성, 목성, 토성은 비교적 지구와 가까이 있어서 어렴풋하게나마 고대부터 알려졌지만 누가 언제 처음 발견하였는지는 정확히 알 수 없다. 하지만 17세기 들어 망원경의 발달로 천문학자들이 관측을 시작하면서 좀 더 정확하게 행성들에 대해서 알려지기 시작하였다. 태양과 가장 가까이 있는 수성은 지금도 잘 보이지 않는다고 한다. 천문학자 가운데도 아직 보지 못한 사람이 있다고 할 정도이다. 그 이유는 태양과 너무 가까워 태양의 빛 속에 있기 때문이기도 하지만, 행성 가운데 두 번째로 작기 때문이다. 해넘이 직후나 해돋이 직전 어슴푸레할 때 아주 잠깐 볼 수 있다. 수성의 자세한 지형은 1974년 미국의 우주 탐사선 매리너(Mariner) 10호가 근접 사진을 보내온 후에 자세히 알려졌다.

네덜란드의 호이겐스(Huygens)는 1659년 초보적인 망원경을 이용해 금성을 관측하였다고 한다. 300년이 지난 1960년 파이오니어(Pioneer) 5호가 발사되었지만 실패하였고, 1962년 매리너 1호도 궤도에 오르지 못하고 실패하였다. 1962년에 발사된 매리너 2호는 표면 온도가 400℃에 이르는 3만 4800km 지점을 42분간 통과하면서 행성 공간의 수증기, 미립자 등을 측정하였다. 매리너 5호는 금성에 4,000km까지 접근하였고, 1974년에 매리너 10호도 근접 사진을 보내왔다. 1975년 소련의 행성 탐사선 베네라(Venera) 9호와 10호가 금성에 근접하여 사진을 찍었고, 그 외에도 비너스호, 갈릴레이호가 금성에 다녀왔으며, 마젤란(Magellan) 탐사선이 레이더를 이용해 금성 표면 전체를 찍었다.

화성 관측에 대해서는 미국의 탐사선 매리너 4호(1964), 6호, 7호(1969)가 영상을 보내왔고, 매리너 9호(1971)도 금성 주위를 돌면서 화성 표면 사진을 찍었다. 특히 1970년대 말에는 바이킹(Viking) 1, 2호 우주선이 화성 표면에 착륙하여 많은 사진을 찍어 보내왔다. 1998년 7월 4일에는 화성 탐사선 패스파인더(Pathfinder)호가 화성에 착륙해 82일간 활동하였다. 파이오니어 10호(1972년 발사)는 초속 14km의 속도로 목성 상공 13만km를 통과하면서 많은 사진을 전송해 왔다. 파이오니어 11호(1973년 4월 발사)도 10호와 마찬가지로 목성의 표면 사진을 찍었다. 보이저(Voyager) 1, 2호도 1979년과 1980년에 목성을 통과하면서 많은 영상을 보내왔다. 케네디 우주센타에서 발사된 갈릴레이(Galilei)호는 1989년에 우주로 쏘아 올려져 1995년에 목성 인근에 접근하여 1997년까지 다양하게 관측을 했다. 특히 갈릴레이호는 1994년 슈메이커레비 혜성(Shoemaker-Levy)●이 목성과 충돌했을 때 이를 가장 가까이에서 관측한 우주선이다.

토성 탐사를 끝낸 파이오니어 11호는 끝이 보이지 않는 우주 속으로 뛰어들었다. 1977년에 발사된 보이저 1호는 1980년 토성을 관측하고 태양계를 벗어났고, 보이저 2호는 1981년에 토성을 관측하고 다음 목적지인 천왕성과 해왕성을 관측하기 위해 떠났다. 이 우주선은 원자력 동력이 고갈되는 2020년까지 우주에 관한 자료를 지구로 보내올 것이다. 카시니호이겐스(Cassini-Huygens)호도 2004년 토성 궤도에서 장기간 탐사(SOI; Saturn Orbit Insertion)를 시작했다.

근세에 접어들어 발견된 최초의 행성은 천왕성이다. 1781년 영국의 음악가이자 아마추어 천문학자인 윌리엄 허셜이 망원경으로 하늘을 관측하는 도중에 초록빛을 띤 이 행성을 발견했다. 천왕성은 이 발견으로 독일의 천문학자 보데

표 8. 행성의 탐사와 발견

행성	최초 발견자 또는 관측자	착륙 또는 근접 통과 우주선
수성	고대에 인지. 이탈리아 조반니(1639) 관측	미국 매리너 10호(1973)
금성	고대에 인지. 네덜란드 호이겐스(1656) 관측	소련 코스모스(1961~1972) 미국 매리너 2호(1962~1973) 소련 베네라 9호(1961~1983)
지구	–	–
화성	고대에 인지	미국 매리너 4호(1964~1971) 미국 파이오니어 10호(1973)
목성	고대에 인지. 갈릴레오(1610) 관측	미국 파이오니어 10호(1972) 미국 보이저 1호(1979)
토성	고대에 인지. 갈릴레오(1610) 토성의 고리 관측	미국 파이오니어 11호(1979) 미국 보이저 1호(1980)
천왕성	영국 윌리엄 허셜(1781) 발견	미국 보이저 2호(1986)
해왕성	위르뱅 르베리에 · 존 카우치 애덤스(1846) 발견	미국 보이저 2호(1989)

가 주장한 보데의 법칙이 증명되었다는 점에서 더 유명해졌다.

태양계의 마지막 행성인 해왕성이 발견된 것은 수학의 힘 덕분이다. 천왕성이 발견된 뒤 천문학자들은 천왕성이 미지의 중력에 이끌려 조금씩 궤도를 벗어난다는 것을 깨닫고 아마도 그 바깥쪽에 또 다른 행성이 있을 것이라고 추측했다. 그러던 중 1840년대에 프랑스의 위르뱅 르베리에(Urbain-Jean-Joseph Le Verrier, 1811~1877)와 영국의 존 애덤스(John Couch Adams, 1819~1892)가 각각 해왕성의 궤도를 예측했다. 1846년 9월에 독일의 요한 갈레(Johann Gottfried Galle, 1812~1910)가 르베리에가 계산한 궤도에서 해왕성을 최초로 관측하였다. 또한 애덤스가 예측한 궤도에서 영국의 제임스 챌리스(James Challis, 1803~1882)도 7월부터 관측을 시작하여 8월에 해왕성을 관측했음을 나중에 밝혔다. 하지만 이들은 자신들이 관측한 결과에 대해 증명하지는 못했다. 그래서 최초 발견자에 대한 논란이 많았으나 결국은 르베리에(프랑스)와 애덤스(영국)에게 공동으로 그 공을 돌렸다. 그로부터 약 143년이 지난 1989년 8월, 보이저 2호가 12년간 의 긴 여행 끝에 마침내 해왕성에 다가갔다.

 보데의 법칙(Bode의 法則)

태양에서 행성까지의 거리에 관한 경험적인 법칙을 말한다. 케플러가 1619년에 행성의 주기가 태양으로부터 그 행성까지의 거리와 관계가 있다는 사실을 발견한 후 사람들은 행성과 태양 간의 거리를 어떤 간단한 관계식으로 나타낼 수 없을까 하고 고심하게 되었다. 마침내 1766년 독일의 천문학자 티티우스(Johan n Daniel Titius, 1729~1796)가 행성의 거리에 관한 수학관계식을 발견하였다. 즉 0, 3, 6, 12, 24, 48(앞의 숫자를 두 배하면 그 다음의 숫자가 된다)의 숫자 배열로 시작해서 각 숫자에 4를 더한 후 10으로 나누면 0.4, 0.7, 1.0, 1.6, 2.8, 5.2, 10.0, 19.6 등이 나온다. 실제 태양으로부터 떨어진 거리를 보면 0.39, 0.72, 1.00, 1.52, 5.2, 9.54, 19.18로 비슷하다. 단, 2.8의 거리에는 왜소행성 세레스와 소행성 팔라스가 있다. 이 숫자들은 지구에서 태양까지의 거리를 천문단위(AU)로 했을 때 대략 0.4는 수성, 0.7은 금성, 1.0은 지구, 1.6은 화성, 5.2는 목성, 10.0은 토성의 거리에 해당한다는 것이다. 이 규칙은 수년 후에 독일의 천문학자 보데(Bode)에 의해 세상에 널리 알려지게 되어 티티우스-보데 법칙이란 이름이 붙여졌다.

레코드판처럼 나열된 얼음 알갱이
– 행성의 고리

가스 행성인 목성, 토성, 해왕성, 천왕성 모두에게 고리가 발견되지만 그 중에 토성의 고리가 가장 유명하다. 예전에는 고리가 토성에만 있는 것으로 알려져 있었으나 1979년에 보이저(voyager) 2호가 목성에서 고리를 발견한 것이다. 토성보다 목성이 더 가까이 위치하고 있는데도 지금까지 목성의 고리를 발견하지 못한 데에는 여러 가지 이유가 있다. 목성의 고리가 토성의 고리보다 얇고 밀도도 낮으며 희미하기 때문이다. 작은 암석과 먼지로 이루어진 목성의 고리는 크게 세 부분으로 나뉘는데 가장 안쪽의 뿌연 형태의 고리와 중간의 주고리, 그리고 가장 바깥쪽의 얇고 희미한 고리로 나눌 수 있다. 이 고리들은 목성 지표면에서 약 22만km 떨어진 곳까지 분포하고 있다. 이들 고리는 행성의 위성에 운석이 충돌할 때 발생하는 먼지 찌꺼기로 계속 채워지고 있다.

1610년 갈릴레이가 처음으로 토성의 고리를 관측하였다. 하지만 당시에는 망원경의 해상도가 낮아 확실한 모양을 알 수 없었다. 토성의 고리는 갈릴레이가 죽은 후인 1656년에 네덜란드의 천문학자인 호이겐스(Huygens)에 의해 더욱 많이 알려졌다. 1675년 이탈리아의 천문학자 카시니(Cassini)는 더욱 좋은 망원경을 이용해 토성의 고리를 자세히 관찰하여 토성의 고리가 하나가 아니라 여러 개로 이루어져 있다는 것도 알아냈다. 또한 카시니는 고리와 고리 사이에 거대한 간격을 찾아냈는데, 이것이 바로 '카시니 틈'이다. 20세기 들어 목성 탐사를 끝낸 파이오니어 11호는 1979년에 토성의 고리 3,500km까지 접근하여 통과하였고, 보이저 1, 2호도 많은 비밀을 밝혀냈다. 우주선으로 관측한 결과 토성의 고리는 수많은 얇은 고리들로 이루어져 있었고, 이 고리들이 레코드 판처럼 나열되어 있다는 것도 알아 냈다.

토성의 고리는 토성의 표면에서 약 7만~14만km까지 분포하고 있는데 그 너비는 대략 7만km에 이른다고 한다. 토성의 고리는 아주 작은 알갱이 크기에서부터 기차만한 크기까지, 다양한 크기의 얼음들로 이루어져 있다. 많은 천문학자들은 토성이 생성된 뒤 남은 물질이 고리를 이루었을 것이라 추측하고 있다. 즉 성운에서 토성이 생성되고, 비슷한 시기에 고리도 생성되었다는 것이다. 하지만 토성의 고리계가 어떻게 45억 년 이상 유지될 수 있었는지에 대해서는 설명하기 어렵다. 일부 천문학자들은 토성의 고리에 대하여 토성의 강한

토성의 고리(NASA)

중력을 못 이겨 산산조각이 난 위성의 잔해물이라 주장한다. 즉 위성이나 유성체, 혜성과 같은 천체들이 토성에 가까이 접근하면 조석력에 부서지게 되고, 이후 잔해들이 남아 상호 마찰로 인해 더욱 잘게 부서져 고리를 형성한다는 것이다.

천왕성의 고리는 지구에서 간접적인 방법으로 발견되었다. 천왕성의 물리적 특성을 알아보기 위해 식(蝕, 천왕성이 배경의 별을 가리는 현상)을 관측하던 중 발견한 것이다. 별빛이 천왕성에 가려지기 전에 수차례 밝기의 변화가 생겼고, 다시 나타날 때에도 같은 현상이 관측되었다. 이 관측으로 천문학자들은 별빛을 가리는 것이 천왕성의 고리라는 것을 알아냈다. 지구에서 9개의 고리들이 발견 되었고 나머지 고리들은 1986년 보이저 2호와 허블 우주망원경으로 밝혀냈다. 천왕성의 고리가 그동안 지구에서 쉽게 발견되지 못한 것도 고리의 밝기가 아주 어둡기 때문인데(토성 고리 밝기의 약 300만분의 1 정도), 이것은 토성의 고리가 빛의 대부분을 반사시키는 데 반해 천왕성의 고리는 약 1%밖에 반사시키지 못하는 먼지와 소량의 검은 얼음 알갱이로 이루어졌기 때문이라고 한다.

해왕성의 고리도 천왕성의 고리와 같은 방법으로 발견되었다. 직접 관측하기는 어려웠으나 해왕성이 배경의 별을 가리는 식을 일으킬 때, 별빛의 밝기 변화로 해왕성 고리의 존재를 알아냈다. 하지만 직접 확실하게 본 것은 보이저 2호 덕택이었다. 고리를 가지고 있는 다른 행성들처럼 해왕성의 고리도 여러 개의 고리들로 이루어져 있다. 이처럼 가스와 얼음으로 이루어진 목성, 토성, 천왕성, 해왕성 모두가 고리를 가지고 있음이 알려졌고, 뿐만 아니라 우주선의 탐사로 지난 200년 동안 인간에게 알려진 것보다 더 많은 정보가 밝혀졌다.

76년 만에 쫓겨난 굿바이 행성
- 명왕성

천문학자들은 1846년에 해왕성을 발견했을 때, 그 정도의 질량으로는 천왕성을 예상 궤도에서 벗어나게 할 수 없다고 주장하며 또 다른 행성을 찾기 시작하였다. 한때 실업가 · 외교관으로 활동한 미국의 천문학자 로웰(Percival Lowell, 1855~1916)이 가장 열심히 연구에 몰입하였는데, 그는 뜻을 이루지 못하고 세상을 떠나고 말았다. 그 후 로웰의 제자인 클라이드 톰보(Clyde William Tombaugh, 1906~1997)가 드디어 1930년 2월 명왕성(지름 2,306km)을 발견하였다. 태양계에서 가장 작은 이 행성은 조그마한 달 카론(Charon, 1,284km)을 가지고 있다. 명왕성의 2분의 1 정도 되는 카론은 이중 행성처럼 움직이는데, 둘의 중력을 다 합해도 천왕성에 영향을 주기는 어렵다고 판단하였다. 그래서 과학자들은 찾고 있던 행성이 명왕성인지 아니면 아직도 찾지 못한 10번째 행성이 또 있을지 고민하고 있었다.

명왕성의 위성인 카론은 1978년 6월 미국 해군천문대(The U.S. Naval Observatory)의 크리스티(James Christy)와 로버트 해링턴이 발견하였다. 카론은 지구에서 볼 때 명왕성과 거의 나란히 붙어 있어서 일부 천문학자들은 명왕성과 카론을 왜소행성과 위성의 관계가 아니라 쌍둥이 천체 관계라고 보기도 한다. 카론이 주기적으로 명왕성을 한 바퀴 도는 데(공전 주기)는 약 6.4일 걸리며 명왕성과 카론은 서로 같은 면만을 바라보며 공전을 하고 있으므로 달이 지구를 바라보며 도는 것과 같은 것이다.

명왕성(冥王星, Pluto)이 발견되었을 때, 이름 짓는 것도 큰 문제였다. 발견자 톰보는 로웰 천문대를 세운 그의 스승 로웰에게 그 영광을 돌리고 싶었지만 아틀라스(Atlas), 아르테미스(Artemis), 페르세우스(Perseus), 불카누스(Vulcanus), 미네르바(Minerva) 등 그리스 신들의 이름 수십 가지가 거론됐다. 결국 톰보의 뜻이 반영되었는지 모르지만 로웰의 첫머리 글자 'P'와 같은 플루토(Pluto)로 결정되었다. 이것은 그리스·로마 신화에 나오는 저승신의 이름이다. 즉, 지하세계의 왕인 하데스(Hades)의 로마식 이름인데 하데스는 본래 눈에 보이지 않는다는 뜻도 지니고 있다.

명왕성은 암석으로 된 핵이 있고 그 위에 얼음으로 된 맨틀이 덮여 있을 것이라고 추정한다. 명왕성은 우주 탐사선이 방문하지 않은 유일한 행성인데, 탐사선을 보내고 싶지만 도달하는 데 시간이 너무 오래 걸리는 탓이다. 하지만 2006년에 NASA가 뉴호라이즌스(New Horizons)라는 탐사선을 명왕성으로 보냈

명왕성과 명왕성의 달 카론(NASA)

으며 2017년경에 도달할 것이라고 한다. 한편 명왕성은 아주 긴 타원형의 궤도를 가지고 있어서 248년의 공전 주기 중 약 20년간은 해왕성 궤도의 안쪽을 지난다. 가장 최근의 예로는 1979년 1월부터 1999년 2월까지 그러했는데 이 시기에는 명왕성이 태양계 가장 바깥쪽에 있는 행성이 아니라 해왕성이 가장 바깥쪽에 있는 행성이 되는 셈이다. 명왕성은 태양과의 평균 거리가 약 59억 km(39.48AU)로 지구에서 아주 멀리 떨어져 있어서 망원경으로 봐도 밝기가 14등급을 넘지 않을 정도로 비교적 어둡다. 현재는 명왕성도 카이퍼벨트 천체 중 하나로 생각되고 있다.

명왕성이 행성이라는 분류에서 쫓겨난 이유는 크기가 달의 3분의 2 정도로 작고, 궤도가 8개의 행성과는 매우 다르게 긴 타원이라는 점이다. 즉 자신의 궤도에서 지배적인 역할을 하지 못한다는 점이 국제소행성센터(MPC)로부터 인정되어 134340이라는 번호를 부여받았다. 명왕성의 위성인 카론(Charon), 닉스(Nix), 하이드라(Hydra)도 2006년 9월 명왕성이 행성에서 제외됨에 따라 각각 134340 I, 134340 II, 134340 III이라는 번호를 부여받았다.

 제9의 행성

명왕성의 바깥에 있고 태양을 중심으로 공전하는 가상의 천체를 제9의 행성이라고 한다. 이것은 천왕성과 해왕성의 실제 궤도 운동이 계산상 이론과 잘 맞지 않는다는 사실에서 9번째 행성이 있지 않을까 추정하는 것이다. 외부 행성의 영향으로 생기는 섭동(攝動, perturbation, 행성의 궤도가 다른 천체의 힘에 의해 정상적인 타원에서 벗어나는 현상)을 명왕성의 힘으로는 설명할 수 없다는 말이다. 명왕성은 제9의 행성의 탐색 과정에서 발견된 천체였으나, 연구자들이 찾던 제9의 행성은 아니라고 한다. 앞으로 명왕성보다 더 큰 천체가 새로 발견되더라도 IAU의 규정에 맞는 행성으로 인정될지는 의문이다.

네 가지 조건을 충족해야 살아남는다
- 왜소행성

2006년 8월 24일 체코 프라하에서 열린 국제천문연맹(IAU; International Astronimical Union) 제26차 총회에서 새롭게 3개의 천체(소행성 세레스, 명왕성의 위성 카론, 카이퍼벨트의 에리스)를 행성에 넣자는 의견이 있었으나 부결되었다. 더불어 행성의 정의를 재정립하면서 명왕성도 행성에서 제외시켰다. 그리고 최초의 소행성으로 알려진 세레스(Ceres), 행성에서 지위를 잃은 명왕성(Pluto), 명왕성 바깥에 제나(Xena)로 불려 온 에리스(Eris) 등을 왜소행성(dwarf planet)이라고 새롭게 정의하였다. 카론은 명왕성이 왜소행성으로 지위가 떨어진 관계로 왜소행성의 위성으로 전락하고 말았다. 또 왜소행성의 정의를 충족하는 하우메아(Haumea)와 미케미게(MakeMake)도 왜소행성으로 인정받았다. 국제천문연맹에서 규정한 왜소행성에 대한 정의는 다음과 같다.

A celestial body that is in orbit around the Sun
: 태양을 중심으로 공전 궤도를 갖는다.
A celestial body that has sufficient mass for it's self-gravity to overcome rigid body forces so that it assumes a hydrostatic equilibrium [nearly round] shape
: 원형의 형태를 유지하고 자체 중력을 가질 수 있도록 충분한 질량을 갖

는다.

A celestial body that has not cleared the neighbourhood around its orbit

: 궤도 주변의 다른 천체들을 끌어들이지 못한다.

A celestial body that is not a satellite

: 다른 행성의 위성이 아니어야 한다.

IAU의 결의안에는 왜소행성의 크기와 질량에 대해서도 정의하였지만 거대하고 무거운 것에 대해 명확하게 정의하지는 않았다. 따라서 수성보다 질량이 큰 천체가 발견된다 해도 그 궤도 주변에서 다른 천체를 흡수하지 못한다면 행성으로 분류되지 않고 왜소행성으로 분류된다. 작고 가벼운 것에 대한 기준은

왜소행성과 지구, 달의 크기 비교(NASA, ESA, JPL)

'자체 중력에 의해 거의 구형이다' 라는 정의가 있다. 구체적인 수치는 해당 천체의 천체물리학적 성질에 의해 달라지기 때문에 IAU 결의안에는 반경과 질량을 수치로 정의할 생각은 없다는 의지가 명확하게 제시되었다. 국제천문연합의 결의에 해당하는 원안에는 물리학적 정의를 이해할 수 없는 사람들을 위해 보통의 암석으로 된 천체라면 5×10^{20}kg의 질량, 혹은 800km 이상의 직경을 가진 천체가 여기에 해당한다고 언급은 했으나 이것 자체가 엄밀한 기준은 아니라고 한다.

마케마케(Makemake, 136472)는 태양계의 왜소행성들 중 세 번째로 크며, 지름은 대략 명왕성의 3분의 2 수준이다. 태양에서 52AU 떨어져 있는데 이는 카이퍼벨트 외곽 지대보다 약간 먼 거리이다. 마케마케는 천천히 태양에 가까워지고 있으며 아직까지 확인된 위성이 없다. 이 천체는 2005년 3월 31일 마이클 브라운 탐사 팀에 의해 발견되어 같은 해 7월 29일 공표되었으며, 2008년 7월 11일 공식적으로 왜소행성으로 인정받았다.

하우메아(Haumea, 136108)도 카이퍼벨트에 있는 왜소행성으로 2004년 캘리포니아 공과대학교의 마이크 브라운(Mike Brown) 교수 팀과 2005년 오르티스(J. L. Ortiz)가 이끄는 스페인의 과학자들에 의해 발견되었다. 2008년 9월 17일, 국제천문연맹은 이를 왜행성으로 공식 분류히고, 히외이 신화 속의 풍요외 출산을 상징하는 여신의 이름인 하우메아의 이름을 따서 명명하였다. 하우메아는 크기가 명왕성과 비슷하지만 긴 타원형 모양을 하고 있다. 하우메아에는 2개의 위성이 있는데, 모두 2005년에 발견되었다. 두 위성은 하와이 신화 속 하우메아의 자식들의 이름인 '히이아카(Hi'iaka)' 와 '나마카(Namaka)' 로 각각 명명되었다. 이로써 하우메아는 세레스와 명왕성, 에리스, 마케마케에 이어 태양계의 5번째 왜소행성으로 등록되었다. 왜소행성 에리스(Eris)도 디스노미아(Dysnomia)라는 위성을 가지고 있다.

화성과 목성 사이의 바윗덩어리
- 소행성

    우주선을 타고 화성을 지나 목성을 향해 날아간다면 도중에 바윗덩어리들을 지나칠 수도 있다. 그렇다고 차를 타고 길을 지나가면서 만나는 물체들처럼 자주 만난다는 뜻은 아니다. 과학자들은 이 근처를 떠도는 수십만 개의 바윗덩어리들을 소행성(小行星, asteroid, 미행성)이라고 부르며 이 지역을 소행성대(asteroid belt)라고 한다. 이곳에는 수백만 개 이상의 소행성이 띠를 형성해 태양의 주위를 돌고 있다. 이들은 목성의 인력이 너무나 커서 행성으로 성장할 수 없었던 부스러기로 추정된다. 이러한 소행성들은 태양계가 생길 때 있었던 행성 조각인 미행성의 흔적, 커다란 천체가 산산조각난 잔해, 혜성에서 소행성으로 된 것 등 종류가 다양하다. 또 모든 소행성이 소행성대에 분포하는 것은 아니다. 트로이 소행성군(Trojan asteroid group)은 목성 궤도 위에 있고, 지구와 화성 사이에 있는 아모르 소행성군(Amor asteroid group), 근일점이 지구 궤도 안쪽에 존재하는 아폴로 소행성군(Apollo asteroid group) 등도 있다.

    소행성의 발견은 19세기가 되어서야 비로소 이루어졌다. 천왕성과 해왕성이 발견되기 전에는 태양으로부터 각 행성들의 거리는 티티우스-보데 법칙(Titius-Bode law: 행성들은 태양으로부터 일정한 거리를 두고 위치한다는 법칙)과 일치했다. 이 법칙에 따르면 화성과 목성 사이에도 행성이 존재해야 하는데, 행성은 발견되지 않았다. 하지만 꾸준한 노력으로 1801년 이탈리아의 천문학자 주세페 피아치

(Giuseppe Piazzi, 1746~1826)가 처음으로 소행성 케레스(세레스, Ceres)를 발견했다.

소행성은 그들끼리 충돌할 확률도 아주 낮고 우주선이 소행성대를 지나갈 때 충돌할 확률도 아주 희박하다. 소행성 모두를 합친 질량이 달의 5%밖에 안되고 그 중에 5개의 소행성이 거의 반을 차지한다. 또한 소행성들은 엄청나게 광활한 공간에 퍼져 있다. 대략적인 계산으로 따져도 소행성과 소행성 사이는 대략 300만km 이상 떨어져 있다고 한다. 다시 말하면 소행성 간의 거리가 지구에서 달까지 거리의 8배가량 된다는 뜻이다. 그러므로 별로 능숙하지 않은 조종사라 하더라도 소행성과 부딪칠 염려는 거의 없다고 해야겠다.

소행성 중 제일 큰 것은 세레스(Ceres, 936km)였지만, 이 전체는 지금은 왜소행성으로 지위가 상승되었다. 2번째는 팔라스(Pallas, 535km), 3번째는 베스타(Vesta, 510km)이다. 지름이 200km가 넘는 것은 불과 30개이고, 지름이 100km가 넘는 소행성은 250개 정도 된다. 대부분의 소행성은 반지름이 50km 이하이고, 우주에서는 먼지로 견줄만한 지름이 1km 이하인 것도 수없이 많다. 1976년에는 2,000번째 소행성이 발견되었고, 관측기기의 현대화와 관측 기술의 발전에 따라 2001년에는 2만 번째의 소행성이 발견되었다. 현재까지 궤도가 알려신 소행성의 수는 대략 3,300여 개 정도되며, 번호가 붙은 것이 13만 개 이상이고 임시로 등록된 것까지 합하면 38만 개에 이른다고 한다. 소행성들 중 아직까지 발견되지 않는 소행성도 엄청나게 많기 때문에 소행성의 등록번호는 계속 늘어날 것이다.

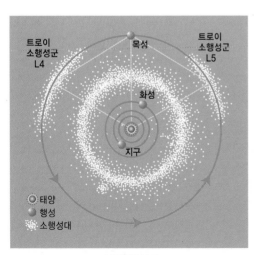

소행성의 분포

소행성 중 일부는 운석隕石의 형

태로 지구 가까이 오기도 한다. 지난 1989년 3월 22일에 소행성 중 하나가 지구 가까이 약 70만km까지 접근하였다. 만일 이 소행성이 지구와 충돌했더라면 TNT(화약) 100만 톤 정도의 위력으로 떨어져서 지구에는 약 7km나 되는 운석공이 생겼을 것이라고 한다.

소행성은 탄소가 풍부한 소행성과 금속 물질들을 포함하고 있는 규산염 물질로 이루어진 소행성으로 크게 나누어진다. 탄소가 풍부한 소행성은 전체 소행성 중 가장 많은 비중을 차지하고 있다. 이들의 구성 물질은 탄소 운석층이라 불리는 물질과 비슷한데, 이는 태양계 생성 초기에 나타난 원시 물질들을 내포하고 있다.

한국 사람 이름이 붙은 하늘의 돌덩어리
– 한국의 소행성

소행성에도 제각기 이름이 붙어 있다. 특히 우리나라 사람의 이름이 붙은 소행성도 약 20개 정도 된다. 가장 먼저 붙은 이름은 아마추어 천문가로 알려진 이태형 선생이 1998년에 발견하여 2001년에 붙인 것인데 그 이름은 '통일(1998SG5, 23880)'이다. 2002년에는 보현산(34666)이라는 소행성도 태어났다. 한국천문연구원에서 지난 2000년에서 2002년에 걸쳐 보현산 천문대에서 관측한 최무선(63145), 이천(63156), 장영실(68719), 이순지(72021), 허준(72059) 등도 2004년에 국제천문연맹의 승인을 받아 이름이 붙었다. 2005~2006년에는 홍대용(94400), 김정호(95016), 이원철(99503), 유방택(106817)이 등록되었고 임시명을 부여받은 소행성이 14개 더 있다.

지금까지 소행성에 붙인 이름은 우리나라 과학사를 빛내고 명예의 전당에 오른 과학자 14명 중 출생연도 순으로 매긴 것이다. 이렇게 새로 발견된 소행성에 한국 과학자의 이름을 붙인 것은 우리나라의 과학기술의 역사와 수준을 대내외에 알리고 청소년들에게 천문우주 분야를 알리기 위함이다. 앞으로도 계속 천문을 연구하는 곳에서 소행성을 발견하여 우리나라 사람의 이름을 붙일 것으로 믿는다. 한편 일본에서 발견하여 우리나라 사람의 이름을 붙인 소행성이 있는데 관륵(4963), 조경철(4976), 서현섭(6210), 세종(7365), 나일성(8895), 전상운(9871), 광주(12252) 등이 있다.

소행성에 이름을 붙이는 과정은 꽤 복잡한데, 소행성 최무선의 경우를 살펴보자. 처음 발견하여 국제천문연맹에 신고를 하면 임시 번호(2000XY13)를 받고, 그 다음에 고유 번호(63145)를 받고, 최종 승인이 나면 고유 이름(최무선, Choemuseon)을 받는다. 발견에서부터 고유 이름 승인까지 길게는 5년, 짧게는 3년 정도가 걸린다고 한다. 그러므로 새로운 천체가 발견되면 임시 이름이 붙어 국제천문연맹에 보고되고, 후속 관측으로 이 천체에 대한 초기 자료가 얻어지면 임시 번호를 받는다. 이후 추가 관측으로 천체의 궤도가 결정되어 고유 번호가 붙는다. 소행성은 발견자가 이름을 제안할 수 있는데, 제안된 이름은 소천체명명위원회에서 공식적인 심사를 거쳐 최종 결정된다.

소행성의 이름에는 발견자의 이름은 붙일 수 없다. 다만 베토벤, 베이컨, 큐리, 단테, 피카소 같은 유명인의 이름이나 국가, 국제기구, 대학 등 사람이 아닌 것의 이름 등은 사용할 수 있다. 여기에는 몇 가지 규정이 있다. 연문으로 발음 가능한 16자 이내의 단어여야 한다. 정치적이거나 군사적인 행동으로 알려진 개인이나 사건은 당사자가 죽거나 사건이 발발한 지 100년 이내에는 명명될 수 없다. 또 애완동물의 이름은 안 된다. 해왕성 궤도 밖에서 발견되는 소행성은 신화와 관련된 이름을 붙일 수 있다. 얼마 전 '10번째 행성'으로 알려진 '세드나(Sedna)' 소행성은 에스키모 신화에 등장하는 '바다의 신' 이름을 따와 지었다.

3

하늘 나라 먼 동네

교양으로 읽는 하늘 이야기 – 대단한 하늘여행

파란 하늘 저 너머에는…
– 우주

우주는 일반적으로 우리를 둘러싼 세상을 말한다. 구체적으로는 '물리학적으로 존재하는 모든 물질과 에너지, 그리고 사건이 작용하는 배경이 되는 시공간의 총체'로 정의된다. 그러므로 우주(宇宙, universe, cosmos)는 무한하고 끝없는 공간이다. 특별히 대기권 밖의 우주 공간만을 표현할 때는 'outer space'라고 표현한다. 우주의 주요 구성 요소는 은하 · 별 · 성단 · 성운(성간 가스와 티끌구름) 등이며, 더 작은 요소로는 태양계와 수백만 개의 은하에 있는 별 주위를 공전하는 행성 · 위성 · 혜성 · 유성체들로 구성된다. 또한 이러한 천체들이 널리 퍼져 있는 공간과 공간 사이는 암흑 물질들로 차 있다. 하지만 우주의 많은 구성 요소들 중에 확실하게 알려진 것은 우리의 태양계뿐이다.

고대 그리스에서는 우주를 자연적인 사건의 연속이라고 보았는데, 이러한 초기 우주에 대한 묘사는 아리스토텔레스, 프톨레마이오스 등에 의하여 지구 중심적(천동설)인 사고로 체계화되었다. 중세 유럽의 우주관은 고대 그리스에 집성된 우주관을 바탕으로 이루어졌는데, 16세기 중엽에 제기된 코페르니쿠스의 지동설地動說을 중심으로 17~18세기에 걸쳐 갈릴레이와 뉴턴에 의하여 근대과학으로 발전하였다. 18세기 말에는 윌리엄 허셜 등의 연구로 우리 은하의 모형이 만들어졌다. 20세기에 들어 우리 은하계 밖에 다른 은하들이 존재하며, 이러한 외부 은하들의 후퇴 속도가 거리에 따라 증가한다는 허블의 발견과 아인슈타인의 일반상대성이론에 의하여 현대 우주론이 확립되었다. 1929년 미국의 천문학자 에드윈 허블은 아인슈타인의 정적 모형에 의문을 제시하면서 대폭발 이론에 서막을 알렸다.

우주의 별은 몇 개나 될까? 헤아릴 수 없이 많지만 망원경을 사용하지 않고 사람의 눈으로 볼 수 있는 6등급까지의 별은 약 5,600개 정도 되고 그 중에서 지평선보다 위에 보이는 별은 약 3,000개라고 한다. 반면에 우주 전체에 있는 별은 우리가 헤아릴 수 없다. 넓은 우주에서 우리의 태양계가 속한 우리 은하에만도 천억(10^{11})내지 2천억 개가 있다고 한다. 그리고 우리 은하 밖에도 엄청나게 많은 별이 있다. 망원경의 성능이 좋아져 더 멀리 볼 수 있게 되자 천문학자들은 약 5000억 개의 은하가 있을 것으로 추정하고 있다. 각 은하마다 1천억 개의 별이 있다고 하니 우주 전체에 있는 별을 수량화하여 나타낸다는 것은 별 의미가 없다고 생각된다.

우주의 크기를 아는 사람은 아무도 없다. 실제로 허블 망원경으로 4개월 동안 한곳을 집중적으로 응시하면서 우주의 사진을 찍었는데 그 사진의 점(dot) 하나하나가 각각의 은하였다고 한다. 그러므로 우주의 크기를 인간들이 아옹다옹한다는 것 자체가 참으로 우스운 일이다. 하지만 막연히 '크다' 라고 표현하는 것보다는 숫자로 나열해 보는 것이 규모를 상상하는 데 조금이나마 도움이 될 것이다. 우주의 크기는 대략 10의 40승(10^{40})km로 알려져 있다. 다시 말하면 숫자 10의 언저리에 '0'이 40개 붙어 있는 10^{40}km이다. 참고 삼아 빛의 속도(light year)로 계산해 보자. 빛은 1초에 30만km를 움직이고 1시간에 11억 km를 나아가고, 하루에 259억km, 1년에 9.5조km를 달려간다. 이 속도로 1000억 년(100 G year)이 지나면 9.46×10^{24}km이고, 1000조 년(1 Peta year)이 지나면 10^{28}km가 된다. 빛의 속도로 이 정도이니 우주의 끝은 아무리 가도 보이지 않는다. 10^{40}km를 거꾸로 생각해 보면 그 절반은 10의 39승(10^{39})km이 된다. 1000조 년이 10^{28}km이므로 우주의 크기를 수학적으로 정확히 표현하기에는 한계가 있다. 이처럼 우주는 끝도 없고 그 크기도 무한하다. 아직 우리가 관측하지 못한 블랙홀이나 보이지 않는 천체와 같은 것들이 우주 공간에 더 숨어 있을 가능성도 있기 때문에 우주의 크기에 대해서 아무도 확실하게 이야기할 수 없다.

 우주의 온도

우주에서 사용하는 온도의 단위는 우리가 흔히 사용하는 섭씨가 아니라 절대 온도 (絶對溫度, absolute temperature)로, 섭씨 온도에서 273이라는 숫자를 뺀 것이다. 우주의 평균 온도는 대략 3°K(-270℃)이므로 우주는 0°K(-273.16℃)보다 2~3℃쯤 높은 것이다. 이 정도면 어느 정도 추울까? 재미있는 것은 -270℃라고 해도 물이 얼지 않는다는 사실이다. 우주 공간에 어찌어찌하여 물을 뿌려 놓아도 물은 삽시간에 부글부글 끓어올라 기체로 날아가기 때문이다. 절대 온도가 0°K 보다 높은 모든 물체는 빛을 방출하는데, 이 빛을 연구한 펜지아스(Arno Allan Penzias, 1933 출생)와 윌슨(Robert Woodrow Wilson, 1936 출생)이라는 두 과학자가 우주의 온도가 3°K라는 것을 처음 밝혀냈다(1978년 노벨상 수상).

그곳에는 별들의 집단이 있다
- 은하

　머리 위에서 항상 빛나는 별들은 인류가 태어나기 전부터 있었다. 원시인이나 고대인들도 우리와 같은 별을 보면서 살아왔다. 좀 더 좋은 눈을 가진 사람들은 희미한 별의 무리도 볼 수 있었을 것이다. 1800년대 후반까지만 하더라도 사람들은 별의 무리인 은하가 무엇인지 잘 모르고 있었다. 19세기 사람들도 은하의 존재는 알고 있었지만, 그 은하의 크기가 어느 정도인지, 어떤 모양인지 자세히 알지는 못했다. 어릴 적부터 배운 은하수라는 표현이 생각난다. 밤하늘에 우유를 뿌려놓은 듯한 은하수(銀河水, Milky Way)가 은빛으로 빛나며 흐르는 강처럼 보인다고 해서 붙인 이름이다. 순수 우리말로는 '미리내'라고 하는데 수많은 별들이 모여 있는 형태로 성단星團을 말한다.

　우리가 밤하늘에서 볼 수 있는 별은 우리 태양계가 속한 우리 은하의 별이다. 우리 은하는 나선은하에 속하며, 생김새는 납작한 원판형이고, 옆에서 보면 볼록 렌즈처럼 가운데가 부풀어 있고 위에서 보면 마치 거대한 태풍이 구름 소용돌이를 이룬 것처럼 보인다고 한다. 우리 은하는 지름이 10만 광년에 이르고 태양계는 우리 은하의 중심으로부터 약 3만 광년 정도 떨어진 변두리에 위치하고 있다. 더 먼 은하는 너무 멀어서 알아볼 수가 없다. 왜냐하면 은하와 은하 사이의 거리가 수십억 광년 멀리 떨어져 있기 때문이다. 우리 은하도 한자리에 가만히 있지 않고, 시속 약 100만km의 속도로 다른 은하 주변을 돌고 있다고 하는데, 이렇게 일주하는 데 대충 2억 년 정도 걸린다고 한다.

인구 2천억이나 3천억의 세계를 상상해 보자. 만약 이런 인구를 가진 다른 세계가 하늘 어딘가에 있다면 아마도 그곳은 점보제트기로 가도 1~2천억 년은 걸릴 거리이지만, 다행스럽게도 아직까지 이런 세계는 발견되지 않았다. 지금의 은하 중심부에는 적색이나 황색의 늙은 별들이 빽빽이 모여 있다. 여기서는 새로운 별의 재료가 되는 가스와 먼지가 풍부하여 계속 별들이 만들어진다. 은하(銀河, galaxy)는 항성, 성간 물질, 플라즈마•, 암흑 물질 등으로 이루어진 거대한 집합체이다. 여기에는 수천억 개의 별과 가스 성운, 암흑 성운 등이 있다.

plasma . 물리학에서 기체를 이루는 원자나 이온화하여 생성되는 하전(荷電) 입자의 무리를 일컫는 말. 이는 때때로 물질의 고체 · 액체 · 기체에 이어서 네 번째 상태로 일컬어진다.

옛날 천문학자들은 은하의 내부에서 얼마나 엄청난 일이 벌어지고 있는지 상상도 못하였다. 망원경이 발견되기 전까지 말이다. 사실 은하가 언제쯤 만들어졌는지는 지금도 알 수 없다. 처음에 천문학자들이 별들을 관찰하면서 별의 구름星雲으로 불렀으나 지금은 보편적으로 은하銀河라고 부른다. 마치 세계의 각 도시들이 여기저기 흩어져 있듯이 우주의 별 집단도 군데군데 모여 그룹을 이루고 있다. 이것이 은하이다. 우주에는 이런 은하가 1천억에서 5천억 개 정도 흩어져 있다고 한다. 은하는 그 생김새에 따라 타원은하, 나선은하, 불규칙은하 등으로 나뉜다.

은하는 무리를 짓고 있다. 단독으로 존재하는 것이 아니라 다른 은하와 함께 은하단이라는 집단을 이루고 있다는 말이다. 이들 중에는 아주 큰 집단도 있는데, 예컨대 처녀자리은하단(Virgo cluster)이나 머리털자리은하단(Coma berenices cluster)에서는 수천 개의 은하가 지름 2천만 광년의 공간을 차지하고 있다. 반대로 작은 은하단도 있다. 우리 은하가 속해 있는 국부은하군(Local Group)을 예로 들 수 있는데, 지름 5백만 광년 정도의 영역에 30개 정도의 은하가 흩어져 있다고 한다. 이 은하군에는 우리 은하 외에 안드로메다은하, 마젤란은하(성운), 삼각형자리은하(메시에 M33) 등이 위치하고 있다. 또 은하단끼리 모인 초은하단

M81 은하의 모습(NASA)

M81(메시에81) 은하는 1200만 광년 떨어진 큰곰자리(Ursa Major)에 있으며, 허블우주망원경과 은하진화탐사선(galaxy Evolution Explorer)이 촬영한 것을 합성한 사진이다.

이라 불리는 집단도 있다. 게다가 이 초은하단이 우주를 가득 채우고 있지도 않다. 초은하단 사이에는 검은 물질로 이루어진 거대한 공간도 있다.

지구를 해치는 천체가 다가온다
– 행성 X

　명왕성 바깥 어딘가에 있을 행성을 행성X라 칭하고, 은하에서 지구로 다가
오는 정체불명의 행성도 매스컴에서는 행성X라고 불러 왔다. 둘의 혼동을 없
애기 위하여 이 장에서는 아직 발견되지 않은 태양계의 행성을 '제9의 행성'이
라고 부르고, 은하에서 찾아올지도 모르는 미지의 행성을 '행성X'라고 표현하
기로 한다.

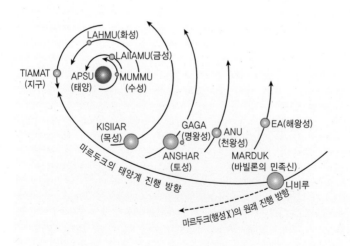

nibiru의 예상 진로

지금 먼 곳에서 행성X가 다가온다고 한다. 이 행성의 주기는 3,650년이고 자기장이 강력하여 한번 태양계에 올 때마다 지구에 대격변(Polar Shift)을 일으키고 떠난다고 한다. 예언자들은 지금까지 지구의 문명국들을 망하게 한 원인이 3,650년마다 찾아오는 이 행성이라고 주장한다. 불길하게도 2012년이 다가오는 3,650년과 딱 맞아떨어진다고 한다. 그게 사실이라면 2012년 전후에 지구는 멸망할 것이다.

2012년에 다가올 예상 천체인 행성X는 니비루(nibiru) 신화에서 비롯되었다. 니비루는 고대 수메르인들의 신화에 나오는 12번째 행성인데, 수메르 신화에 따르면 '12행성과 5행성의 충돌로 인해 지구, 달 등이 생겨났다.' 라는 것이다. 하지만 모든 것은 추측일 뿐이다. 니비루가 오는 2012년에 인류가 멸망할 것이라고 하지만 과학적인 근거는 없다. 2004년 NASA에서 해명을 했는데 그것은 행성이 아니고 태양빛 때문에 생기는 광학 현상일 것이라고 한다. 만약 행성X가 실제로 온다면 지구인에게 발견되지 않았을 리 없다. 행성X가 갑자기 지구와 가까워진다는 것은 말이 안 되기 때문이다.

만일 이런 행성이 정말 있어서 지구와 태양 사이에 오게 되면 인류는 대다수가 죽게 되고, 지구는 자전을 멈추게 되며, 나라에 따라서 낮 혹은 밤이 3일 동안 계속되는 곳도 생긴다. 지각 변동이 일어나고 전 세계에 있는 활화산이 한꺼번에 분화하며 해일이 밀어닥친다. 그리고 인류의 90%는 죽고 나머지 살아남은 자들은 수십년의 시련을 거친 끝에 새로운 인류로 재탄생한다는 것이다. 웃으며 말할 수 있는 이야깃거리이기를 바란다.

영화 '아마겟돈(Armageddon)'의 상황이 과연 일어날 것인가? 행성X가 온다는 것 말고도 2014년에 소행성이 지구와 충돌할 가능성도 있다는, 미국 NASA 소속 연구팀의 천문학자 톰슨(Amizan Tomson)의 경고가 나왔다. 2009년 5월 뉴욕타임스에 따르면 최근에 발견된 '2005 QQ47' 이라는 이름을 가진 소행성이 지구를 향해 움직이고 있으며, 오는 2014년 3월 21일 지구와 충돌할 가능성이

상당히 높아졌다고 한다. 톰슨의 말대로라면 앞으로 우리가 가진 시간은 2011년 현재를 기준으로 3년밖에 없다. 그 안에 소행성의 충격을 이겨낼 수 있는 방안을 모색해야 한다. 그런데 만일 충돌할 것이 100% 확실하다면 UN과 NASA가 수수방관하고 있을까? 이 설도 가상의 시나리오가 아닐까 예상해 본다.

또 다른 재앙은 운석이다. 고생대 마지막에서 중생대 사이(2억 4500년 전)에는 모든 생물의 90% 이상이 사라진 일도 있었다. 운석이 떨어지면 때때로 수킬로미터 크기의 크레이터를 만들고 지구를 황폐화시킨다. 1908년에 시베리아의 퉁구스카(Tunguska) 사건은 유명하다. 이때 약 2,200km²의 모든 나무들이 부러졌다고 하는데, 운석설, 혜성설, 블랙홀설, UFO설 등 다양한 의견이 제기되고 있지만 아직까지 정답을 찾지 못하고 있다. 운석은 인간을 멸종시킬 수도 있으며, 실제로 거대한 운석이 지구로 접근해 온다면 막을 수 있는 방법이 없다.

니비루 신화

태초의 혼돈 속에 있던 담수(민물)를 다스리는 아프수(Apsu)와 바다의 짠물을 다스리는 티아마트(Tiamat, 원시모, Primordial woman) 사이에서 라무(Lahmu, 격노한 존재), 라하무(Lahamu), 안샤르(Anshar, 땅의 영), 키샤르(Kishar, 하늘의 영) 등 최초의 신들이 탄생하고, 이 신들이 다시 자신들을 닮은 자식을 낳는 과정에서 훗날 신들의 왕이 될 최고신 마르두크(Marduk, 바빌론의 민족신)가 태어난다. 안샤르는 누이 키샤르와 결혼하여 아누(Anu, 하늘의 신)와 에아(Ea, 물의 신)을 낳았고, 뭄무(Mummu)는 아프수의 시종이다. 이후 자신을 혼란스럽게 하는 다른 신들을 멸망시키려는 티아마트와 마르두크 신 사이에 싸움이 벌어졌는데, 마르두크가 티아마트를 죽이고 승리한다. 승리한 마르두크는 티아마트의 시체를 둘로 나누어 하늘과 땅을 창조한다. 여기서 마르두크가 행성X인 니비루이다.

태양-아프수(Apsu, 바다의 신)   수성-뭄무(Mummu, 압수의 시종)
금성-라하무(Lahamu)   지구-티아마트(Tiamat, 원시모)
화성-라무(Lahmu, 격노한 존재)   목성-키샤르(Kishar, 하늘의 영)
토성-안샤르(Anshar, 땅의 영)   천왕성-아누(Anu, 하늘의 신)
해왕성-에아(Ea, 물의 신)   명왕성-가가(Gaga)
니비루-마르두크(Marduk, 바빌론의 민족신)

우리가 알아차릴 수 없는 검은 에너지
– 우주 물질

한때 많은 과학자들이 우주 공간이 아무것도 없는 진공으로 되어 있다고 믿었던 적이 있었다. 물론 우주는 지구상에서 살고 있는 우리의 감각으로 볼 때 지금도 진공이라고 할 수 있다. 지구의 대기권 밖으로 조금만 나가도 어떤 기계 장치로도 만들어 낼 수 없는 초진공 상태이다. 그런데 과연 별과 별 사이에는 아무 것도 없는 것일까? 청명하게 맑은 날 밤과 안개가 낀 날 밤의 야경을 비교해 보자. 맑은 날에 비해 안개가 낀 날의 가로등이 더 희미하게 보인다는 사실은 누구나 알 수 있다. 스위스 출신 천문학자인 트럼플러(Robert Julius Trumpler, 1886~1956)는 이러한 원리로부터 우리 은하계에 별과 별 사이에 빛을 가리는 무엇인가 존재한다고 주장하였다. 이것을 오늘날 우리는 성간 물질이라고 부르고 있다. 성간 물질은 은하계 내에 전체적으로 퍼져 있다. 물론 은하와 은하 사이에도 이런 물질들이 있을 수 있다.

우주 물질

우주의 물질이 무엇인지 우리는 정확히 알지 못한다. 통상 보통 물질이라고 하는 원자와 분자를 생각할 수 있다. 이 보통 물질이 지구와 태양을 만들었다고 한다. 사실 우주에 있는 보통 물질은 막걸리 속에 알코올 성분만큼이나 그 양이 적다. 우주에서 보통 물질은 약 4% 정도를 차지하고 이 중에서 단 0.5%만이 고유한 빛을 발한다고 한다. 나머지 3.5%는 행성이나 암석, 먼지들처럼 차갑고 스스로 빛을 내지 않는 물질들로 이루어져 있다. 우주의 약 23%를 차지하는 더 중요한 구성 물질이 있는데 이것이 바로 암흑 물질(暗黑物質, dark matter)이다. 이 물질은 오직 중력을 통해서만 그 존재를 알 수 있다. 전문가들의 계산에 의하면 눈에 보이는 보통 물질들의 인력만으로는 은하들을 함께 묶어 두기에 부족하다고 한다. 그러므로 은하들 사이에는 접착제 역할을 하는 또 다른 무엇인가가 있어야만 한다는 뜻이다. 바로 이것이 암흑 물질이다. 그러나 암흑 물질이 어떤 것인지, 도대체 무엇으로 이루어져 있는지 정확히 알 수 없다. 단지 이 물질이 독특한 특성을 지닌 소립자일 것이라는 추측뿐이다. 분명한 것은 이런 물질 없이는 우리의 우주가 존재할 수 없다는 점이다. 그리고 이런 물질 때문에 모든 별과 은하가 만들어졌을 것이라고 추론한다.

은하계 내에는 수소 가스가 떠돌고 있으며 수소 원자로부터 발생하는 전파에 의해서 은하의 넓이나 질량을 추정할 수 있다. 암흑 물질은 어떠한 전자기파로도 관측되지 않지만, 질량을 가지고 있기 때문에 그 물질이 작용하고 있는 중력으로 존재를 알 수 있다. 암흑 물질의 총 질량을 알게 되면 우주 전체의 밀도를 구할 수 있어 계속 팽창할 것인지, 그 상태로 머물러 있을 것인지, 다시 수축하여 한 점으로 모일 것인지, 우주의 미래를 알 수 있다.

보통 물질 4%와 암흑 물질 23%를 뺀 나머지 73%는 무엇일까? 1998년에 들어서야 과학자들은 이에 관심을 가지기 시작하였다. 현재 우주는 우주 안에서 물질들이 끊임없이 새로 만들어지고 있음에도 불구하고 계속 팽창하고 있으며 심지어는 그 팽창 속도가 더 빨라지고 있다. 이것은 우주 안에 있는 물질들의 중력을 모두 합친 것보다 더 큰 어떤 힘이 우주를 팽창시키고 있음을 의미한다. 이 힘을 암흑에너지라고 하며 어떤 것인지 모르기 때문에 암흑(dark)이라고 부른다. 암흑 에너지는 우주에 널리 퍼져 있으며 척력斥力으로 작용해 우주를 가속 팽창시키는 역할을 한다. 우주 안에 있는 모든 물질들은 중력을 가지고 있기 때문에 만약 우주를 팽창시키는 암흑 에너지가 없다면 우주 자체가 물질들의 중력에 의해 수축해야 한다.

23%의 암흑 물질과 73%의 암흑 에너지의 정체도 아직 밝혀지지 않았는데, 이번에는 기존 물리학 법칙으로 설명되지 않는 새로운 암흑류가 발견되었다고 한다. 미국 항공우주국의 고다드우주비행센터(Goddard Space Flight Center)연구진은 최근 우주의 물질들이 매우 빠르게 같은 방향으로 이동하는 현상을 발견했다고 한다. 이는 관측 가능한 우주에서 일어나는 중력 현상으로는 설명할 수 없는 것이라면서 여기에 암흑류(dark flow)라는 이름을 붙였다. 시속 320만km의 속도로 움직이는 암흑류의 영역에서는 시공간이 우리가 아는 것과 매우 달라, 별이나 은하도 없을 가능성이 크며 그곳에는 우리가 알지 못하는 거대한 다른 물질이나 구조가 존재할 것이라고 추측만 무성하다.

하늘에서 펼쳐지는 불꽃놀이
- 유성(우)

관측 설비가 없는 일반인들은 밤하늘에서 떨어지는 유성(流星, meteor)을 쉽게 볼 수 없다. 뿐만 아니라 한꺼번에 무수히 떨어지는 유성우는 더욱 관찰하기 어렵다. 왜냐하면 떨어지는 시간을 미리 지구인에게 알려 주는 것도 아니고 어느 한순간에 흘러가 버리기 때문이다. 유성은 혜성이나 소행성에서 떨어져 나온 티끌, 또는 태양계를 떠돌던 찌꺼기 등이 지구 중력에 이끌려 지구 대기 안으로 들어올 때 보인다. 지구로 떨어지는 유성 가운데 맨눈으로 볼 수 있는 것도 다수 있지만 유성이 빛을 발하는 시간(1/수십~수 초)이 극히 짧기 때문에 대부분 관찰하기가 쉽지 않다. 이들은 떨어지면서 공기와 마찰하여, 약 3천℃로 뜨거워지면서 고열과 함께 빛을 발산한다. 이 중 극소수의 유성은 다 타지 못하고 땅 위에 떨어지는데 이것을 운석이라고 한다.

유성이란 흔히 별똥별을 뜻한다. 유성은 겨울철 새벽에 가장

유성우의 모습

잘 보인다고 한다. 거의 같은 장소, 같은 시간에 수많은 유성들이 동시에 지구 대기로 진입하여 빗줄기처럼 보이는 것을 유성우(流星雨, meteor shower)라고 하는데 몇몇 유성우는 1년을 주기로 떨어지기도 하며, 일반적으로는 상당히 긴 주기를 가지고 지구로 떨어진다. 유성의 이름은 보통 혜성 또는 별자리의 이름을 따서 붙인다. 예를 들면 안드로메다자리 유성우 또는 비엘라(Biella) 유성우라고 불리는 유성우도 폰 비엘라가 발견한 비엘라 혜성을 따서 이름 붙였다. 1913년에 지구 주위를 원 궤도로 돌면서 대기로 진입한 키릴로스(Kyrillos) 유성우는 성 키릴루스(Cyrillus, 375~444)의 축일인 2월 9일에 관측되어 이런 이름이 붙여졌다고 한다.

북미에서 하룻밤 동안 수십만 개의 유성우가 관측된 1833년 11월 12일에는 온 세상이 불바다였다고 한다. 이것이 사자자리유성우(Leonids) 사건인데, 이때부터 유성우를 연구하게 되었다. 이 유성우는 2002년에도 나타났기 때문에 현생 지구인 중에 본 사람이 꽤 있을 것이다. 이 유성우는 매년 11월 17일과 18일을 전후하여 시간당 수십 개 내지 수십만 개가 떨어진다. 평상시에는 그 수량이 얼마 되지 않지만 33년을 주기로 공전하는 모혜성 템펠터틀(Tempel-Tuttle) 혜성이 통과한 직후에는 시간당 수십만 개가 떨어지며 불꽃쇼를 연출해 낸다. 역사적으로는 899년 이집트에서 기록된 사자자리유성우가 가장 오래된 것으로 인정받았고, 한국에서도 1532년과 1566년, 1625년 등의 기록이 남아 있다. 시간당 거의 14만 4천여 개 유성들이 지구로 떨어진 일도 있었다. 왜 그렇게 많은 양의 유성들이 떨어질까? 이는 혜성의 찌꺼기 때문이다. 지구 공전 궤도에 혜성이 지나가게 될 때 수백만 개 또는 수천만 개의 혜성 찌꺼기(먼지)들이 지구 궤도에 머물다가, 그것들이 지구의 중력 때문에 지구로 빨려드는 것이다.

유성체(流星體, Meteoroid, 별찌)란 행성 사이의 우주 공간을 떠돌아다니는 천체를 말한다. 하지만 커다란 유성체와 작은 소행성을 구분하기는 매우 까다롭다. 1961년 개최된 국제천문연맹 총회에서 통과된 유성체의 정의는 '행성 사이의 우주 공간을 움직이는 소행성보다 꽤 작고, 원자나 분자보다 훨씬 큰 천체'라고 한다. 대부분의 유성체도 혜성에서 떨어져 나온 부스러기이며, 혜성이 태양 가까이 올 때 많이 방출된다. 한번 방출된 유성체는 주로 목성과 태양의 인력을 받아 띠 형태로 점점 더 넓어지고 균질하게 된다. 이것을 유성체 흐름(meteoroid stream)이라고 하고 유성체의 흐름이 지구 인근으로 지나갈 때 유성(우)으로 보이며 떨어진다. 1945년 이후부터는 레이더 관측을 통해 유성우가 광학적으로 잘 보이지 않는 낮에도 잘 관측되고 있다.

지구를 향해 날아오는 돌멩이
- 운석

예전에는 천둥이나 번개와 함께 하늘에서 지구로 떨어지는 운석도 신의 전령으로 여겼다. 실제로 사우디아라비아의 성지인 메카(Mecca)의 이슬람 신전인 카바(Kaaba)에 성스러운 검은 돌이 있는데, 이 돌이 운석이라는 설이 있다. 1년에 지구로 떨어지는 운석은 약 2만 개 정도 되지만 대부분은 불타 없어진다. 그러나 지금까지 약 3만 개 정도의 운석이 지구상에서 발견되었다고 한다. 물론 우리나라에도 떨어졌다. 한반도에 낙하한 운석 중 대영박물관에서 발간한 운석연감(Catalogue of Meteorites)에 기록되어 있는 것은 모두 4개로, 낙하(또는 발견) 시기와 장소, 그리고 그 종류는 다음과 같다.

운곡 : 1924년 9월 7일 전라남도 운곡(추정)에 낙하한 콘드라이트
　　　(chondrite)● 암석

옥계 : 1930년 3월 19일 경상북도 옥계(추정)에 낙하한 콘드라이트

소백 : 1938년 함경남도 소백(추정)에서 발견된 철 운석

두원 : 1943년 11월 23일 전라남도 두원에 낙하한 콘드라이트

감람석, 사방휘석 및 그 혼합물로 이루어진 물질로 지구에 떨어지는 운석의 대부분은 이 성분이다.

네 곳의 운석 중에서 그 소재지가 확실하게 확인된 경우는 두원 운석 하나뿐으로 지난 1943년 고흥군 두원면 성두리 야산에 떨어졌다. 이 운석을 처음 발

견한 사람은 성두리 마을 주민이었으나 일본인 학교장이 일본으로 가져갔다고 한다. 그 후 일본국립과학 박물관에 소장되어 있다가 56년만인 지난 1999년 한일정상회담 시 영구 임대 형식으로 우리나라에 반환되어 현재 대전에 있는 한국지질자원연구소에 보관 중이라고 한다. 운석이 떨어졌던 장소인 고흥군에서는 현재 표지석을 설치하고 관광객을 맞이하고 있다.

지금까지 지상에서 발견된 운석 중 가장 큰 것은 1920년 남아프리카 나미비아(Namibia)에서 발견된 호버 운석(8만 년 전에 생성)으로 무게가 약 60톤에 이른다고 한다. 미국의 애리조나 사막에는 지름이 1.2km나 되는 거대한 운석 구덩이(깊이 200m)가 있는데, 이곳은 약 5만 년 전에 지름 50m의 운석이 떨어져 생긴 구덩이(crater, 크레이터)라고 한다. 반면 몇 그램 정도 밖에 안 나가는 돌 부스러기 수준의 운석도 있다. 한편 현재까지 발견된 운석의 약 70% 이상이 남극에서 발견되었다. 남극에서 발견되는 운석의 대부분은 오래 전에 지구에 낙하한 운석으로 'blue ice' 라 불리는 빙하가 용승(up welling)하는 지역에서 주로 발견된다.

운석이 떨어진 것을 발견하면 큰 행운을 얻는 셈이다. 왜냐하면 운석은 돈으로 따지면 아주 비싼 보석일 수도 있고, 지구상에 없는 미지의 금속일수도 있기 때문이다. 운석(隕石, meteorite)의 성분을 분석해 보면 철, 니켈합금과 규산염광물이 주성분이다. 철, 니켈합금으로 된 운석은 철이 85~95%이고 니켈이 조금 섞여 있다. 규산염광물로 된 운석은 철이 50%이고 모래(규소)가 섞여 있으며, 그 외에도 기타 규소와 다른 암석 성분으로 된 운석으로 나눌 수 있다. 운석은 그들의 화학적 특성, 조직, 내부 구조가 태양계의 초기 역사, 변천 과정 등에 대한 실마리를 풀어 줄 수 있기 때문에 과학적 관심의 대상이 된다. 왜냐하면 대부분의 운석은 지구의 탄생과 비슷한 시기에 남은 부스러기 물질이 결합된 것이기 때문이다.

2009년, 독일 에센(Essen)에 사는 한 10대 소년이 시속 수만km의 속도로 떨어진 운석에 맞아 다쳤다고 한다. 게리트(Gerrit Blank)라는 이 소년이 학교를 가던 길이었다. 그의 말을 빌리자면 하늘에서 큰 빛을 보았는데, 갑자기 그대로 넘어졌다고 한다. 운석이 땅에 충돌할 때 났던 소리 때문에 그 후 몇 시간 동안 귀가 먹먹했다고 말했다. 천만다행으로 운석은 콩알만 한 크기였으며, 이 소년의 손을 스치고 땅에 떨어져서 조그마한 운석 구덩이를 만들었다고 한다. 또 2002년 영국에서 한 소녀가 운석에 발을 맞았고, 1954년 미국 앨라배마(Alabama)에 살았던 한 여성은 집에서 잠을 자고 있는데 4kg이나 되는 운석이 지붕을 뚫고 들어왔다고 한다. 그리고 이보다 앞서 1650년에는 이탈리아 밀라노에서 한 명, 1674년 스웨덴에서 두 명이 운석에 맞아 숨지는 사고가 있었다는 기록이 전해진다. 참고로 운석에 직접 맞을 확률은 약 일억 분의 일이라고 한다.

꼬리를 달고 펼치는 우주 쇼
- 혜성

어느 날 갑자기 나타나는 혜성은 워낙 먼 곳에서 오기 때문에 태양계에 접근하기 전까지는 보이지 않다가 점점 가까워지면 태양풍에 의해 수억km에 이르는 긴 꼬리를 날린다. 이때부터 혜성은 본격적으로 지구에서 관측되기 시작하는데 한번 나타나면 며칠에서 길게는 몇 개월까지 모습을 보인다. 혜성도 엄연한 태양계의 천체로 머리(코마, 핵) 부분과 꼬리로 나뉜다. 우주선이 혜성에 가까이 접근하여 알아낸 바에 따르면 코마(comet)의 크기는 대략 가로세로 15km 정도이며 구성 물질은 90%가 이산화탄소(CO_2, carbon dioxide)이고 10%는 규산염, 흑염, 암모니아(NH_3, ammonia), 메탄, 얼음덩어리, 암석 먼지 등이 섞여 있다고 한다. 그래서 미국의 천문학자 휘플(Fred Whipple)이 더러운 눈덩이(dirty snowball)라고 이름 지었다고 한다. 이러한 혜성의 고향은 어디일까? 지금까지 알려진 것으로는 태양계의 끄트머리에 구름벨트를 이루고 있는 카이퍼벨트 또는 오르트 구름이라고 한다. 하지만 아직까지 이들에 대한 직접적인 관측 증거는 없으며 다만 추측일 뿐이다.

긴 꼬리를 달고 나타난다고 해서 꼬리별 또는 빗자루별이라고도 불리는 혜성이 목성 근처에 오면 태양열을 받아 가스와 먼지가 증발하고, 태양 가까이에 오면 태양에서 날아오는 입자 때문에 혜성의 꼬리(이온 꼬리와 먼지 꼬리)가 형성된다고 한다. 혜성의 궤도는 대부분 타원 궤도인데, 타원이 너무나 길어서 포물선이나 쌍곡선의 형태를 보이기도 한다. 가끔은 짧은 타원 궤도를 띄는 혜성도 있지만, 이것은 토성이나 목성의 중력에 이끌려 타원이 작아지기 때문이다. 최근에도 여러 차례 혜성이 찾아왔는데, 슈메이커레비 9(Shoemaker-Levy 9) 혜성은 1994년 7월에 목성에 충돌하여 여러 조각으로 분해되었다. 1996년에는 육안으로도 볼 수 있는 하쿠타케(Hyakutake) 혜성이 찾아왔고, 1997년에도 헤일밥(Hale-Bopp) 혜성이 지구를 찾아와서 장관을 연출하였다.

혜성이 지구를 찾아오는 횟수에 따라 최단주기 혜성, 단주기 혜성, 장주기 혜성, 비주기 혜성으로 분류한다. 3.3년마다 한 번씩 지구를 찾아 주는 엥케(Encke) 혜성을 최단주기 혜성이라 하고, 33년 만에 지구를 방문하는 템펠터틀(Tempel-Tuttle) 혜성, 76년 만에 지구를 찾는 핼리(Halley) 혜성 등을 단주기 혜성이라 한다. 또 헤일밥 혜성이나 하쿠다케 혜성처럼 태양계에 한번 접근했다가 수만 년 동안은 보기 어려운 혜성을 장주기 혜성이라 부른다. 2004년 8월 촬영한 맥홀츠(machholz) 혜성이나, 2006년 8월에 가까워진 맥노트(McNaught) 혜성 등과 같이 두 번 다시 돌아오지 않을 것으로 생각되는 혜성은 비주기 혜성이라고 부른다. 혜성 탐사선은 미국의 ISEE-3/ICE를 시작으로 소련의 베가(VEGA) 1, 2, 일본의 스이세이(Suisei), 사키가케(Sakigake), 유럽의 조토(Giotto) 등이 있다.

혜성은 옛날부터 불길한 별 또는 재수 없는 별로 여겨졌다. 혜성이 나타나면 기아, 전염병, 전쟁과 같

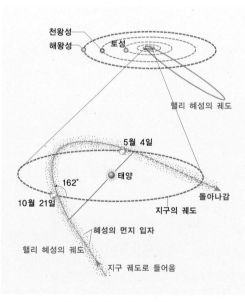

핼리 혜성의 궤적(1986)

이 안 좋은 일이 일어난다고 여긴 것이다. 이런 미신적인 두려움은 인쇄물 때문에 더욱 증폭되었다. 옛날에도 길거리 가판대에서 무료로 나누어 주는 광고성 소식지 같은 것에서 대박을 위해 좋지 못한 이야깃거리를 싣는 경우가 종종 있었다고 한다. 당시에도 이런 종류의 신문에서 혜성에 관한 불길한 이야기를 많이 다루었다. 혜성이 오면 반드시 좋지 못한 일이 생긴다고 여긴 것이다. 하지만 핼리(Edmund Halley, 1656~1742)가 정확한 계산에 의해 혜성이 나타난다는 것을 증명한 다음부터는 이런 소문들이 점차적으로 사라졌다. 최근의 일부 과학자들은 혜성이야말로 지구를 생명의 땅으로 만들어 주는 고마운 존재라고 주장하고 있다. 먼 옛날 지구에 생명이 싹트기 전에 혜성이 우주 물질을 품은 채 지구 가까이 왔기 때문이다. 이때 생명의 기초가 되는 여러 가지 물질들을 가지고 와서 생명이 탄생될 수 있었다고 한다. 만약 이 가설이 사실이이라면 불길한 상징으로 여겼던 혜성에게 오히려 고마워해야 한다.

 핼리 혜성

매우 긴 꼬리를 가지고 있고, 출현 주기가 76년인 핼리 혜성(Halley's Comet)을 처음 발견한 사람은 영국의 천문학자 에드먼드 핼리(Edmond Halley, 1656~ 1742)였다. 1531 · 1607 · 1682년에 관측된 혜성도 핼리 혜성이며, 실제로 이 혜성이 1758년에도 되돌아온다고 예측했다. 하지만 핼리는 안타깝게도 자신이 예언했던 대로 핼리 혜성이 다시 돌아오는 것을 보지 못하고 세상을 떠나고 말았다. 이후 실제로 이 혜성이 1758년 말부터 보이기 시작해 1759년 3월에 근일점(近日點)을 통과하자 사람들은 고인이 된 핼리를 기리기 위해 이 혜성을 핼리 혜성이라고 이름 붙였다. 또한 BC 240년부터 약 76년 간격으로 핼리 혜성이 나타난다는 것도 밝혀졌다. 핼리 혜성은 지금까지 30번이나 지구에 접근하였다고 하는데 앞으로 핼리 혜성이 돌아올 때마다 찌꺼기의 양(量)이 2억 5천만 톤씩 줄어들 것이라고 한다. 이런 양으로 줄어든다면 앞으로 약 17만 년 후에는 핼리 혜성이 지구로 오지 않을지도 모른다.

태양계 끄트머리에 담장이 쳐져 있다
- 구름벨트

태양계의 행성을 연구하던 일부 과학자가 태양계가 명왕성에서 끝나는 것이 이상하다고 생각했다. 그래서 해왕성 바깥에 다른 천체들이 있을 것이라고 가정했는데, 1949년 아일랜드의 천문학자 에지워스(Edgeworth)와 1951년 네덜란드 출신의 미국 천문학자 제럴드 카이퍼(Gerard Kuiper, 1905~1973)가 각각 황도면 가까운 곳에 지금까지 알지 못했던 천체가 있다고 제시하였다. 이 천체는 띠 모양을 한 천체로, 발견자의 이름을 따서 카이퍼에지워스벨트(Kuiper-Edgeworth belt, 혹은 카이퍼벨트)라고 명명되었다. 이 천체는 태양계의 해왕성 궤도(태양으로부터 약 30AU)보다 바깥쪽에 있는 구멍이 뚫린 고리 형태의 원반이라고 한다. 단주기 혜성들의 기원이며, 얼음과 핵을 갖는 수많은 천체들로 이루어져 있을 것으로 추정되고 있다. 이 벨트는 명왕성이 우리 태양계의 끝이라고 생각해 왔던 것을 바꾸는 계기가 되었다. 바깥쪽 경계는 애매하지만 대체로 태양으로부터 $30 \sim 100AU(4.5 \times 10^8 \sim 1.5 \times 10^{10} km)$ 사이에 납작한 형태로 퍼져 있을 것으로 추정한다. 해왕성의 위성인 트리톤도 이 벨트에서 떨어져 나온 것이라고 추측하고 있다. 카이퍼벨트의 얼음과 운석들은 약 3만 5000개가 넘는 것으로 추정된다. 이들 작은 천체들은 거대한 띠 모양을 이루면서 태양의 주위를 돈다. 이들은 50억 년 전 태양계가 생성될 당시 행성으로 성장하지 못하고 남은 천체들로 추정되고 있다.

장주기 혜성들의 기원으로 알려진 오르트 구름도 태양계를 둘러싸고 있을 것으로 생각하고 있다. 이들은 카이퍼벨트보다 훨씬 먼 3만~10만AU($4.510^{12} \times$ ~1.5×10^{13}km) 거리에 있고, 구름들의 주성분은 수소와 헬륨이며, 총 질량은 지구의 100배 정도로 추측되고 있다. 팔로마 천문대에서 2003년에 발견한 세드나(Sedna)도 오르트 구름에 속한 천체라는 설을 발표한 일이 있다. 네덜란드 천문학자 얀 핸드릭 오르트(Jan Hendrik Oort, 1900~1992)가 1950년에 주장한 바에 의하면 모든 혜성이 태양계의 외곽, 즉 명왕성의 끄트머리보다 더 바깥에 위치한 둥근 띠 모양의 영역으로부터 나오는 것이라고 한다. 여기는 핵이 수조 개 이상 모여서 이루어진 거대한 구름 띠로 둘러싸여 있으며, 아직 정확히 관측이 이루어지지 않았지만 태양계 전체를 공처럼 둥근 모양으로 감싸고 있는 껍질 같은 영역이라고 한다. 천문학자들은 이 오르트 구름(Oort cloud)이 태양이나 행성을 만들어 낸 구름의 잔재가 아닐까 생각하고 있다. 만약 그렇다면 태양계가 탄생할 때의 상황을 이 오르트 구름으로부터 알아낼 수 있을지도 모른다.

오르트 구름은 태양계가 탄생하는 과정에 태양의 중심으로부터 너무 멀리 떨어져 있어서 자기들끼리 엉켜 있는 것이라고 한다. 즉, 태양 가까이에 있는 구름이 엉키는 동안 바깥쪽에 있는 찌꺼기들은 그곳에 그대로 남아서 형성된 것이다. 이 구름들은 행성들이 있는 곳에서도 굉장히 멀리 떨어져 있지만 여전히 태양의 중력권 안에 있다. 물론 아직까지는 아무도 오르트 구름을 관측하거

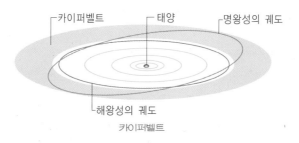

나 확인하지 못했다. 혜성의 고향이라고만 알려진 오르트 구름은 태양계의 탄생 이후 5분의 1 정도가 태양계 밖으로 사라졌거나 태양계 내부에서 증발하여 없어졌다고 추정한다. 하지만 아직까지도 5분의 4가 태양계 끄트머리 창고 속에 고스란히 남아 있는 셈이다.

다른 곳에도 태양계와 같은 행성이 있을까
- 외부 행성계

태양계 이외에 태양계와 같은 시스템을 가진 것을 외부(외계) 행성계 또는 외부 태양계(Extrasolar planets)라고 한다. 즉, 우리 태양계에 속해 있는 수성, 화성, 지구와 같은 행성들 말고 다른 별의 행성계를 말한다. 일찍이 조르다노 브루노(Giordano Bruno, 1548~1600)는 태양계 바깥에 외부 행성계가 존재할 것이라고 예견하였다. 아마도 모든 별에는 우리 태양계와 같은 행성이 존재한다고 생각해도 과언이 아닐 것이다. 지금까지 인간이 발견한 외부 행성계는 극히 일부분에 지나지 않는다. 실제로 1988년 케페우스자리 감마성(gamma)의 시선 속도로부터 무엇인가 예측되었는데 이것이 외부 행성계인지 모르고 있다가 2003년에 와서야 행성의 존재를 최종적으로 인정하는 논문이 발표되었다.

외부 행성을 찾는 작업은 1천 억W의 서치라이트 옆에 있는 100W의 전구를 구별하는 것만큼 어렵다. 워낙 멀리 떨어져 있기도 하고 모(母)별의 밝기 때문에 옆에 붙어 있는 행성을 관측하기 어렵기 때문이다. 그래서 외부 행성계의 발견은 거의 불가능한 것처럼 보였다. 하지만 외부 행성을 찾을 수 있는 방법이 하나둘 알려지기 시작하였다. 첫째는 행성이 우연히 모별 앞을 지날 때 모별의 광도가 변화하는 것을 정밀 분석하는 방법이다. 표면에서 일어나는 밝기 변화가 모별에 의한 것이 아니라면 간접적이나마 행성이 있다고 말할 수 있다. 행성이 스스로 빛을 내지 못하기 때문에, 이 방법은 모별 앞을 지나가면서 빛을 가리는 현상이 나타날 때 그 광도 변화를 추적해 내는 것이다. 둘째는 도플러 효과•를 이용하는 방법이다. 질량이 큰 행성이 별 주위에 있으면 그 행성의 중력에 미약하나마 영향을 받아 모별도 약간 움직이게 된다. 셋째는 전파 신호를 주기적으로 내는 천체인 펄사 타이밍(pulsar timing)의 신호 주기 변화를 측정하는 방법이다. 1967년 처음 발견된 펄사는 초신성의 폭발로 형성된 중성자 별이 내는 전파인데, 중성자 별이 빠르게 회전하면서 주기적인 전파를 방출한다. 이 펄사 주위에 행성이 돌고 있으면 펄사 신호의 주기가 변화하게 된다. 이 변화를 통해 행성의 존재를 유추해 낼 수 있다. 넷째는 중력 렌즈•에 의한 방법이다. 아인슈타인의 일반상대성이론에 따르면 빛도 중력에 따라 경로가 휘어진다. 때문에 별빛이 행성의 중력에 의해 휘어져 별의 밝기가 변하면 이를 분석해 행성의 존재를 유추해 낼 수 있다. 다섯째는 별이 움직이는 경로를 추적하는 방법이다. 별이 일정한 방향으로 움직일 때, 혼자 움직일 경우에는 직선 경로를 보이지만 행성과 같이 움직일 경우에는 꼬불꼬불한 경로를 그리게 된다. 그 이유는 별과 행성이 서로 공전하면서 움직이기 때문이다. 따라서 별의 경로를 정확히 측정해 보면 눈에 보이지 않는 행성의 유무를 알아차릴 수 있다.

　　최근 한국천문연구원에서 우리 태양계와 아주 닮은 외부 행성계를 관측했다고 한다. 이것은 우리 은하계의 중심 방향으로부터 약 5,000광년 떨어진 곳에 위치하며 중심 별(OGLE-2006-BLG-109L)은 태양의 절반 정도의 질량을 가지고 있고, 주변의 두 행성은 중심 별로부터 각각 지구에서 태양까지 거리의 2.3배, 4.6배 정도 떨어져서 공전하고 있다고 한다. 또한 2008년에 60개국의 과학자들로 구성된 국제연구팀이 1,500광년 떨어진 뱀자리에서 온도가 낮은 외부 행성을 발견했다고 한다. 이름은 프랑스 우주망원경의 이름을 따서 '코로 (CoRoT)-9b'라고 지었는데, 규모는 목성 정도이며 중심 별에서 태양~수성의

Doppler效果. 상대 속도를 가진 관측자에게 파동의 주파수와 파원(波源)에서 나온 수치가 다르게 관측되는 현상. 파동을 일으키는 물체와 관측자가 가까워질수록 커지고 멀어질수록 작아진다. 1842년 오스트리아의 물리학자 도플러가 처음 발견하였다.

중력 렌즈(重力lens) 효과. 거대한 타원 은하 따위의 대질량 물질이 지닌 강력한 중력 때문에 다른 천체로부터 오는 광선이 굴절되는 효과. 마치 렌즈를 통과하여 오는 것처럼 보이는 현상으로, 이렇게 휘어져서 오는 빛들의 시간 차이를 질량이 큰 천체의 이론적 질량과 비교하여 그 거리를 파악한다.

거리 정도에 위치해 있고 95일을 주기로 공전한다고 한다. 태양계 밖의 별을 돌고 있는 외부 행성은 1992년에 처음 발견되었지만 지구처럼 물이 있는 곳은 아직 발견하지 못하였다. 첨단 관측 장비가 가동된 2000년대에 들어 탐색이 본격화되었는데 2011년 1월 현재 518개가 발견되었고, 10개는 우리나라 연구진이 발견하였다. 지금까지 발견된 대부분의 행성은 중심 별과 거리가 가까워 온도가 1000℃를 넘는 '뜨거운 행성'이 대부분이었다. 또한 우리 은하는 약 500억 개 이상의 행성으로 구성되어 있을 것으로 예상되는데, 그중에 생물이 살아갈 수 있는 행성은 약 5억 개로 추정되고 있다.

 다중성(星, 별)

지구에서 태양 다음으로 가장 가까운 별은 3개의 별이 뭉쳐 있는 알파센타우리(α Centauri 또는 α Cen) 별이다. 이 별이 지구와 가깝다고 해도 29AU나 떨어져 있다. 흥미롭게도 이 별은 3개의 별이 서로 뭉쳐서 도는 삼중성이다. 삼중성은 별 하나 하나가 항성이기 때문에 태양이 3개 뭉쳐 있는 것과 같다. 우리가 보는 대부분의 밝은 별들은 이중성, 삼중성이며 심지어 6개가 가까이 붙어 있는 것처럼 보이는 별들도 있다. 이런 다중성들은 실제로도 서로 가깝고 서로의 주변을 도는 진짜 다중성도 있지만, 단지 시각적으로 그렇게 보이는 광학적인 다중성도 있다.

기원전부터 점성술에 이용된 별자리
– 황도 12궁

문명사회를 살아가는 지금은 상당히 그 신뢰도가 떨어졌지만, 누구나 재미 반 기대 반으로 별자리를 이용해 점을 본 적이 있을 것이다. 이때 12개의 별자리와 사람의 생일을 맞춰 보는데, 그 결과가 맞으면 기분 좋고 틀려도 그냥 웃어넘긴다. 물론 이것은 천문학과는 아무런 관련이 없다. 이 12개의 별자리를 천문학에서는 황도 12궁(zodiac)이라고 한다. 점성술에서는 태양, 달, 행성이 출현하거나 중천에 뜨는 황도 12궁 등의 상대적인 위치를 이용하여 점을 보아 왔다. 황도 12궁의 각각은 주로 탄생 시기를 나타내며, 사람의 성격을 분석하고 점성학적 자료를 통해 미래를 예측한다. 점성술사는 새로 정해진 별자리에는 관심을 두지 않으며 사용하지도 않는다. 점성술사들은 천체의 실질적인 위치보다는 2000년 넘게 이어져 온 오래된 별자리를 이용하여 관습적으로 점을 보고 있다.

황도黃道는 하늘에서 태양이 한 해 동안 지나는 길로, 지구의 공전에 의해 생긴다. 즉, 1년 동안 별자리 사이를 움직이는 태양의 겉보기 경로이다. 황도는 태양 주위를 공전하는 지구의 궤도면과 천구가 만나는 커다란 원이며, 하늘의 적도와 약 23.5° 기울어져 있다. 춘·추분에 하늘의 적도와 교차하므로 이때 해의 위치를 춘·추분점이라 하고, 하지일 때를 하지점, 동지일 때를 동지점이라 한다. 황도 12궁은 그리스의 천문학자 히파르코스(Hipparchos, BC 160?~125?)

가 기원전 약 130년경에 하늘의 별자리를 12등분하여 나눈 것인데 당시로서는 획기적인 일이었다. 하지만 지금은 지구 자전축의 회전으로 인해 황도 12궁의 별자리 위치가 옛날과는 많이 달라졌다. 이런 변화는 지구가 팽이처럼 기울어진 채로 자전하는 세차운동● 때문이다.

황도 12궁의 별자리가 지나가는 황도대黃道帶는 황도의 남북으로 각각 약 8°의 폭을 가지고 있는 천구天球의 영역으로 태양 · 달 · 행성 등은 이 영역 안에서 운행된다. 황도대는 고대부터 다른 별자리나 행성들의 위치를 파악하는 데 중요한 역할을 해 왔는데, 특히 메소포타미아의 수메르에서 처음 쓰이기 시작하였다. 당시 사람들에게는 해마다 12개의 별자리가 계절에 따라 번갈아 가면서 규칙적으로 나타났다가 사라지는 것이 큰 이슈가 되었기 때문이다. 태양은 대체로 한 달에 하나의 궁을 지나간다.

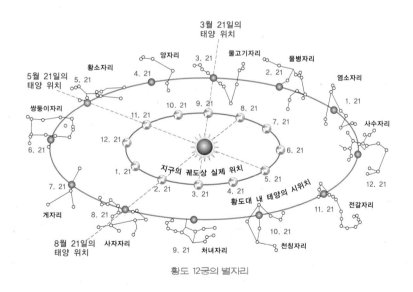

황도 12궁의 별자리

검은 천구에 박힌 밤하늘의 보석
- 별자리

지금의 별자리는 하늘에서 처음부터 그런 모양으로 정해져 있었던 것은 아니다. 각 나라 지역마다 다르게 조합되어 사용되던 것을 하나로 통합하면서 오늘날과 같은 별자리가 생긴 것이다. 별자리의 기원은 바빌로니아 지역에 살던 셈족계(semitic) 유목민인 칼데아인(chaldean)들로부터 시작되었다. 그들은 가축을 키우고, 푸른 초목을 따라 이동하는 생활을 하면서, 밤하늘의 별들을 동물의 모양에 비유해 별자리를 만들기 시작했다. 또 다른 의견으로는 비슷한 시기에 고대 바빌로니아 유목민들이 별점을 치기 위해 밝게 보이는 별들을 서로 연결하면서 별자리가 생겼다는 설이 있다. 아무튼 BC 3000년경에 만들어진 이들 지역의 표석에는 양·황소·쌍둥이·게·사자·처녀·천칭·전갈·궁수·염소·물병·물고기자리 등 12궁이 그려져 있다. 태양과 행성이 지나는 길목인 황도를 따라 배치된 12개의 별자리, 즉 황도 12궁을 포함한 20여 개의 별자리가 기록되어 있는 것이다.

고대 이집트에서는 지중해에서 무역을 하던 페니키아인(phoenicia)들에 의해 별자리가 많이 발전되었다고 하는데, 특히 바빌로니아와 이집트의 천문학이 그리스로 전해지면서 이것들을 형태상으로 닮았다고 생각되는 것끼리 모아서, 전설이나 신화에 등장하는 신들의 이름을 붙였다고 한다. 이것이 오늘날의 별자리의 기초가 되었다. 케페우스(Cepheus), 카시오페이아(Cassiopeia), 안드로메다(Andromeda), 페르세우스(Perseus) 등의 별자리가 그러한 것들이다. 그 후 2세기경 알렉산드리아의 천문학자 프톨레마이오스가 알마게스트(Almagest : 13권)라는 책을 통해 1,022개의 별을 48개의 별자리로 묶어 등급과 황도좌표黃道座標로 표시하였다. 그 분포를 보면 황도상에 있는 별자리가 12개, 황도 북쪽에 있는 별자리가 21개, 황도 남쪽에 있는 별자리가 15개이다.

이것들은 15세기까지 유럽과 이슬람의 천문학자들에게 알려졌다. 그 외에 다른 천문학적인 별자리 체계들도 독립적으로 발전되었는데, 예를 들어 중국과 인도에서는 백도(달이 지나는 경로)를 기준으로 28개의 별자리로 나누었고, 이집트에서는 하늘을 황도(해가 지나는 경로)의 남쪽까지 둘러싼 36개의 별자리로 나누어 사용했다. 하지만 현대의 천문학자들이 사용하는 별자리 체계는 프톨레마이오스가 만든 체계로부터 발전했다. 중세 유럽에서는 고대 별자리에 대한 기존의 자료를 개량·보충하려는 시도가 없었기 때문에, 이 기간 동안에 만들어진 성도星圖는 거의 대부분 프톨레마이오스의 항성 목록을 바탕으로 하고 있다.

16세기가 되어, 탐험가들이 적도를 넘어 남반구에 진출하면서 북반구에서

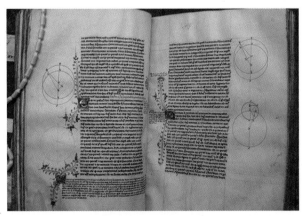

프톨레마이오스의 알마게스트

볼 수 없었던 밤하늘의 새로운 별을 보고 다시 별자리들을 만들기 시작했다. 이 시기에 독일의 천문학자 바이어(Hohann Bayer, 1713~1762)는 16세기경 네덜란드 항해사 데오루스의 기록에 의거하여 만든 별자리 지도책 우라노메트리아(Uranometria)에서 카멜레온(Chameleon), 극락조(Apus), 황새치(Dorado) 등 12개의 별자리를 적어 놓았다. 프랑스의 천문학자 라카유(Abbe Nicolas Louis de Lacaille, 1713~1762)도 남반구의 별자리들을 제정하고, 폴란드 천문학자 헤벨리우스(Johannes Hevelius, 1611~1687) 등은 북반구 별자리 중에 사이사이에 빠진 곳을 채워 넣었다. 또 근대 천문학의 태동과 함께 망원경이 발달함에 따라 어두운 별들을 관측할 수 있게 되어 종래의 밝은 별자리 사이를 메우기 시작하였다.

이렇게 별자리들이 많아졌고 같은 별자리라도 나라나 학자에 따라 다르게 이름붙인 별자리들이 지역에 따라 다르게 사용되었으며, 그 경계나 구획이 달랐다. 이에 따라 자주 혼란이 생겼으며 불편한 일이 많이 발생하였다. 때마침 1922년 로마에서 열린 국제천문연맹에서 88개의 별자리와 이름이 명확히 정의되었고, 1928년 네덜란드 라이덴(Leiden) 총회에서는 이들 별자리 구역이 확정되었다. 즉 황도를 따라 12개, 북반구 하늘에 28개, 남반구 하늘에 48개로 모두 88개의 별자리로 확정하였다. 또 이미 알려진 종래의 별자리 중에 중요 별이 바뀌지 않는 범위 내에서 천구상의 적경赤經●과 적위赤緯●에 나란한 선을 그어 별자리의 경계도 수정하였다. 또 라틴어 소유격으로 된 별자리의 학명을 정하고, 3문자로 된 별자리의 약부호도 정하였다. 이것이 현재 쓰이고 있는 별자리이다.

이 88개의 별자리 중 우리나라에서 볼 수 있는 별자리는 북두칠성 등 67개이고, 일부만 보이는 별자리가 남십자자리 등 12개이며, 완전히 보이지 않는 별자리는 물뱀자리 등 9개이다. 별은 하늘에 고정된 것이 아니라 우주를 떠도는 것이며 그것도 서로 간에 각기 다른 거리를 두고 있다. 별자리는 실제로 별이 모여 있는 것이 아니며, 같은 별자리에 있

● 적도 좌표에서의 경도. 천구(天球) 위의 한 점점을 지나는 경선(經線)과 춘분점을 지나는 경선이 이루는 각도로 나타내며, 그 범위는 0°에서 360°까지이다.

● 적도 좌표에서의 위도. 적도의 북쪽이나 남쪽으로 잰 각거리로 나타내며, 그 범위는 +90°에서 -90°까지이다.

는 별끼리도 서로 아무런 관계가 없다. 예를 들어 겨울철 눈부시게 화려한 오리온자리의 밝은 별들은 우리로부터 240광년에서 1,400광년까지의 거리를 두고 있다. 그 각각의 별들을 실제로 서로 연결시켜 주는 것은 아무것도 없으며, 편의상 임의로 묶은 것 뿐이다.

 입체 우주지도

세계 최대의 3차원 입체 우주지도가 완성되었다고 한다. 말하자면 최신판 별자리 지도인 셈이며, 300명의 천문학자가 참여한 1억 달러짜리 디지털 우주지도(SDSS)이다. 이 우주지도는 미국 뉴멕시코 주 사막의 새크라멘토(Sacramento) 산 위에 자리 잡은 아파치포인트 천문대(2.5m짜리 천체망원경)에서 8년간 관측한 데이터로 작성한 결과물이라고 한다. 이 데이터에는 20억 광년 거리까지 펼쳐져 있는 은하 80만 개 등 약 2억 1700만 개의 각종 천체에 관한 이미지와 정보를 담았다고 한다. 각 천체와 지구 사이의 거리 정보도 포함돼 있어 천문학자들의 추가 연구에 중요한 자료로 활용될 것이다.

별에도 컬러가 있다

– 별의 색깔

    별은 태양처럼 핵융합 반응에 의해 열과 빛을 내는 천체를 말하므로 태양은 우리 태양계 내의 유일한 별이다. 우주 공간에는 별의 재료인 가스와 먼지가 거대한 덩어리로 군데군데 모여 있다. 이들은 서로 간의 인력에 의해 점점 모이면서 커지게 되는데, 이런 것이 일정한 크기 이상이 되면 내부 온도가 높아지고 핵반응을 일으켜 별로 성장하게 된다. 그러므로 모든 별들은 엄청난 열에너지와 강력한 빛을 내는 가스 덩어리이다. 즉 우리의 태양과 같다고 보면 된다. 이렇게 생긴 별의 표면 온도가 3000℃ 정도 되면 붉게 빛나는 적색 왜성이 되고, 약 6000℃부터는 태양처럼 노랗게 변하며, 8000℃에서는 하얗게 빛나

표9. 표면 온도에 따른 별의 유형

유형	색깔	표면 온도(K)	별(예)
O	청색	3만 이상	멘카르, 람다오리오니스
B	청색~백색	1만 2천~3만	하다르, 아케르나르
A	백색	8천~1만 2천	시리우스, 알타이르
F	백색~황색	6천~8천	카노푸스, 프로키온
G	황색	5천~6천	태양, 카펠라
K	주황색	3천~5천	풀룩스, 알데바란
M	적색	3천 이하	베텔게우스, 안타레스

자료 : 위대한 건축 우주, 76p

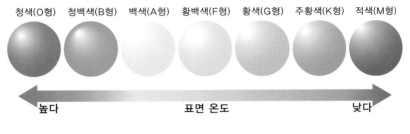

| 청색(O형) | 청백색(B형) | 백색(A형) | 황백색(F형) | 황색(G형) | 주황색(K형) | 적색(M형) |

높다   표면 온도   낮다

별의 색깔

고, 1만℃를 넘으면 푸르스름한 흰색 빛을 내는 백색 왜성이 된다.

유난히 붉고 밝은 별인 베텔게우스(Betelgeuse)와 푸른색으로 밝게 반짝이는 리겔(Rigel)은 같은 오리온자리의 별로서, 다른 별을 찾기 위한 중요한 목표물로 이용된다. 또 천체 가운데서 가장 밝게 빛나는 시리우스(Sirius), 주홍빛의 아르크투루스(Arcturus), 하얗게 빛나는 직녀성 베가(Vega, 거문고자리 알파별), 노란 별 카펠라(Capella) 등도 비교적 밝게 빛나는 별이다. 태양에서 40광년 이내에 있는 별 중에 밝게 빛나는 적색 왜성이 은하계에서 가장 흔한 별이다. 멀리 떨어진 곳에도 밝은 별들이 많이 있지만 발견하기가 어려워 우리는 대개 깨닫지 못하고 있다.

이처럼 하늘에 보이는 별들도 각각 다른 색깔을 지니고 있는데, 눈으로 보면 똑같아 보이지만 망원경으로 자세히 보면 다른 색깔로 보인다. 어떤 별은 푸르스름하고 어떤 별은 붉으며 노란색 별, 주황색 별, 흰색 별, 보라색 별들로 구분된다. 별이 왜 이렇게 다양한 색깔을 띨까? 예를 들어 보자. 금속 막대기를 불에 달구어 보면 처음에는 붉은색을 띠다가 점점 온도가 올라가면 주황으로, 노랑으로 흰색으로, 그리고 푸르스름하게 바뀌는 것을 볼 수 있다. 이와 마찬가지로 별의 색깔 역시 표면 온도에 따라 방출 스펙트럼이 달라지기 때문에 색이 변하는 것이다. 즉, 별의 표면 온도가 낮을수록 붉은색으로 보이고 온도가 높을수록 푸른색으로 보인다. 표면 온도는 스펙트럼의 흡수선 형태로 분류할 수 있는데, 별의 스펙트럼도 온도별로 분류하면 표9에서와 같이 O, B, A, F, G, K, M으로 표기할 수 있다. 이것을 쉽게 외우기 위하여 'Oh! Be A Fine Girl, Kiss Me.' 라고 읽기도 한다.

별에도 밝기에 따라 계급이 있다
- 별의 등급

밤하늘의 별을 보면 밝은 별과 어두운 별이 있다. 이들을 눈으로 보았을 때 서로 간에 얼마나 밝은지 구분을 해 놓은 것이 별의 등급(magnitude)이다. 이 방법을 처음 시도한 사람은 그리스의 천문학자 히파르코스(Hipparchos, BC 160?~125?)로 그는 약 800개의 별의 위치와 밝기를 6개의 등급으로 분류하였다. 이것을 프톨레마이오스가 개선하였고 이후 망원경을 이용하여 별의 밝기를 결정짓기까지 별 밝기의 척도로 사용되었다. 이 등급은 육안으로 흐릿하게 보이는 별을 6등성, 가장 밝게 보이는 별을 1등성으로 표시한 것이다.

약 2천 년이 지난 1856년 포그슨(Norman Robert Pogson, 1829~1891)은 객관적인 기준을 정하여 각 등급의 밝기 사이를 2.5(2.512)배로 정하였다. 즉 1등성 별의 밝기가 6등성 밝기의 100배(2.5×2.5×2.5×2.5×2.5)와 같다고 주장한 허셜의 주장을 인정하고 그 척도를 정량화하였다. 이후 망원경의 관측을 통해 +6.0보다 큰 (+)값을 가지는 어두운 별들과 (−)등급의 매우 밝은 별들이 발견되어 등급의 척도가 확장되었다. +25등급까지가 허블 우주망원경의 한계 등급이다. 환한 보름달의 경우는 −12.6등급이며 천왕성이 가까울 때 5.5등급이 된다. 우리 눈에 보이는 것 중 가장 밝은 것은 태양이고, 그 다음으로 밝은 별은 시리우스로 겉보기 등급이 −1.5이다. 이 별이 밝은 이유는 지구로부터 8.6광년 거리라는 비교적 가까운 곳에 위치해 있고, 시리우스 자신이 내뿜는 빛의 양이 태양

표 10. 천체의 겉보기 등급

천체	등급(위치)	천체	등급(위치)	천체	등급(위치)
태양	-26.8	카노푸스	-0.7(용골자리)	프로키온	0.4(작은개자리)
달	-12.6	알파센타우리	-0.3(센타우르자리)	아케르나르	0.5(에리다누스자리)
금성	-4.6	토성	-0.1	베텔게우스	0.5(오리온자리)
화성	-2.9	아크투루스	0.0(목동자리)	하다르	0.6(센타우루스자리)
목성	-2.8	베가	0.0(거문고자리)	아크룩스	0.8(남십자자리)
수성	-1.9	카펠라	0.1(마차부자리)	알타이르	0.8(독수리자리)
시리우스	-1.5(큰개자리)	리겔	0.1(오리온자리)		

의 23배에 달하기 때문이다.

눈으로 보이는 별의 밝기와 실제로 별이 내뿜는 밝기는 다르다. 아무리 밝은 별이라도 그 거리가 너무나 멀면 어두워 잘 보이지 않고, 아무리 어두운 별이라도 가까이 있다면 상당히 밝게 보일 것이다. 그렇기 때문에 눈으로 봤을 때 얼마나 밝은가를 표시한 것을 겉보기 등급(實視等級, apparent magnitude)이라 하고 그 별의 실제 밝기를 절대 등급(絕對等級, apparent magnitude)이라 한다. 겉보기 등급은 눈으로 보면서 등급을 매기면 되지만 절대 등급은 어떻게 매기는 것일까? 모든 별이 똑같은 거리에 있다고 생각해 보자. 즉, 모든 별을 32.6광년 (10pc) 떨어져 있다고 가정하고 밝기의 등급을 매긴 것이 절대 등급이다. 절대 등급으로 보면 태양도 그렇게 밝은 별이 아니다. 태양의 겉보기 등급은 -27등 급이지만 절대 등급은 고작 4.8등급이다. 한마디로 도시에서 보이지 않을 정도로 어두운 별이다.

절대 등급이 마이너스인 별들의 실제 밝기는 어마어마하게 밝다. 작은곰자리 감마별 페르카드(pherkad)는 태양과의 거리가 약 480광년, 베타별 코카브 (Kochab)는 태양과의 거리 약 126광년, 제타별은 약 375광년, 이타별은 약 100 광년 등, 매우 멀리 떨어져 있다. 이렇게 멀리 떨어져 있는데도 불구하고 관찰할 수 있는 이유는 이들이 실제로 태양보다 적어도 100배, 많으면 1만 배 이상 밝기 때문이다. 뿐만 아니라 태양보다 10배, 100배, 1,000배 정도 크기를 가진 별들이기 때문에 별빛이 지구에 도달할 수 있는 것이다.

　우리가 볼 수 있는 별 중에 가장 밝은 것은 시리우스(Sirius)지만 오리온자리의 리겔(Rigel)은 심지어 4,000개의 태양이 그 안에 들어 있는 것과 같은 광도를 낸다. 베텔게우스(Betelgeuse)는 태양의 600배나 되는 크기와 6만 배나 되는 광도를 낸다. 그러나 이들도 용골자리의 별인 에타카리나(Eta Carinae) 별에 비하면 이야깃거리가 안 된다. 이 별의 광도는 500만 개의 태양을 합한 정도인 것으로 알려져 있다. 이것이 최고가 아니다. 만약 질량이 큰 별이 초신성으로 폭발하게 되면 수십억 개의 태양을 합한 정도의 밝기를 낸다. 비록 단 며칠 동안이기는 하지만 말이다. 2010년 7월 태양보다 265배 큰 별을 관측했다는 보도가 있었다. 이 별은 칠레에 설치된 유럽우주관측소의 초대형 망원경을 통해 관측됐는데, 우리 은하계에서 16만 5000광년 떨어진 대마젤란은하의 일부라고 한다. 망원경의 발달로 앞으로는 점점 더 큰 별이 나타날 것이다.

여기서 저 별까지는 얼마나 멀까
- 연주시차

별까지 거리 측정을 할 때 가장 먼저 이해해야 되는 것이 시차(視差, parallax) 이다. 이때의 시차는 시간과 관련된 것이 아니고 사람의 시각 차이를 말한다. 사람의 두 눈 사이의 시차는 불과 10cm 밖에 되지 않아 별같이 멀리 떨어진 물체는 측정할 수가 없다. 그래서 두 눈을 강제로 멀리 떨어뜨려야 한다. 이때 생각해 낸 방법이 연주시차법이다. 지구가 태양을 공전하고 있기 때문에 1월에 별을 측정하고 반년 후인 7월에 같은 별을 측정한다. 이때 지구의 위치가 태양을 가운데 두고 정반대로 바뀌게 된다. 우리는 지구와 태양 간의 거리(1AU : 1억 4960만km)를 이미 알고 있기 때문에 기하학적으로 가늠이 가능하다. 여기서 시차는 관측하는 사람이 서로 다른 위치에서 한 물체(별)를 바라보았을 때 먼 별에서 벌어진 각도 차이를 말한다. 시차를 각도로 환산하여 측정하는 연주시차법을 처음으로 제시한 사람은 독일의 천문학자 베셀(Bessel friedrich Wilhelm, 1784~1846)이다. 베셀은 백조자리 61번 별의 시차가 0.294″임을 발표하였으며, 그에 앞서 코페르니쿠스도 지동설에 근거하여 별에 대한 시차를 측정하려고 시도하였다. 그 후 허셜도 1781년 발표한 논문에서 시차에 관한 내용을 밝힌 바 있다. 어떤 별의 시차를 알기 위해서는 6개월간의 시간을 두고 반복 관측을 해야 하는 번거로움이 있지만, 이 방법이 당시로서는 최선이었고 지금도 비교적 가까운 별까지의 거리를 재는 데는 유용하게 쓰인다. 연주시차를 구하는 방법은 다음과 같다.

평면각의 크기를 국제단위계(SI)의 보조 단위(supplementary unit)인 라디안(radian)을 단위로 하여 나타내는 방법

그림에서 보이는 삼각형의 밑변은 1AU로 우리가 이미 알고 있으므로 호도법•을 적용하면 r×p=1AU(p=1/r)라는 식이 성립한다. 연주시차 p는 라디안(radian)으로 206,265초가 되므로 다음 식으로 나타낼 수 있다.

$$r=206,265/p''(AU)$$

이를 파섹(pc)이라는 단위로 변환하면 1pc=206,265AU=3.086×10^{18}km이므로 별의 거리는 r=1/p″로 나타낼 수 있다. 그 외에 삼각법, 비례법 등으로 계산할 수 있는데 비례법으로 계산해 보자.

별은 지구에서 멀수록 시차가 작아지고 가까울수록 시차가 커지며, 시차는 거리에 반비례한다. 지구에서 가장 가까운 별은 센타우르스자리 알파별인데 0.76초의 시차 각을 가지고 있다. 그러면 0.76초 떨어진 이 별까지 거리를 구해 보자. 그림에서 별까지의 거리를 r이라 하고 별 A가 원의 중심이라고 생각하면 반지름은 별과 지구까지의 거리(r)이다. 별 A에서 360°일 때 원주는 2πr이고, 0.76초일 때 원주는 1AU가 되어 다음 식이 성립한다.

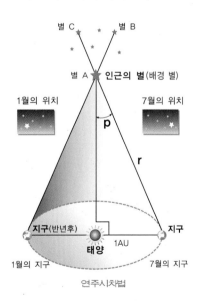

연주시차법

$$360°:2πr= 0.76'':1 \quad\quad\cdots ①$$

상기 식에서 360은 도(°)이기 때문에 단위를 초(″)로 환산하면 1,296,000″가 된다.

식 ①을 내·외항끼리 곱하면

$$2πr×0.76=1,296,000 \quad\quad\cdots ②$$

별까지의 거리를 계산해 보면

r=1,296,000÷2π×0.76=271,538.719 … AU가 되고

이를 km 단위로 환산하면 40,730,850,000,000km가 된다.

1광년이 9조 5천억km이므로 별까지의 거리는 4.3광년이 된다.

40,730,850,000,000÷9,500,000,000,000≒4.3광년(1.319파섹, 63,072AU)

여기서 빛의 속도인 광년(ly)이 30만km/초이고, 1년은 9.4608×10^{12}km이므로 천문단위로 환산해 보면 63,072AU가 된다(9,460,800,000,000÷150,000,000). 또 이미 구한 별까지 거리(km)를 1광년으로 나누면 4.3광년이 된다.

참고로 연주시차 0.01초이면 326광년이고, 0.1초면 32.6광년, 1초면 3.26광년이 된다. 이와 같이 광년의 단위도 별까지 거리가 멀어지면 숫자가 매우 커지므로 연주시차가 1일 때 1파섹으로 설정했다.

연주시차로 천체의 거리를 구하는 것은 매우 제한적인 방법이다. 즉 관측상의 오차(0.005초)가 생길 것이므로 이 방법으로는 100pc 이상 멀리 떨어진 별에 적용하기는 부적당하다. 실제로 시차가 0.005″보다 작다면 지구 대기의 요동에 의해 정확도가 떨어지기 때문에 20pc 이내의 별들에 대해서만 이러한 방법을 사용하는 것이 좋다. 측정된 별의 거리가 100pc이라고 하더라도 은하의 중심에서 태양까지 거리(약 8.5kpc)에 비한다면 상대적으로 매우 짧은 거리이다. 따라서 산술적으로 계산해 낸다고 해도 오차가 너무 커서 별 의미가 없다. 그래서 더 먼 별에는 다른 방법을 쓰지 않으면 안 된다. (외부 행성계 참조)

별도 항상 어디론가 달려 나아간다
- 별의 이동

고대 그리스인들은 하늘에 있는 별들이 자리를 바꾸지 않고 구형의 하늘(천구)에 고정되어 단단히 붙어 있다고 생각하였다. 별들이 너무 멀리 떨어져 있어서 맨눈으로 볼 때는 항상 그 자리에 있는 것처럼 보였기 때문이다. 그래서 그런지는 몰라도 별(항성)이라는 이름도 라틴어의 'fixus(고정된)' 라는 말에서 유래되었다고 한다. 모든 별은 같은 거리에 있는 것처럼 보이지만 그렇지 않다. 그리고 몇 개의 동아리 즉, 별자리 모양으로 배치된 것처럼 보인다. 이 모든 것이 그렇게 보일 뿐이지 실제는 그렇지 않다. 별은 볼 때마다 그 자리에 머물러 있는 것처럼 보이지만 사실은 빠른 속도로 이동하고 있다.

밤하늘의 별들은 지구의 자전과 공전에 의해 일주 운동과 연주 운동을 한다. 즉 1시간에 약 15° 정도 동에서 서로 이동한다. 그래서 특정한 날의 초저녁과 새벽에 보이는 별자리가 각기 다르다. 별자리는 초저녁 9시경에 머리 위에 보이는 별을 기준해서 크게 여름 별자리, 겨울 별자리, 북반구 별자리, 남반구 별자리로 나눈다. 또한 계절이 변함에 따라 별자리도 이동한다. 그래서 별자리를 쉽게 찾기 위하여 길잡이 별(별자리)을 이용하는 것이 좋다. 즉, 그 계절과 시각에 잘 보이는 밝은 별이나 쉽게 확인되는 별자리를 먼저 찾아 놓고 그 별자리를 기준하여 다른 별 또는 별자리를 찾는 것이다.

우리가 아주 오랫동안 별을 관찰할 수 있었다면 별의 움직임을 어느 정도 알아차릴 수 있었을 것이다. 그러나 인간은 그러한 움직임을 인지할 수 있을 정도로 오래 살지는 못한다. 다만 비교적 가까운 몇몇 별들은 이런 위치 변화가 눈에 뜨이기도 한다. 우리가 북쪽에 있다고 생각하는 북극성이 수억 년이 지나면 엉뚱한 자리에 있을지도 모른다. 7개의 북두칠성도 보기에는 같은 위치에 자리하고 있지만 각 별은 지구와 떨어진 거리가 서로 다르며 이동하는 방향도 각기 다르다. 10만 년 후의 북두칠성은 지금의 위치에 있지 않고 북두칠성의 별자리 모양도 바뀔지 모른다. 그러므로 수천~수억 년이 지나면 우리 눈에 익숙한 별의 위치나 별자리들이 전혀 엉뚱한 모습으로 나타날 수 있다. 한편 태양계의 유일한 별인 태양도 한자리에 있지 않고 초속 20km의 속도로 움직이는데, 약 2억 년 만에 은하계를 한 바퀴 돈다고 한다.

앞에서 말했듯이 별이 고정되어 있다는 착각은 별까지의 거리가 엄청나게 멀고 상대적으로 우리의 삶은 너무나 짧은 데에서 연유한다. 별의 위치가 변하고 있다는 것은 1718년 영국의 천문학자 에드먼드 핼리(Edmund Halley, 1656~1742)가 처음 제안하였다. 핼리는 고대의 프톨레마이오스의 별자리를 자신이 관측한 별자리와 비교해 본 결과 몇 개의 별들이 17세기 사이에 많이 움직인 것을 발견하였다. 이렇게 천구상에서 별이 움직인 각거리를 별의 고유 운동이라고 한다. 고유 운동이 가장 큰 별은 지구에서 5.9광년 떨어진 버나드(barnard)로 1년 동안 10.25″를 움직였다고 한다. 연주시차 1″가 되는 거리가 1파섹이므로 이 별은 33.4광년을 움직인 셈이다.

별은 어디에서 태어나고 어떻게 죽는가
- 별의 일생

　　별도 언제까지나 그대로 존재하지는 않는다. 우리들처럼 태어나고, 자라고, 또 죽게 된다. 하지만 우리는 그런 별들의 변화를 전혀 눈치채지 못한다. 그것은 우리가 평생을 사는 시간은 찰나刹那이고 별이 평생을 사는 시간은 억겁億劫에 가깝기 때문이다. 천문학에 관심 있는 사람이라면 천문 관련 잡지를 통해 별이 폭발했다는 소식을 가끔 들었을 것이다. 이렇게 폭발하는 별을 '신성' 또는 '초신성超新星•'이라고 부르는데 이는 별이 죽음에 이르는 순간이다. 또한 사람들은 태어나고 있는 또는 막 태어난 별을 발견했다는 소식도 가끔 들을 수 있다. 우주 공간에는 수많은 먼지와 기체, 행성 등 무수히 많은 물질이 존재한다. 이러한 먼지와 물질(성간 물질)들은 별과 별 사이에 존재하면서 별이 다시 태어나는 데 아주 중요한 역할을 한다.

　　우주 공간 어디에나 성간 물질은 존재한다. 그러나 성간 물질이 있는 모든 곳에서 별이 탄생하는 것은 아니다. 성간 물질로부터 별이 태어나기 위해서는 뭉쳐져 있는 성간 물질의 밀도가 높아야 한다. 별 중에는 너무 작아서 핵융합이 일어나지 않는 별도 있다. 이런 별은 갈색으로 보이기 때문에 '갈색 왜성'이라고 한다. 이같은 별들이 만들어지는 과정은 고성능 망원경으로 봐도 전혀 알아차릴 수 없다. 하지만 최근에는 특수한 기구(적외선 탐지기)를 사용해서 별이 생길 때 방출되는 열을 감지하여 어느 정도 인지할 수 있게 되었다고 한다.

super nova, 격렬하게 폭발한 뒤 광도(光度)가 평상시에 비해 수십만에서 수억 배까지 순식간에 증가하는 별

기존 별들이 수명을 다해 사라질 때 생기는 잔해(먼지나 가스)들이 주위의 물질들과 다시 뭉쳐서 새로운 별이 만들어진다. 이때를 원시별이라고 한다. 이 원시별이 수축을 시작하면 핵 부분의 밀도가 증가한다. 그리고 원시별이 붕괴되기 시작하면 수많은 가스 덩어리로 분리되고 각각의 덩어리는 점차 수축된다. 그 후 공기 펌프의 압축 공기와 마찬가지로 덩어리 속의 가스 온도가 점차 올라가고 마침내는 빛을 뿜기 시작한다. 핵의 밀도가 한계에 다다르면 수소와 헬륨의 핵융합 반응이 시작된다. 이 핵융합이 시작될 때 비로소 항성, 즉 스스로 빛을 내며 타오르는 별이 된다. 원시별을 거쳐 에너지는 점차 넘쳐흐르고, 별은 점차적으로 주계열성主系列星의 일원으로 자리 잡게 된다. 이 상태가 되기까지 사실상 수백만 년 이상의 긴 시간이 흐른다. 별의 수명은 너무나 길기 때문에 천문학자들은 태어난 지 수백만 년이 된 별도 갓 태어난 어린 별로 여긴다.

별은 점점 자라서 어른 별이 되었다가 언젠가는 반드시 종말을 맞이한다. 이유는 간단하다. 연료가 다 떨어졌기 때문이다. 별의 종말은 그 별의 질량에 달려 있다. 즉 오랜 시간이 지나면 죽기도 한다는 의미이다. 빛나는 별이 수명을 다하면 부풀어 올라 거대한 붉은 별이 되는데 이때를 '적색 거성'이라고 한다. 적색 거성의 외부를 둘러싸고 있는 가스가 우주 공간으로 차츰 빠져나가면서 거기에 조그마한 흰색 별이 남게 되는데 이것이 '백색 왜성'이다. 시간이 좀 더 많이 흐른다면 백색 왜성은 서서히 온도가 더 내려가고 더 이상 빛을 발하지 않는 '흑색 성운'이 된다. 아마 우리의 태양도 언젠가는 이렇게 최후를 맞을 것이다.

별은 죽을 때 큰 빛을 내며 죽는다. 엄청난 빛을 내는 초신성의 폭발은 방대한 양의 물질을 우주 공간으로 방출하게 되는데, 이러한 물질은 다시 별의 모태가 되는 성간 물질이 된다. 폭발 때 함께 방출되었던 가스가 사라진 뒤에 남는 것을 '중성자 별'이라고 부른다. 이 별은 굉장히 무겁지만 아주 작은 별이

지름과 질량이 태양과
비슷한 왜성(矮星)으로,
별의 중심부에서 일어나
는 핵융합 반응으로 빛
을 내며, 질량이 클수록
표면 온도가 높고 더 밝
아진다. 직녀성, 시리우
스 등이 있다.

다. 큰 질량을 가졌던 별도 폭발한 후 한없이 수축하는데 이때 블랙홀
이 되기도 한다. 정리하자면 초신성의 폭발로 별의 모태가 만들어지고,
성년기인 주계열성•으로 자라나서 빛나다가 적색 왜성을 거쳐 노년기
인 백색 왜성, 중성자 별, 또는 블랙홀의 과정을 거쳐 별은 생을 마감하
게 된다.

 블랙홀

태양보다 무거운 별이 죽기 직전에 폭발을 일으킨 뒤 남은 물질이 블랙홀(Black
hole)이다. 은하의 중심부에는 무거운 블랙홀이 있으며, 빅뱅에 의해 생긴 작은 블
랙홀이 많다고 한다. 무엇이든 빨아들이고 한번 그곳에 들어가면 다시 나오지 못하
는 곳을 사람들은 흔히 '블랙홀' 이라고 부른다. 블랙홀은 질량이 무한대라 할 정도
로 한 점에 압축된 천체로, 중력도 무한대라서 모든 것을 집어삼켜 버린다. 그리고
한번 빨려 들어가면 절대 빠져나올 수 없다. 공상과학 영화에서도 우주 탐험선이
빨려 들어가는 장면이 나오곤 한다. 초속 30만km의 속도를 가진 빛도 예외는 아
니다. 블랙홀은 빛조차 삼켜 버리기 때문에 관찰하기가 쉽지 않다. 어찌 보면 도저
히 알아차릴 수 없는 상태지만 다행히 별이 블랙홀로 빨려 들어갈 때 흔적을 남긴
다. 즉 강력한 엑스선을 뿌리는데, 이 엑스선을 관측함으로써 블랙홀의 존재를 확
인할 수 있게 되었다.

지금 보는 북극성은 430광년 전의 빛이다
- 별빛

　북극성(Polaris, 北極星)까지의 거리는 얼마나 될까? 과학이 고도로 발달된 지금도 정확한 답을 알지 못한다. 하지만 어느 정도 예측은 가능하다. 연주시차가 1″인 별까지의 거리를 1pc(파섹)이라고 하는데, 1pc은 약 3.26광년이다. 쉽게 설명하면 빛의 속도로 3.26년을 간 거리이다. 하지만 현대의 과학기술로도 0.01″ 이하의 연주시차는 측정하기도 어렵고 측정했다고 해도 정확도가 떨어진다. 만약 연주시차가 0.01″라면 별까지의 거리는 100pc(약 326광년)이다. 따라서 100pc 이상의 거리는 측정 결과를 믿을 수 없다. 북극성의 연주시차도 0.01″에 이르지 못하기 때문에 북극성의 정확한 거리는 알 수가 없다. 하지만 천문학자나 주장하는 천문대에 따라 400~1,000광년 정도라고 하지만 이 책에서는 알려진 수치인 430광년을 기준으로 한다. 말하자면 우리가 지금 보고 있는 북극성의 별빛은 빛의 속도로 430년 전에 출발한 빛이다.

　우주에서는 빛조차도 느림보 거북이나 마찬가지이다. 빛이 1초에 30만km

북극성의 모습

로 뻗어 나간다고 해도 태양의 빛이 우리 지구에 도달하려면 약 8분 정도가 소요된다. 지구에서 가장 가까운 별은 태양이지만 그 다음으로 가장 가까운 별은 프록시마 켄타우리(Proxima Centauri)로 약 4.3광년 떨어져 있다. 빛의 속도로 4.3년이 지나야 그 별빛이 우리 눈에 보이는 것이다. 그러므로 밤하늘에 보이는 별빛은 지금의 빛이 아니고 이미 지나간 과거의 빛인 것이다.

　하늘에는 밝은 빛을 내는 무수히 많은 별이 있다. 그런데도 하늘은 어둡다. 왜냐하면 우주는 대부분 빈 공간으로 채워져 있기 때문이다. 또한 아무리 빛나는 별이라고 하더라도 수억 광년 저 멀리서 오는 별빛은 먼 거리를 오는 동안 빛이 약해져 밝게 비추지 못한다. 다른 은하들은 말할 나위도 없다. 그러므로 우리는 지구가 존재하기 전에 먼 은하에서 발사한 빛을 지금 보고 있는 것이다. 결국 우리는 지금부터 수백만 년, 아니 수십억 년 전에 출발한 별빛의 모습을 지금 보고 있는 것이다. 그 이후에 그곳에서 일어난 일은 우리에게 아직 비밀로 남아 있다. 지금 막 북극성이 폭발했다면 그 소식은 아마도 빛의 속도로 430년 후의 우리 후손들이 듣게 될 것이다.

　아득히 먼 곳에서 오는 별빛은 지구를 둘러싸고 있는 대기층을 통과하여 우리 눈에 비치는데, 이때 빛은 대기에 부딪히며 굴절을 일으키게 된다. 바로 이런 굴절률의 차이가 별을 반짝반짝 빛나 보이게 한다. 그렇지 않고 우주선을 타고 대기권 밖으로 나가면 공기가 없으므로 별은 반짝거리지 않고 가만히 빛나 보인다고 한다. 그러므로 별빛은 출발할 때부터 반짝거리는 것이 아니라 단지 우리의 눈앞에서만 반짝거린다. 별빛은 수년 동안 방해받지 않고 우주 공간을 달려와 우리 눈에 도착하기 직전에 강하게 흔들린다. 차가운 대기를 지나 따뜻한 공기로 들어오면서 별빛이 흔들리는 것이다. 그러므로 지구를 돌며 천체를 관측하는 허블 우주망원경이 있는 곳에서는 대기가 없기 때문에 반짝거리는 별빛을 볼 수 없다.

별빛을 찾자

별이 사라진 원인의 하나로 '빛 공해'를 지적하기도 한다. 밤거리를 휘황찬란하게 밝힌 네온사인 간판과 하늘로 향한 조명 시설이 별을 관측할 수 없도록 방해하고 있는 것이다. 우리나라 상가와 쇼핑몰의 건물 밝기(휘도, 輝度)를 조사한 결과, 국제조명위원회(CIE) 휘도기준치(25cd/m)를 7배 이상 초과한 것으로 나타났다. 빛 공해로 인해 별 관측이 어려워지면서 가장 피해를 보는 곳은 천문대이다. 일반적으로 천문대는 대도시로부터 100km 이내에는 세울 수 없게 되어 있다. '불을 끄고 별을 켜자'라는 캐치프레이즈를 내세운 국제어두운하늘협회(IDA)는 밤하늘에서 별을 다시 찾기 위해 불 끄기를 적극 권장한다. 우리나라는 지난 1992년부터 3년간 한 신문사에서 '대기오염 측정을 위한 전국 밤하늘 관측회'가 열린 것이 빛 공해 방지 운동의 시초이다. 지난해 서울시에서는 빛 공해를 방지하는 조례안을 만들어 입법 예고하였고, 2009년 9월 '빛공해방지법안'이 국회에 제출되었다. 법안이 시행되면 에너지 절약에 효과가 있을 뿐만 아니라 밤하늘의 별도 다시 돌아오게 되리라 믿는다.

4 지구의 외아들

교양으로 읽는 하늘 이야기 - 대단한 하늘여행

지구의 하나뿐인 위성
- 달 이야기

　태양과 지구와 달은 할아버지, 아버지, 아들과 같이 종적인 관계이다. 그리고 지구와 달은 둘 다 암석으로 형성되어 있고, 이중 행성 같은 느낌이 들지만 둘 사이에는 비슷한 면이 거의 없다. 지구에는 끊임없이 변하는 활발한 지표와 큰 바다, 그리고 지구를 보호하는 대기가 있지만 달은 바다도 대기도 없는 죽음의 세계이다. 달의 내부는 화강암과 비슷한 암석으로 되어 있고 지각 아래는 거무스름한 암석 맨틀(mantle)로 이루어져 있다. 달의 표면 온도는 낮에는 105℃까지 올라가고 밤에는 −155℃까지 내려간다고 한다. 그러므로 달은 생명체가 살아가기에 너무나 혹독한 기후이며 암석 덩어리에 지나지 않는다.

　천문학자들은 달의 지도를 그릴 때 늘 앞면만 그렸다. 왜냐하면 달은 언제나 앞면만 보이고 있기 때문이다. 아폴로가 착륙한 곳도 달의 앞면이다. 그러나 1959년 9월 루나 3호가 달의 뒷면으로 돌아가 사진을 찍어 온 후부터 달의 뒷모습이 알려지기 시작하였다. 이로써 달의 뒤쪽은 인력이 강할 것이고, 대기가 있고, 생물이 살고 있을지도 모른다는 인간들의 생각에 종지부를 찍었다. 우리가 상상했던 토끼와 계수나무는 초기 천문학자들이 달의 바다로 생각했던 달 앞면의 푹 꺼져 어두운 부분이다. 예부터 달의 여신인 셀레네(Selene)를 로마인들은 루나(Lunar)라고 불렀는데, 루나는 구소련의 달 탐사 우주선의 이름으로 사용되었다. 달에는 대기가 없기 때문에 인공위성에서 보이는 달 표면은 아주

선명하다.

달은 지구의 유일한 위성이자 밤을 밝혀 주는 소중한 이웃이다. 달은 지구로부터 평균 38만 4400km(35만 6410~40만 6685km) 떨어져 있는데 이것은 지구에서 태양까지 거리의 400분의 1이다. 직경은 각각 태양이 139만 2530km, 달이 3,476km이며 크기는 태양이 달보다 약 400배 더 크고, 거리는 태양이 달보다 약 400배 더 멀리 떨어져 있다. 그러나 우리 눈에는 태양과 달의 크기가 비슷하게 보인다. 이것은 지구에서 본 태양과 달의 시지름이 비슷하기 때문이다. 달을 지구 표면 위에 올려놓는다면 북극에서 시베리아까지를 차지하고, 달의 전체 표면적은 아프리카와 유럽을 합한 정도이다.

머지않은 장래에 인간은 지구를 떠나서 우주에서 살아갈지도 모른다. 여러 후보지가 있지만 가장 현실적인 장소는 달이다. 가장 큰 이유는 지구와 거리가 가깝다는 것이다. 통신, 생활 물자의 운송 등 긴급 시 2~3일이면 왕래할 수 있기 때문이다. 또한 2010년 10월 21일 뉴욕타임즈의 기사에 따르면 최근 NASA의 실험으로 달에도 물이 있다는 사실을 확인했다고 하니, 인류에게는 희망적인 소식이다. 하지만 문제점이 없는 것은 아니다. 달에는 대기가 희박하고, 방사선이 내리쬐며, 가끔 운석이 떨어지고 있기 때문이다. 또한 중력이 지구의 6분의 1밖에 안 되므로 땅을 파서 집을 지어 지구와 똑같은 기압으로 만들어야 한다. 에너지는 태양광을 쓸 수 있겠지만, 밤낮이 14일씩 바뀌기 때문에 항상 태양광

달과 나무

이 닿는 장소에 발전 설비를 해야 한다. 아무튼 달에 도시를 지어 사람이 수년 씩 살아가기에는 아직 많은 연구가 필요하다. 하지만 우주 체험으로 시도해 보는 것은 가능할 것으로 판단된다.

 달의 물

공기는 물론 물이 없을 것으로 생각한 달에서 물이 발견됐다고 한다. 나사(NASA)는 달의 남극 분화구 밑에 약 41갤런(약 158리터)의 물이 존재한다는 결과를 얻었다고 보도했다. 이는 "지구에 있는 사하라 사막보다 습한 것으로, 달의 기준으로 봤을 때는 오아시스에 해당한다."라고 평가했다. 과학자들은 이번에 발견된 물이 얼음 알갱이 형태이며 정제하면 식수로 사용할 수도 있다고 밝혔다. 지난해 10월 분화구 관측감지위성인 엘크로스(LCROSS)를 달의 남극인 '남위 84.7°, 동경 314.5°(월면좌표)' 상의 캐비우스(Cabeus) 분화구에 충돌시켰다. 나사는 위성 충돌 이후 공중에 날아오르는 모래와 바위 찌꺼기 등의 사진을 분석해 물의 실재 여부를 입증해 냈다. 이번 실험은 달 탐사와 달 기지 건설을 위한 예비 작업으로 진행된 것으로 "앞으로 우주비행사들이 이 지역에 가면 물을 채취해 식용수로 사용할 수 있을 뿐 아니라 수소와 산소로 분해해 로켓의 연료로도 활용할 수 있을 것"이라고 전망했다.

달은 어떻게 만들어졌는가
– 달의 탄생

옛날부터 인간은 달을 보면서 우주에 대한 상상을 키웠다. 한때 SF(Science Fiction)영화나 소설에도 달은 매우 친근한 소재로 등장했다. 달에 우주선과 우주인이 가기 전에는 여러 가지 상상과 추측이 끊이지 않았다. 하지만 20세기 들어 우주선이 달에 가서 사진을 찍어 오고 우주비행사들이 달에 가서 가져온 월석을 분석한 결과 달의 생성에 대해 알려지기 시작하였다.

달과 지구는 서로 독립적으로 태양계의 행성들이 형성될 시기에 만들어졌을 것이라는 주장이 있다. 이것은 달과 지구가 생성될 시기에 서로 간의 중력 작용으로 두 개의 천체가 탄생되었다는 것인데 이를 일컬어 '동시 탄생설' 또는 '형제설' 이라고 한다. 이렇게 각자 다른 방법으로 생성된 후 덩치가 더 큰 지구의 중력에 달이 붙잡혀서 달이 지구 주위를 돈다는 이론이다. 이것을 '포획설'에 근거하여 '타인설' 이라고 설명하기도 한다. 하지만 이 이론은 근거가 부족하다. 왜냐하면 지금까지의 관측에 따르면 달은 아주 천천히 1년에 4cm씩 지구에서 멀어지고 있기 때문이다.

달이 지구에서 분리되었다는 설도 있다. 지구 생성 초기에는 지구가 아주 빠르게 자전을 했고 그 원심력 때문에 지구에 부푼 곳이 생겨, 그것이 떨어져 나가 달과 화성이 되었다는 학설이다. 당시에는 지구도 물렁물렁한 물질로 이루어져 있었기 때문에 회전력에 의해 부푼 곳이 떨어질 수 있다는 것이다. 이 이론을 '분열설'이라 하고 부모와 자식관계에 있다고 하여 '친자설'이라 부르기도 한다. 그런데 그때의 강력한 회전력(각운동량)은 지금 어디로 갔는가 하는 의문이 생긴다. 지금은 달-지구계가 예전보다 훨씬 느리게 회전하기 때문이다.

오늘날 천문학자들이 공동으로 받아들이는 달 탄생 이론은 월석 분석을 통해서 결론 내려진 것이다. 달 암석의 화학적 구조는 지구의 암석과 눈에 띄게 유사한 점이 많다고 한다. 당시 지구는 태어난 지 수백만 년이 지났지만 맨틀이 완벽하게 굳어지지는 않은 상태였다. 이때 태양계 안에서 수많은 암석 조각들과 작은 행성들이 지구 주변을 돌아다니다가 지구와 스치듯이 충돌하였다는 것이다. 즉 지구와 충돌하여 생겼다는 자이언트임팩트(Gaint Impact)설이다. 충돌할 때 떨어져 나온 지구의 파편이 날아가 집적되었다는 '충돌설'인데 이 학설은 윌리엄 하트만(William Hartmann)이 주장하였다. 이상의 네 가지 학설 중에 충돌설이 가장 타당성이 있다고 믿고 있다. 왜냐하면 달에는 지형을 변형시키는 대기나 흐르는 물이 없어, 아직까지 충돌의 흔적이 그대로 남아 있기 때문이다.

달은 왜 밤마다 모습이 바뀔까
- 달의 변화

달은 지구 곁에 붙어서 인공위성처럼 지구를 돌면서 밤마다 모습을 바꾼다. 이러한 변화는 지구의 그림자 때문이 아니라 달이 지구의 둘레를 돎에 따라 매일 달라 보이는 것이다. 달의 모습은 달에 태양빛이 비치는 각도, 지구에서 달을 바라보는 각도, 달의 위치 등에 따라 매일 밤 변한다. 달의 그림자 자체가 변화하는 것이다. 이러한 변화나 일식 현상, 월식 현상 등은 달의 일상적인 모습일 뿐 그리 놀랄 일도 아니다. 보름달의 경우 우리는 정확하게 달의 반쪽을 다 보는 것이고, 반달의 경우는 그 2분의 1만 보는 것이다. 달이 지구에 가까울 때는 크게 보이고 멀 때는 그보다 조금 작게 보인다. 왜냐하면 달은 지구로부터 36만 3000~40만 6000km 사이를 평균 1km/s로 오가고 있기 때문이다. 즉 지구를 도는 달의 궤도는 동그란 원이 아니며, 달의 속도도 지구에 가까울 때는 빨라지고 지구에서 멀어지면 느려진다.

초승달(new moon)은 음력 3~4일경 저녁에 서쪽 하늘에 낮게 뜨는 눈썹 모양의 달로 북반구에서는 달의 오른쪽, 남반구에서는 왼쪽 부분이 눈썹처럼 보인다. 상현달(上弦, first quarter)은 음력 7~8일경 한낮에 떠서 자정 가까울 무렵 서쪽 하늘에 보이는 반달이다. 북반구에서는 오른쪽 반이, 남반구에서는 왼쪽 반이 보인다. 보름달(望, full moon)은 음력 15~16일경 일몰 무렵에 떠서 일출 무렵에 지는 동그란 모양의 달로 자정 무렵에 북반구에서는 남쪽 하늘, 남반구에서는 북쪽 하늘에서 보인다. 하현달(下弦, last quarter)은 음력 22~23일경 자정 무렵에 떠서 이른 아침에 남쪽 하늘(남반구에서는 북쪽)에서 보이고, 정오 무렵에 서쪽 하늘에서 지는 반달이다. 북반구에서는 왼쪽 반이, 남반구에서는 오른쪽 반이 보이는 형태로 나타난다. 그믐달(old moon)은 음력 27~28일경 새벽에 동쪽 하늘에서 볼 수 있는 눈썹 모양의 달로서 북반구에서는 왼쪽, 남반구에서는 오른쪽 부분이 눈썹 형태로 보인다. 이후에는 달이 지구와 태양 사이에 있게 되는데 이때를 삭朔이라고 하며, 태양은 달의 뒷면만 비추어 이때 우리는 달을 볼 수 없다.

달은 삭을 지나 초승달, 상현달, 보름달, 하현달, 그믐달의 순서로 차고 이지러진다. 참고로 초생初生달은 초승달의 잘못된 표현이고 보름달은 망월, 옹근달, 만월 등으로 부른다. 달이 차들어 갈 때 상현달을 지나면 배가 불룩한 모습의 달을 볼 수 있는데 이때를 상현망간달이라 하고, 보름달을 지나 다시 반대로 배가 불룩한 모습의 달을 볼 수 있는데 이때를 하현망간달이라고 한다. 특히 그믐은 마지막인 음력 30일을 뜻한다. 그믐달은 초승달의 반대 달이다. 그믐달은 새벽녘이 되어서야 나오는데 새벽녘에도 잠시 보였다가 얼마 안 있어 날이 밝으면 우리의 시야에서 사라진다.

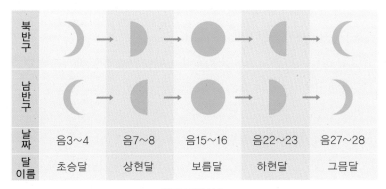

북반구					
남반구					
날짜	음3~4	음7~8	음15~16	음22~23	음27~28
달 이름	초승달	상현달	보름달	하현달	그믐달

달의 변화 모습

달은 지구의 자전방향(서~동)과 같은 방향으로 약 27.3일을 주기로 지구를 자전·공전한다. 따라서 달은 하루에 약 13°(360°÷27.3)씩 움직인다. 즉 달은 천구의 백도에서 매일 13°씩 동진하여 다음날 약 52(60÷15×13)분 늦게 뜬다는 의미이다. 예를 들어 오늘 저녁 9시에 달이 떴다면 내일은 저녁 9시 52분에 달이 뜬다. 이렇게 지구를 한 바퀴 돌면서 매일 밤마다 조금씩 달의 모습이 변한다.

달은 항상 지구를 바라보면서 돈다
- 달의 자전

달이 공전한다는 얘기는 익히 알고 있지만 달의 자전 이야기는 그렇게 흔하게 듣지 못했을 것이다. 하지만 달은 분명히 자전(27.3일)을 한다. 지구인들은 달이 지구 주위를 공전하면서 항상 같은 면만을 보여 줬기 때문에 달이 자전을 하지 않는 것으로 착각하였던 것이다. 달이 느리지만 자전을 한다는 것이 알려진 후에는 사람들은 달이 어떻게 자전을 하는가에 대해서 항상 궁금해 하였다. 특히 달의 뒷모습을 궁금해 했다. 가서 확인할 수도 없는 노릇이니 말이다. 마침내 인류가 달의 뒷모습을 처음 본 것은 구소련의 루나 3호가 달의 뒷면으로 돌아가서 사진을 찍어 지구로 전송한 1959년의 일이다. 그 사진의 모습은 앞면과 비슷했는데 울퉁불퉁하고 많은 크레이터 자국으로 얼룩져 있었다.

그러면 달의 자전을 이해하기 쉽게 실험적으로 설명해 보자. 식탁 위에 촛불을 켜 놓고, 촛불은 지구가 되고 여러분은 달이 되어 보자. 여러분(달)이 촛불(지구)을 주시하면서 직접 식탁의 주위를 한바퀴 돌아 보자. 그러면 언제나 여러분의 얼굴은 촛불을 향해 있게 되고 이때 식탁 주위를 한번 돈 여러분(달)도 스스로 자신의 축을 한바퀴 돈 셈이 된다. 이것이 달의 자전이다. 달은 이와 같은 방식으로 자전을 하고 있는데 이를 동주기 자전이라고 한다. 즉, 달이 지구를 한 바퀴 도는 데 걸리는 시간 동안 스스로 한 바퀴 자전하는 것이다. 그러므로 달의 공전 주기와 자전 주기는 똑같이 27.3일이다. 이런 일이 일어날 수 있는 것은 우연이 아니라 지구와 달 사이에 작용하는 만유인력萬有引力 때문이다. 만유인력이 원래는 더 빨랐던 달의 자전 주기에 영향을 미쳐서 공전 주기와 같아지도록 작용한 것이다. 이런 동주기 자전으로 달에서는 부분적으로 14일 동안 해가 비치고 나머지 14일은 해가 비치지 않는다.

　달이 지구를 한 바퀴 돌고 동시에 스스로 도는 데 걸리는 시간은 27.3일이라고 했다. 그런데 특이하게도 달이 한번 기울었다가 다시 차는 데 걸리는 시간은 29.5일로 더 길다. 달이 한번 지구를 도는 동안 지구도 태양을 돈다. 달이 차고 기우는 주기는 태양과의 위치 관계와도 관련이 있기 때문에, 지구가 한 달 동안 움직이면, 그만큼 달이 지구를 공전한 것 보다 지구가 움직인 만큼 더 움직여야 달이 한 번 차고 기울게 된다. 그러니까, 태양-지구-달의 위치에서 달이 지구를 한바퀴 돌고 나면(27.3일) 지구가 더 움직였기 때문에 달도 그 만큼 더 움직여야 다시 태양-지구-달의 위치가 된다. 그 주기가 약 29.5일이라는 것이다.

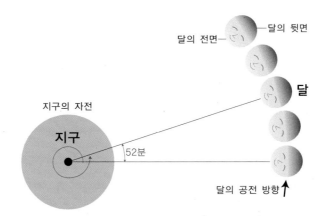

지구의 자전과 달의 공자전_지구가 자전하는 동안 달은 52분 만큼 더 움직여야 한다.

금성보다 어두운 옹근 달
- 보름달

　음력 보름날 밤에 뜨는 둥근 달을 우리는 보름달(full moon)이라고 한다. 보름달은 달과 태양이 서로 지구의 반대쪽에 위치하여 달의 전면을 태양이 비출 때이다. 보름달을 만월滿月 또는 망월望月이라고도 한다. 보름달의 밝기는 금성이 제일 밝을 때의 1,500배에 달한다. 달이 지구와 가까이 있기 때문에 이처럼 밝게 보이지만 밝기를 나타내는 알베도(albedo : 반사하는 빛의 비율)는 12% 정도 밖에 안 된다. 이 정도는 먼지가 묻은 아스팔트 도로보다도 빛의 반사량이 많지 않은 셈이다. 이것은 달이 스스로 빛을 내지 않기 때문이다. 이에 비해 금성의 알베도는 65%이다. 따라서 금성을 달만큼 가까운 거리에 두면 달보다 10배나 더 밝을 것이다. 반면에 지구의 알베도는 37%인데 이것은 지구를 덮고 있는 백색 구름 덕분이라고 한다. 또한 지구의 지름이 달보다 4배나 더 커서 빛을 내는 면이 달보다 약 16배 더 크기 때문이기도 하다. 그러므로 우주에서 지구와 달의 밝기를 비교해 보면 지구가 보름달보다도 더 밝게 보인다.

　보름달이 떠오를 때 수평선에서 둥근 쟁반 모양의 큰 달이 온 바다를 달빛으

표 11. 태양계 행성의 반사율

행성	수성	금성	지구	화성	목성	토성	천왕성	해왕성
반사율(%)	10	65	37	15	52	47	51	41

로 물들이며 떠오른다. 그러다가 어느 정도 하늘 높이 떠오르면 조금 작게 보인다. 달의 크기가 작아졌을까? 그렇지 않다. 2000년이 넘도록 천문학자들은 이런 현상에 대해 궁금해 했다. 어째서 달이 하늘 위로 올라가면서 작아지는 것일까? 동전 하나를 가지고 수평선에서 막 떠오르는 보름달 앞에 대어 보자. 그리고 그 달이 중천에 떠 있을 때 다시 한번 대어 보자. 크기에는 전혀 차이가 없음을 알 수 있다. 이것은 천문학적인 현상이 아니다. 사람들의 시각차이고 심리적인 현상이다. 다만 수평선 근처에는 달과 비교 대상이 되는 산, 집, 나무 등이 있어서 크게 보일 뿐이다. 믿기지 않는다면 두 지역의 달을 카메라로 찍어 보자. 아마도 똑같을 것이다.

보름달은 한 달에 한 번씩 1년에 12번 나타나는데 그 중에 정월 대보름이라 하여 음력 1월 15일을 가장 큰 달로 친다. 그리고 음력 8월 15일인 추석에 보는 달에도 우리 조상들은 큰 의미를 부여했다. 대보름 전날인 음력 14일과 당일에는 각지에서 새해의 운수와 관련된 여러 가지 풍습들이 행해진다. 정월은 한 해를 처음 시작하고 새해를 설계하는 달로서 아주 귀히 여겼다. 그래서 우리나라에서는 대보름을 설(구정)과 같이 중요한 명절로 여겼다. 지방마다 차이는 있겠지만, 대개 대보름날 자정을 전후로 마을의 평안을 비는 마을 제사를 지냈다. 특히 정월대보름이나 추석보름에는 무속적인 신앙을 섬겼다. 모든 사람들이 두 손을 보아 여러 차례 예를 표하거나 엎드려 절을 한다. 역서에는 "정월은 천지인 삼자가 합일하고 사람을 받들어 일을 이루며, 모든 부족이 하늘의 뜻에 따라 화합하는 달"이라고 표현하였다.

이 외에도 우리 조상이 보름달에 의미를 부여한 예는 많이 있다. 정월보름에는 아이들이 줄을 매단 깡통에 불을 지펴 돌리는 풍습을 즐긴다. 달과 관련된 노래와 시도 너무나 많다. 그 대부분이 둥근 보름달을 두고 한 노래나 시이다. 그 중에 하나를 소개해 본다.

달아 달아 밝은 달아 이태백이 놀던 달아, 저기저기 저 달 속에 계수나무 박혔으니, 은도끼로 찍어 내고 금도끼로 다듬어서, 초가삼간 집을 짓고 양친부모 모셔다가, 천년만년 살고지고 천년만년 살고지고……

이 옛 노래가사를 보면 우리 조상들이 얼마나 보름달에 애정과 관심을 가졌는지 알 수 있다.

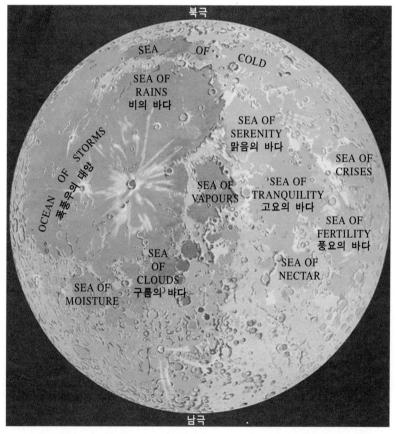

달 이미지

달이 해를 갉아먹고, 지구는 달을 가린다
— 일식과 월식

지구는 태양 주위를 돌고, 달은 지구의 주위를 공전하고 있다. 그런데 아주 가끔 태양, 달, 지구가 일직선상에 나란히 위치하여 달의 그림자가 해를 가릴 때가 있다. 이때 그 그림자 속에 있는 사람은 태양이 달에 가려지는 현상을 보게 되는데, 이것을 일식이라고 한다. 달이 태양을 완전히 가리면 개기일식(皆旣日蝕, total solar eclipse)이라고 하는데 이때는 낮인데도 밤처럼 어두워진다. 달이 태양을 완전히 가리지 못하고 태양의 일부분만 가릴 때를 부분일식(部分日蝕, partial solar eclipse)이라고 하고, 아주 드물게 달이 태양의 가장자리만 남겨 둔 채 가리는 것을 금환일식(金環日蝕, annular solar eclipse)이라고 한다.

일식이 일어나는 짧은 시간 동안에도 환경에 미치는 영향이 지대하다. 해가 가려지기 시작하면서 온도 변화를 바로 감지할 수 있다. 보통 개기일식이 일어나면 평소와 달리 5~10℃ 정도의 온도차가 생긴다고 한다. 또 해가 완전히 가려지면 빛도 완전히 사라져 개와 닭 등 가축들이 울부짖는 소동이 빚어지기도 한다.

한국에서는 1887년 8월 19일에 개기 일식, 1948년 5월 21일에 금환일식이 있었다. 다음 개기일식은 2035년 9월 2일 오전 9시 40분경에 평양 근처에서 일어난다고 한다. 부분일식은 지역에 따라 조금씩 다르지만 매년 관찰할 기회가 온다. 2009년 7월 22일 오전 9시 34분(서울 기준)을 전후로 일식이 일어났는데 낮 12시 15분까지 약 2시간 40여 분 동안 일식 쇼가 펼쳐졌다. 특히 개기일식은 매우 매력적인 천체 현상이다. 개기일식을 보려고 지구 반대편에 사는 사람들이 몇 달 전부터 개기일식이 일어나는 곳에 가기 위하여 비행기 표를 예약하기도 한다. 왜냐하면 개기일식은 모든 장소에서 완벽하게 볼 수 있는 것이 아니며, 몇 백 년에 한 번씩 일어나기 때문이다. 다만 일식을 자세히 보기 위하여 반드시 검은색 셀로판(cellophane)지가 있는 도구를 사용하여 관측해야 한다.

태양, 지구, 달이 순서대로 나란히 서게 되는 경우가 있다. 이럴 때는 지구의 그림자 때문에 달이 보이지 않거나 희미하게 보인다. 이것을 월식(月蝕, 달가림)이라고 한다. 달은 스스로 빛을 발할 수 없기 때문에 태양이 보내 주는 빛을 지구가 가리면 달에 어두운 그림자가 생긴다. 이것이 월식이다. 월식 때 달의 모습은 창백하고 잿빛이다. 이런 현상은 1태양년에 2~3회 일어날 수 있으며 지구의 밤인 지역 어디서나 볼 수 있다. 월식도 달 전체가 가려지는 개기월식[皆旣月蝕, total lunar eclipse)과 일부만 가려지는 부분월식(部分月蝕, partial eclipse)으로 나뉜다. 지구의 반이 달을 가리면 달에 반영식이 생기는데, 이때는 달빛이 흐려져서 맨눈으로도 관찰할 수 있다. 일식과는 달리 월식 때에는 지구 대기에서

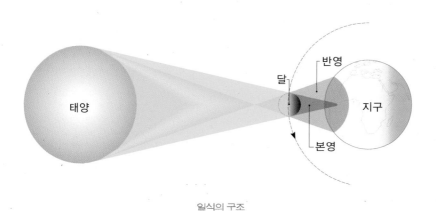

일식의 구조

산란된 빛 때문에 달은 어둡고 약간 붉은색을 띤다. 보통 달이 완전히 안 보이는 개기월식의 지속 시간은 약 3.5시간 정도라고 한다. 월식 장면을 제대로 목격한 사람은 그리 많지 않다. 왜냐하면 그것이 월식인지 달이 저무는 모습인지 잘 모르고 지나칠 때가 많기 때문이다. 월식은 천문학 연구에서 아주 중요하다. 왜냐하면 월식 때 태양 복사가 차단되어 달 표면 물질의 반응을 연구할 수 있을 뿐만 아니라, 달 토양의 구성과 열전도율熱傳導率을 분석할 수 있기 때문이다.

월식은 보름에만 볼 수 있다고 한다. 그러나 매달 보름에 반드시 일어나는 것도 아니다. 왜냐하면 달의 궤도면인 백도면白道面이 지구의 궤도면인 황도면黃道面과 약 5° 기울어져 있으므로 태양, 지구, 달이 일직선상에 놓일 기회가 적기 때문이다. 백노와 황도가 교차하는 교점이 두 개 있는데 이러한 교점 근처에 태양이 있을 때 월식과 일식이 일어난다. 이러한 때를 식蝕의 계절이라고 하고 보통 1년에 2~3회 일어난다. 일식이 월식보다는 자주 일어나지만 일식은 지구상의 극히 한정된 지역에서만 볼 수 있는 반면, 월식은 지구의 밤인 곳 어디에서나 볼 수 있기 때문에 훨씬 더 자주 관측된다.

지구의 바닷물을 올리고 내리는 달의 힘
– 조석

　지구와 달이 태양 주위를 같이 돌고, 달은 약 1km/s의 속도로 한 달에 한 번씩 지구의 주위를 돌면서 지구의 바닷물을 하루에 두 번씩 올렸다 내렸다 한다. 그래서 지구의 바닷물은 항상 움직이는데, 이것을 조석潮汐이라고 한다. 물이 들어올 때, 즉 외해에서 내해로 들어오면 만수위가 되고, 그 물이 다시 외해로 빠져나가면 저수위가 되어 갯벌이 보인다. 이러한 현상을 일으키는 주범이 달이며, 구체적으로는 지구·태양·달 사이의 인력 작용 때문이다. 이렇게 바닷물을 올리고 내리는 힘을 기조력起潮力이라 하는데 달과 태양 및 기타 천체에 의해 일어난다. 지구와 가장 가까이 있는 달의 영향이 가장 크며, 다음으로 태양이 영향을 미친다. 태양은 덩치는 크지만 지구에서 너무 멀리 떨어져 있기 때문에 그 영향력이 달의 기조력에는 못 미친다.

　지금의 지구와 달 사이의 거리가 가장 이상적이라고 한다. 거리가 더 가깝다면 달의 중력 작용으로 바닷물이 끌리는 조석 현상이 심하게 일어나, 간만의 차가 훨씬 커져 많은 육지가 바다 밑에 들어갔다 나온다. 반면에 달이 지금보다 더 멀리 떨어져 있다면 조석은 적게 일어나지만 지구의 바닷물이 충분히 섞이지 못하게 된다. 또한 달이 지금보다 너무 커도 조석 현상이 대규모로 일어날 것이고, 작아도 바닷물이 충분히 섞이지 못하게 된다. 현재의 달 크기와 지구와의 거리는 참으로 이상적이다. 하지만 예전에는 지구와 달 사이가 많이 가까웠다고 한다. 지구가 막 탄생한 46억 년 전에는 달이 7일 만에 지구를 한 바퀴 돌았다고 한다. 그때 누군가가 달을 보았다면 엄청나게 컸을 것이다. 28억 년 전에는 달이 지구를 한 바퀴 도는 데 17일이 걸렸다고 한다. 이렇게 점점 멀어진 것은 달의 원심력 때문으로, 점점 지구에서 멀어져서 지금의 위치가 되었다고 한다. 지금도 달은 매년 3~4cm씩 멀어지고 있다. 만약 1억 년이 지나면 약 3,000~4,000km가 멀어진다. 그때는 밀물과 썰물이 지금처럼 정상적이지는 못할 것이다.

밀물과 썰물은 매일 52분씩 늦어진다. 지구가 스스로 한 바퀴 돌아 제자리에 왔을 때 달은 아직 제자리에 도달하지 않았기 때문이다. 이것은 둘 간의 공전 주기가 다르기 때문인데, 지구는 1시간에 15°를 돌고 달은 약 13°(360°÷27.3)만큼 움직이기 때문이다. 그래서 매일 52분(60÷15°×13)씩 늦춰지는 것이다. 태양과 달, 지구가 일직선으로 배열되는 때에는 바닷물이 많이 밀려오는데 이때를 대조(大潮, spring tides, 사리)라고 한다. 반대로 지구와 달이 직각을 이루는 위치에 오면 태양의 인력 때문에 달의 기조력이 약해지므로 바닷물이 적게 밀려온다. 이때를 소조(小潮, neap tide, 조금)라고 한다. 이처럼 조석은 태양과 지구 그리고 달 사이의 인력에 의해서 일어난다. 이것을 우리는 천문조석(astronomical tides)이라고 한다.

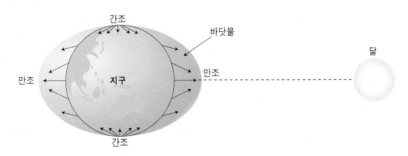

간조와 만조의 구조_달이 지구의 위쪽이나 아래쪽에 위치할 때는 조차가 적게 일어난다.

만약 지구에게 달이 없었다면…
– 지구와 달

처음부터 지구에 달이 없었다면 어떻게 되었을까? 단정할 수는 없지만 지구에는 오늘날과 같은 생태계가 형성되지 않았을 것이다. 물론 다른 형태의 생명체는 존재했겠지만 진화의 과정도 전혀 다른 방향으로 진행되었을 것이다. 그리고 오늘날과 같이 지능이 발달된 생명체가 존재하였을 가능성도 희박하다. 인류가 출현하지 않았을 수도 있지만 인류가 출현했다고 해도 박쥐나 야행성 동물처럼 캄캄한 밤에 적응하기 위해 초음파 감지 능력을 갖는 등 새로운 형태로 진화했을 것이다. 음력 8월 보름달을 기준으로 하는 추석 같은 명절은 아예 생기지도 않았을 것이다. 특히 조석 현상이 없기 때문에 지구의 회전이 더욱 빨라져 어쩌면 하루가 24시간이 아니라 8시간이 되었을지도 모른다. 빠른 회전은 폭풍을 일으킬 것이며 각종 생명체들은 이런 환경에 적응을 해야 살아갈 수 있도록 변했을 것이다.

높이 자라는 식물 대신 거의 바닥에 붙어 낮게 퍼지는 식물들만 존재했을 것이고 동물들도 바람과 깨어진 돌 조각들로부터 스스로를 지킬 수 있는 유선형의 체형 혹은 단단한 껍질, 발톱 등으로 몸을 감싸는 체형으로 변했을 것이다. 달이 없었다면 달력도 전혀 다른 형태로 변했을 것이다. 당연히 1년도 12달로 나누지 않았을 것이고, 다른 천체의 운행 주기를 이용해 1년을 나누었을 것이다. 이는 달을 이용하는 것보다 훨씬 오랜 경험과 고도의 지식을 요하는 역법이었을 것이다. 돌이켜 보면 달은 지구보다 늦게 생성되었지만 인류의 창조와 생명 유지에 중요한 역할을 해 왔다.

만약 지금 달이 없어진다면 어떻게 될까? 달의 인력이 없어지므로 바다에서는 조차가 없어져 기상 이변이 일어날 것이고, 바닷물이 제대로 순환하지 못하고 거의 매일 해일과 폭풍이 일어난다. 캄캄한 밤이 되어 사랑하는 사람이 달빛을 그리며 속삭인다든가 사람들이 소원을 빌거나 할 낭만의 대상이 없어져서 삭막해질 것이다. 또한 지구는 더 이상 편안하고 생명력이 넘치는 행성일 수 없다. 왜냐하면 달은 지구의 축을 고정해 주는 역할도 하기 때문에 달이 없어진다면 지구는 팽이처럼 어느 한쪽으로 더 기울게 될 것이다. 결국 현생 인류가 멸망하고 다른 종류의 인류가 탄생할지도 모른다. 그러므로 달은 그냥 달이 아니다. 달은 밤을 밝혀 주는 천체일뿐 아니라 인간을 포함한 생명체가 살아가는 데 있어서 귀중한 존재임에 틀림없다.

달에 떨어진 우주의 폭탄 자국
- 크레이터

달의 모습을 가까이서 찍은 사진을 보면 울퉁불퉁해 얼굴에 곰보 자국이 생긴 것처럼 보인다. 즉 크레이터(crater, 구덩이)이다. 크레이터는 달 표면에 보이는 움푹 파인 큰 구덩이 모양의 지형인데, 초기 화산 활동이나 운석의 충돌에 의하여 생긴 것으로 판명된다. 달의 앞면에서만 최소 크기가 1km 이상인 크레이터가 약 30만 개 정도라고 한다. 과학자들은 달에서 화산 활동으로 이런 자국이 생겼을 수도 있겠지만, 그 보다는 대형 운석의 충돌로 구덩이가 만들어졌을 것이라는 학설에 더 의미를 두고 있다.

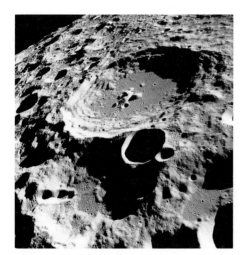

달의 크레이터(NASA)

달에 화산 활동이 있었다면 탄생 이후 최소한 30억 년 전에 이미 정지된 것으로 판단하고 있다. 운석들의 공격은 달의 탄생 초기부터 있었는데 횟수가 많이 줄었지만 지금도 계속되고 있다. 즉 달은 탄생 후 수십억 년 동안 화산이 터지고 표면 전체가 운석의 공격을 받았을 것이다. 우주로부터 큰 운석들이 초속 10~70km의 속도로 달에 떨어진 것이다. 고작 10m의 지름을 가진 운석 덩어리가 떨어져도 수소폭탄 하나 정도의 에너지가 방출되며, 100m짜리 운석이 떨어지면 지구상의 모든 핵폭탄이 한꺼번에 터지는 것과 같은 효과가 있다고 한다. 이러한 엄청난 에너지가 달에 수km의 크레이터를 남긴 것이다. 또한 달에는 흐르는 물도 공기도 없다. 따라서 모든 크레이터들은 떨어졌을 당시의 그 모습 그대로 남아 있다. 그러므로 우리가 지금 보고 있는 달의 크레이터들은 달의 탄생 이후에 우주에서 날아온 폭격 장면 그대로인 것이다. 달에는 많은 크레이터가 있는데 그 중에 가장 아름다운 크레이터는 티코(Tycho) 크레이터이고, 아름다운 고리 모양의 산지가 있는 코페르니쿠스(Copernicus) 크레이터, 이웃한 조금 더 작은 케플러(Kepler) 크레이터, 크기가 무려 40km나 되는 아리스타르코스(Aristarchos) 크레이터 등이 유명한 것으로 알려져 있다. 크레이터는 보름달일 때 가장 잘 보이는데, 달의 크레이터는 중요한 의미를 가진다. 왜냐하면 지구도 운석의 포격을 받았기 때문이다. 지구의 크레이터들은 이미 오래전에 풍화 작용으로 그 흔적이 희미해졌지만 달에 떨어진 운석 자국은 그대로 남아 있다. 그래서 달의 크레이터를 보고 지구에 떨어진 우주 폭탄이 지구 생명체에 어떤 영향을 미쳤는지 유추해볼 수 있다.

달에는 토끼와 계수나무가 없더라
– 상상의 달

달에 있다는 토끼와 계수나무는 중국의 '달 토끼 전설'에 따라 등장한 것이다. 전설에 따르면 부처님이 전생에 매우 가난해서 주린 배를 움켜쥐어야만 했었는데, 부처님의 배를 채워 주기 위해서 토끼 한 마리가 스스로 불 속에 뛰어들어 부처님의 배를 부르게 해 주었다는 것이다. 부처님은 토끼의 은혜를 갚기 위해서 토끼의 영혼을 달나라로 보내 주었는데, 이 토끼가 달나라의 계수나무 아래에서 불멸의 선약을 절구에 넣고 찧었다는 것이다. 그래서 중국인들은 달나라에 토끼와 계수나무가 있다고 믿었고 이것이 우리나라에 전파된 것이다. 그러나 1969년 7월 20일 아폴로 11호가 달에 착륙하면서 영감 속에 있던 계수나무와 토끼는 사라졌다. 다음은 계수나무와 토끼가 나오는 윤극영의 동요 '반달'로 우리나라 어린이들이 즐겨 부르는 노래이다.

푸른 하늘 은하수 하얀 쪽배엔 계수나무 한 나무 토끼 한 마리
돛대도 아니 달고 삿대도 없이 가기도 잘도 간다 서쪽 나라로…….

달나라에 있다는 계수나무(Katsura tree)는 계수나뭇과(桂樹-科, Cercidiphyllaceae)의 나무로 검은빛의 타원형 열매가 3~5개 달린다. 계수나무에서 나는 산물 중에 특히 껍질을 계피桂皮라 하여 한약재, 과자, 요리, 향료 따위의 원료로 쓴다.

그래서 계수나무를 일명 계피나무(cinnamon)라고 하는데, 북한에서도 계수나무를 계피나무라고 한다. 즉 계수나무와 계피나무는 동종의 나무이다. 계수나무는 예부터 아주 귀하게 여겨졌다. 세종 16년(1432) 문무과에 급제한 사람들이 임금님께 올린 감사의 글을 보면 "외람되옵게도 저 구름 사이의 계수나무 가지를 꺾게 되어, 궁궐에서 이름이 불리게 되고……."라는 내용이 있다. 이는 계수나무가 벼슬을 얻었을 때의 상징 나무였음을 말해 주는 대목이다.

계수나무와 월계수는 동종의 나무일까? 아니다. 월계수(月桂樹, Laurus nobilis)는 녹나뭇과의 상록 교목으로 지중해가 원산지이고 잎은 향기가 좋아 향료로 쓰이는 나무이다. 월계수의 유래를 설명한 그리스 신화에 따르면 요정 하신河神의 딸인 다프네(Daphne)가 아폴론(Apollon)의 구애를 물리치고 도망쳐 월계수로 변했다고 한다. 후세 사람들은 다프네의 월계수가 '달나라에서 자라는 계수나무'와 같다고 생각하였다고 한다. 또 다른 이야기로 유럽 남부지방에서 자라는 'Noble laurel'이라는 나무도 월계수라고 불렀다고 한다. 아무튼 계수나무와 월계수月桂樹는 전혀 다른 나무이다. 또한 일제 강점기에 일본으로부터 들어온 '가쓰라'를 계수나무라고 하였는데 이것은 가쓰라를 처음 수입한 사람이 첫머리 글자만 보고 계수나무라고 하여 그대로 공식 이름이 된 것이라고 한다. 한자로 '계桂'를 '가쓰라(カツラ)'라고 읽기 때문이다. 그러므로 중국이 원산지인 계수(계피)나무와 지중해가 원산지인 월계수, 일본에서 들여온 가쓰라는 서로 다른 나무이다.

사람이 하늘을 날아 달에 도착했다
- 아폴로 11호

　지구에서 가장 가까운 이웃인 달은 겨우 38만 4400km밖에 떨어져 있지 않다. 당연히 우주선이 가장 먼저 목표로 삼기 마련이다. 20세기 말에 들어서 최고의 과학기술을 동원한 미국과 구소련이 달을 탐사하기 위한 경쟁에 돌입하였다. 미국이 달에 먼저 도착할 수 있었던 것은 구소련과의 경쟁 때문이었다. 구소련은 이미 최초의 우주선을 쏘아 올렸고, 유인 우주선 그리고 우주 유영 등 모든 면에서 미국을 앞서고 있었다. 구소련은 1959년에 루나(Luna) 1호를 시발로 2호, 3호를 달에 보내 사진을 찍어 오기도 했기 때문에 미국은 자존심이 많이 상해 있었다.

　구소련과의 수많은 경쟁 속에서 드디어 미국의 아폴로 계획에 의거, 인간이 달에 가는 로켓을 발사하는 그날(1969년 7월 16일)이 왔다. 미국의 케이프케네디(Cape Kennedy)에서는 36층 높이의 거대한 새턴(Saturn)로켓이 하늘을 찢으며 불길을 내뿜었다. 그 우주선의 이름은 아폴로 11호이며 대장 암스트롱(Neil Alden Armstrong)과 올드린(Edwin Eugene Aldrin jr.), 콜린즈(Michael Collins) 등 세 사람의 우주인이 승선하고 있었다. 1단계, 2단계 로켓이 떨어져 나가고 3단계 로켓마저 떨어져 나갔다. 이때부터 사령선 '컬럼비아호' 와 달 착륙선 '독수리호' 만이 달을 향해 달리고 있었다. 컬럼비아호는 발사 나흘 뒤(미국 동부 표준시로 오후 4시 18분)에 달 궤도에 진입하였다. 콜린즈를 컬럼비아호에 남겨 두고 암스트롱과 올드린은 독수리호를 타고 달 위 고요의 바다에 내려앉았다. 이때의 시각은 1969년 7월 20일 오후 4시 17분 40초로 관제본부뿐만 아니라 전 세계인이 박수를 보낸 시간이다. 먼저 '암스트롱'이 왼발을 달의 땅에 내딛었다.

암스트롱은 "이것은 한 인간의 일보에 불과하지만, 인류에게는 거대한 도약이 될 것입니다(That's one small step for a man, one giant leap for mankind)."라고 하였다. 뒤를 이어 '올드린'이 내려와서 함께 2시간 반 동안 머물며 성조기를 세우고, 각종 측정 장비들을 설치하고, 73개 국가의 원수들이 남긴 원판(글)과 아폴로 1호 화재 사고로 우주 비행에 목숨을 바친 3명의 우주인 메달을 달에 남겨둔 후 독수리호로 돌아왔다. 21시간 37분 동안 달에 머문 독수리호는 21일 오후 1시 55분에 달을 떠나 컬럼비아호에 도킹하여 지구로 돌아왔다. 암스트롱의 '작은 한 걸음'은 구소련이 앞서가던 우주 기술을 한꺼번에 만회하고 구소련에게 엄청난 타격을 주었다.

달에 내려앉은 달착륙선 독수리호와 암스트롱(NASA)

그 후에도 미국은 연방 예산의 5% 이상을 항공우주국(NASA)에 쏟아부었다. 하지만 1972년 아폴로 17호 이후 더 이상 유인 우주선을 보내지는 않았고 1998년부터는 달 탐사용 인공위성의 발사도 중단했다. 구소련 역시 1976년 루나 24호를 마지막으로 달 탐사를 중단했다. 아폴로 계획 전체에는 무려 250억 달러라는 거대한 비용이 투입되었다. 이렇게 엄청난 우주 개발 비용을 가난한 사람을 위해 썼어야 했다는 의견도 있었다. 그러나 인간의 달 착륙이 '지구상에 처음 생명체가 생긴 일' 만큼 중요하고 '창세기 이후 두 번째 중요한 사건'이라는 의견도 없지 않았다. 미국이 달 표면에 사람을 착륙시킨 지(1969. 7. 20) 벌써 42년이 지났다.

 우주복

우주 공간의 온도는 절대 온도로 3K(섭씨 −270℃)이므로 엄청나게 춥다. 또한 초속 수백km의 속도로 뻗어 나오는 태양풍, 태양에서 방출되는 각종 방사선 등에 노출된다. 그러므로 극한의 상황을 이겨 낼 수 있는 우주복을 갖추지 않으면 단 15초 안에 의식을 잃고 만다. 피는 끓어오르고 피부는 부풀어 오른다. 거기다가 태양빛이 닿는 곳은 피부를 태우고, 태양을 등지고 있는 곳에서는 금방 얼어 버린다. 이런 위험을 방지해 주는 것이 우주복(宇宙服, space suit)이다. 또한 우주복은 산소와 영양분을 공급해야 되고 생리 현상도 해결해 줄 수 있어야 하며, 외부와 통신이 가능한 장치도 갖추고 있어야 한다. 가장 중요한 것은 산소가 밖으로 새어 나가지 않아야 한다는 것이다. 이 모든 것을 담은 우주복은 현대 과학의 결정체이자 최고의 생명 유지 시스템이다. 무게는 약 85kg 정도 밖에 안 되지만 제작비는 자그마치 100억 원이 넘는 최고급 옷이다.

아시아에 옮겨붙은 21세기 우주 전쟁
- 달 탐사

　근 30년간 정체되어 있던 우주 경쟁은 최근 중국, 일본, 인도 등 아시아 국가들이 달 탐사를 위한 우주과학기술에 눈을 돌리면서 다시 점화하는 양상을 보이고 있다. 우주 선진국이 ISS 건설에 필요한 중장비와 승무원을 실어 나르며 저궤도 비행에 치중하는 동안 중국, 인도, 일본 등이 새롭게 우주 선진국으로 등장한 것이다. 중국은 2007년 10월 24일 최초의 달 탐사 위성 창어嫦娥 1호를 발사하여 중화민족의 꿈을 달성했다. 중국은 금년 10월 1일에 달 탐사 위성인 창어 2호를 발사하고, 늦어도 2013년경에는 창어 3호로 달에 착륙할 계획을 추진하고 있다. 또 2011년에는 우주 도킹, 2014년 우주정거장 건설 계획을 잇달아 발표하는 등 우주 연구에 적극적으로 나서고 있다. 한편 미국은 지금의 국제우주정거장 건설에 중국이 참가하려는 것을 막았고 화가 난 중국은 앞으로 독자적인 우주정거장 건설을 목표하고 있다.

　일본도 2007년에 달 탐사 위성을 쏘아 올려 로켓과 위성 기술은 세계 최고 수준으로 인정받고 있다. 일본의 첫 달 탐사 위성, '가구야(かぐや)'는 우리 돈으로 4800억 원이 투입되었는데 앞으로 4~5년 뒤에는 착륙선을 달에 보내고, 15년 뒤에는 달에 유인 기지도 만든다고 한다. 1955년부터 개발이 시작된 일본의 로켓 기술은 이제 핵탄두를 탑재할 수 있는 ICBM(InterContinental Ballistic Missile), 즉 대륙간 탄도 미사일로의 전용도 가능하다. 현재 한반도 상공의 정

지 궤도 위성 100개 가운데 20개 정도가 일본 것으로 추정된다. 이 때문에 일본이 우주 개발을 명분 삼아 군국주의를 부활시키려는 것 아니냐는 우려도 적지 않다.

지난 2008년 10월, 인도 우주연구소(ISRO; Indian Space Research Organisation)에서 달 탐사 위성인 찬드라얀(Chandrayaan) 1호를 탑재한 위성을 발사했다. 인도는 아시아의 경제 대국인 일본, 중국에 이어 세 번째로 달 탐사 위성 발사에 성공했고 위성은 무사히 달 궤도에 진입했다. 뿐만 아니라 우리나라도 나로호 발사를 계기로 본격적으로 우주 개발에 뛰어들었다. 비록 2009년과 2010년에 연이어 실패하였지만 2018년쯤에는 100% 우리 기술로 발사체를 만든다고 한다. 나아가 정부는 2020년과 2025년에 각각 달 탐사 위성 1호와 2호를 발사하는 구상도 세워 두고 있다. 달 탐사는 나라의 브랜드 가치를 높이고 과학기술을 한걸음 더 나아가게 하는 핵심 기술로, 반드시 진출해야 할 분야이다. 뿐만 아니라 경제 발전 및 국가 안보 차원에서도 우주 개발에 적극 나서야 할 것이다. 지금 아시아에서는 창어, 가구야, 찬드라얀, 나로호 등이 눈에 보이지 않는 경쟁을 하고 있다.

5

하늘을 탐사하는 과학기술

교양으로 읽는 하늘 이야기 – 대단한 하늘여행

인공위성을 하늘에 올리는 괴력
- 지구 탈출

어떻게 지구의 중력을 따돌리고 인공위성(人工衛星, Earth satellite)이 하늘로 올라갈까? 실험적으로 생각해 보자. 돌을 수직(하늘)으로 던졌을 때 얼마 가지 않아 밑으로 바로 떨어진다. 이 돌이 바로 떨어지지 않고 하늘에 좀 더 오래 머물러 있으려면 위로 던지지 말고 멀리 던져야 한다. 즉 수평으로 날아갈 만한 힘이 있어야 한다. 돌을 약 45° 각도로 던져 보자. 그러면 수직으로 던졌을 때보다는 조금 더 멀리 날아가면서 오래 머문다. 좀 더 멀리, 좀 더 빠르게 던지면 물체는 더 멀리 나아가서 떨어지게 되며 어느 정도 이상의 속력이 붙게 되면 물체는 지구에 떨어지지 않고 더 멀리 나아간다. 말하자면 지구에 떨어지지 않고 멀리 가려면 그만한 힘이 필요하다. 우주선도 마찬가지다. 우주선이 우주로 날아가기 위해서는 반드시 지구를 이탈해야 하며, 더불어 지속적인 힘이 필요하다.

로켓이 지구를 탈출하는 원리_풍선에 바람을 넣었다가 놓아 버리면 날아가는 반작용의 힘

궤도를 비행하는 인공위성에 대한 착상은

표 12. 행성별 이탈 속도

구분	지구형 행성				목성형 행성			
행성	수성	금성	지구	화성	목성	토성	천왕성	해왕성
탈출 속도(km/s)	4.25	10.46	11.18	5.02	59.54	35.49	21.29	23.50

참고로 달은 2.38km/s이다.

아이작 뉴턴(Isaac Newton, 1642~1727)이 1687년에 지은 『자연철학의 수학적 원리(Philosophiae Naturalis Principia Mathematica)』라는 책에서 처음으로 밝혔다. 그는 산꼭대기에서 지평선과 평행하게 매우 빠른 속도로 발사된 포탄은 땅에 떨어지기 전에 지구 주위를 돌 것이라고 지적했다. 물체는 중력에 의해 지표면으로 바로 떨어지려고 하지만, 앞으로 나아가려는 운동량으로 인해 곡선 경로를 그리며 천천히 떨어진다고 했다. 그리고 속도가 더 빨라지면 이 물체는 지구의 중력으로부터 완전히 벗어나게 된다는 내용이다. 뉴턴이 이 이론을 제안한 지 약 300년이 지난 1957년 10월 4일 구소련은 최초의 인공위성인 스푸트니크(Спутник) 1호를 발사했다.

인공위성이 지구를 선회하려면 지구로부터 이탈해야 하는데 이것이 보통 어려운 것이 아니다. 인류를 달에 보낸 아폴로 계획의 주역인 새턴 V형 로켓은 길이가 110m로 2,700톤의 추진력을 가지고 있다. 이 힘으로 지구를 떠나 날아간 것이다. 실제로 우주는 그렇게 멀리 떨어져 있지 않다. 자동차를 타고 똑바로 하늘 위로 달릴 수 있다면 2시간 밖에 걸리지 않는다. 하지만 지구 중력에서 벗어나도록 위로 올린다는 것은 말처럼 쉬운 일이 아니다. 지구의 강력한 중력이 모든 것을 아래쪽으로 끌어당기기 때문이다. 그러나 초속 11km(마하 33)의 속도, 즉 시속 약 4만km의 추진력이 있다면 지구에서 벗어날 수 있다. 중력은 지구가 물체를 당기는 힘, 즉 인력이다. 그래서 지구에서 우주선을 타고 우주로 나아가려면 중력을 이겨낼 힘이 필요하다. 이 때문에 이탈 속도(탈출 속도)

라는 개념이 생겨났다. 결론적으로 로켓이 하늘로 날아가려는 힘과 지구가 당기는 중력, 서로 간에는 상호인력이 작용하는데, 이때 지구를 벗어나려는 로켓이 지구가 당기는 중력보다 더 강한 힘을 발휘하여 지구에서 벗어나야 하늘로 올라갈 수 있다.

많은 사람들은 인공위성이 무중력 상태에서 돌기 때문에 아래로 떨어지지 않는다고 착각한다. 하지만 그렇지 않다. 멀리 나아가면 지구의 중력이 조금은 약해지겠지만 100% 무중력 상태가 되는 것은 아니다. 예를 들면 가을철 학교 운동회의 주 종목인 줄다리기는 서로가 힘을 많이 들여 당겨야 한다. 하지만 어느 한쪽으로 치우쳐 저항하는 것이 소용없다고 판단하고 한쪽이 줄을 갑자기 놓아 버리면 다른 팀은 쿵하고 넘어진다. 마찬가지로 지구가 중력을 놓아 버린다면 모든 지구상의 사물들은 우주 멀리 날아가 버린다.

인공위성도 일정하게 가는 길이 있다
- 위성의 궤도

　달과 같이 지구 주위를 도는 인공위성도 인간의 필요에 의해 일정한 궤도가 설정되어 있다. 지구의 자전 주기와 동일한 주기로 돌아가는 정지 궤도(Geo-synchronous Orbit) 위성은 보통 약 3만 6000km 상공에서 돌게 된다. 2010년 6월에 발사된 우리나라의 통신 해양 기상 위성인 천리안도 정지 궤도에서 돌아가고 있다. 정지 궤도 위성은 지구에서 보면 항상 같은 지역에 떠 있는 것처럼 보인다. 즉 위성을 쏘아 올린 나라에서만 제한적으로 사용하기 위하여 자국 상공에 정지한 것처럼 보이게 하는 것이다. 이러한 정지 궤도 위성은 통신위성, 기상위성 등에 이용된다.

　지구 대기의 최상층부를 도는 저궤도(Low Earth Orbit) 위성은 대기 밀도가 거의 0에 가까운 곳에 자리한다. 천문 관측 시에 대기의 영향을 받지 않기 때문에 허블 우주망원경 같은 장비가 이런 곳에 있다. 이 위성은 고도 500~1,500km에서 공전하며 원격 탐사, 기상 관측, 지구 관측, 천체 관측 등에 사용된다. 이러한 저궤도 위성은 지구와 비교적 가까이 돌고 있어 지구의 아름다운 광경들을 사진으로 찍어 보내온다.

　북극과 남극을 잇는 극궤도(Polar Orbit) 위성은 북극과 남극을 도는 동안에 지구의 자전으로 인해 서쪽으로 조금씩 치우쳐 서편 현상이 일어난다. 그래서 지구의 표면 전체를 관측할 수 있는 이점이 있는데 이를 이용하여 기상위성, 관측위성, 군사위성 등으로 활용한다. 극궤도 기상위성(polar-orbiting meteorological satellite)으로는 미국의 타이로스(TIROS), 님버스(NIMBUS), 에사(ESSA), 노아(NOAA), 그리고 러시아의 메테오르(METEOR) 등이 있다.

미국의 랜드샛(Landsat)은 1972년부터 계속 지구의 극궤도를 돌고 있다. 지구 관측 위성인 랜드샛은 지구 표면과 대기의 관찰, 지구 촬영 등을 목적으로 사용된다. 주로 지도를 정교하게 만드는 데 사용되어 왔는데, 전 세계가 하나로 연결된 세계 전도와 해저 지형도를 만들었다. 랜드샛 자료를 분석하면 전쟁 상대국의 동태, 사람들이 접근할 수 없는 지역에 대한 광물 탐사, 산불 감시 및 삼림의 생육 확인, 지진, 전쟁 상황, 홍수 예보, 풍·흉년 예측, 일기 예보, 암석 분석, 재해 지역의 조사 등도 할 수 있다.

타원 궤도(Elliptical Orbit) 위성은 극궤도 위성과 달리 계란 모양의 공전 궤도를 그리며 지구를 돈다. 원형 궤도는 지구와 일정한 거리를 두고 움직이지만 타원형 궤도는 지구로부터의 거리가 일정하지 않아서 원지점과 근지점이 생기게 된다. 이 궤도의 위성들은 근지점으로 통과할 때는 아주 빠른 속도로 움직이는 것같이 보이고, 원지점으로 통과할 때는 아주 느리게 움직이는 것같이 보인다. 다시 말해서 전체적으로 궤도상의 위치에 따라 위성의 움직이는 속도가 다르게 보인다는 말이다. 이러한 타원 궤도 위성은 일반적으로 정지 궤도 위성과 통신할 수 없는 고위도 지방에서 통신이나 방송용으로 사용하고 있다. 즉, 근지점은 남반구에, 원지점은 북반구에 오도록 궤도를 설계하면 위성은 남반구보다는 북반구에 훨씬 더 오래 머무르게 된다. 예를 들어 적도상의 정지 궤도 위성을 사용할 수 없는 러시아 같은 고위도에 위치한 국가에서 통신에 이용한다.

인공위성마다 하는 일이 다르다
- 위성의 용도와 임무

　　인공위성(人工衛星, Satellite)을 발사하려면 비용이 많이 들지만 그 가치를 충분히 발휘하고 있기 때문에 전 세계에서는 지금도 앞다투어 위성을 쏘아 올리고 있다. 인공위성은 1970년대 후반부터 전성기를 맞이하였다. 현재까지 발사된 인공위성만 해도 약 6천여 개 정도 되며, 이들 중 수명이 다하여 운영이 중단되거나 고장난 위성, 폐기된 위성을 제외하고 현재 운용되고 있는 것은 약 1,000개 남짓 된다고 한다. 이들 인공위성이 모두 같은 일을 하는 것은 아니다. 그 목적에 따라 수행하고 있는 일도 다르다. ① 지구인의 생활에 편의를 주는 위성 ② 지구를 살피고 연구하는 과학위성 ③ 태양계나 우주를 탐색하는 위성 ④ 군사 목적(첩보 · 정찰 위성)으로 사용하기 위한 위성 등으로 나눌 수 있다. 하지만 오늘날에는 용도와 임무가 복합적이어서 다목적용으로 이용되고 있다. 특히 지구의 기상을 관측하고 예측하는 기상위성, 차량이나 항공기의 항법 시스템을 관장하는 GPS 위성 등은 일반인들의 실생활에 가장 유용하게 쓰인다.

　　실생활에 아주 밀접한 국제 상업통신위성인 인텔샛(Intelsat)은 우주 전파 중계소 역할을 한다. 이 위성으로 TV 신호나 음성 신호 등을 한 지점에서 다른 지점으로 보내게 된다. 지상의 수신탑을 이용하면 빌딩과 산 등의 장애물에 의해 간섭을 받을 수 있지만 위성은 우주에서 전파를 쏘아 주기 때문에 난시청 지역이 줄어든다. 예컨대 지구 반대편에서 하는 축구를 깨끗한 화면에서 실시간으로 볼 수 있다. 이 위성은 국가 간 또는 자국 내에서의 전화, 팩시밀리, 전송, 화상 회의, 텔렉스, 데이터 통신 등의 서비스에 이용되고 있다. 물론 방송 서비스도 같이 제공된다. 40년 전만 해도 국제전화라는 것은 생소한 낱말이고, 어쩌다가 통화를 해도 반은 알아듣고 반은 못 알아들을 정도였다. 심지어 텔레비전 방송을 위하여 최신 뉴스 필름을 비행기로 실어 날랐다. 하지만 오늘날에는 통신 위성을 통해 몇 만 회선의 전화와 수백 개의 TV 채널을 동시에 시청할 수 있고, 일기예보도 수시로 접한다. 안방에 앉아서 지구 반대편의 TV를 시청한다든지 남극이나 정글 지대 또는 망망대해의 선박과 통화할 수도 있다. 우리나라의 아리랑 1, 2는 다목적으로 사용되는 위성이다. 이 위성은 통신, 방송, 기상 및 해양 관측 등에 다양하게 이용되는 다목적 실용 위성이다.

많은 위성 중에 사람들에게 가장 도움을 주는 것이 기상위성(Meteorological Satellite)이다. 하늘 높은 곳에서 다가오는 날씨를 알려 주기 때문이다. 기상 위성은 태풍이 만들어지는 것과 이동 경로를 미리 알아내어 피해를 줄이는 것과 같이 중요한 역할을 한다.

지구관측위성은 지구와 지구 주변의 환경을 관측하고 각종 우주과학 실험을 수행하는 인공위성을 말하는데, 1990년에 쏘아 올린 허블(Hubble) 우주망원경도 일종의 과학위성이고, 미국, 일본, 유럽이 함께 건설하고 있는 국제우주정거장(ISS; International Space Station)도 일종의 과학위성이다. 시비어스(SBIRS; Space-Based Infrared System) 위성은 미국의 지상 기반 외기권 방어(GBI; Ground-Based Interceptor)를 목적으로 쏘아 올려졌다. 이 위성은 우주에서 미사일의 열 적외선을 감지하는 정찰할 뿐 아니라 새로운 천체도 많이 발견하였다. 특히 탄생 과정에 있는 별이나 먼지를 흩뿌리는 혜성, 폭발 은하 등 다양한 종류의 우주 별을 찾아냈다. 국제자외선탐사위성(IUE; International Ultraviolet Explorer)은 우주에서 날아오는 자외선을 조사하는 천체관측위성으로, 1978년에 발사되었는데 지금도 가동되고 있다. 이 위성은 이미 수백 가지에 이르는 천체를 발견하였으며, 블랙홀의 '무게까지' 측정할 수 있다고 한다. 그 외에 화성 탐사선인 바이킹을 비롯하여 마리너호, 보이저호, 파이오니어호 등의 위성은 행성을 조사하는 로봇 탐사선인데, 이것도 일종의 위성이다. 세계 최초의 지구 관측 위성은 구소련의 스푸트니크(Sputnik) 1호라고 할 수 있다.

군사위성(Military Satellite)은 첩보위성이라고도 불리며, 정찰, 통신, 경보, 항해 등 군사적 목적으로 사용되고 있는 인공위성을 말한다. 냉전체제였을 당시 미국과 구소련에서 많이 발사하였다. 적의 상공에서 사진 촬영을 하고, 상대의 미사일 발사를 탐지하여 알리기도 하며, 군사용 통신에 사용되기도 한다. 또한 목적이 밝혀지지 않은 비밀 위성도 많이 있는 것으로 알려져 있다. 특히 정찰 위성은 핵 시설이나 미사일 발사 기지 등의 군사 시설을 정찰하기 위해 저고도로 상공을 선회하면서 사진을 촬영해 데이터를 전송한다. 사진 정찰 외에 적외선 탐지, 전자 정찰, 군사 통신, 항법 시스템 등도 가능하다. 이러한 군사위성은 인공위성의 발전에 큰 공헌을 하였다. 처음에는 군사적 목적으로 개발되었는데, 후에는 그 기술력을 바탕으로 통신위성, 과학위성, 관측위성 등 인간의 삶에 필요한 쪽으로 많이 개발되었던 것이다. 특히 군사위성 중에는 초고성능 카메라를 갖춘 것도 있다. 이것을 이용해 150km 상공의 궤도 위에서 지상에 서 있는 사람까지 식별해 낼 수 있다고 한다.

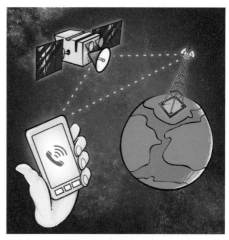

위성의 용도_가장 많이 활용하는 분야가 기상과 통신이다.

촬영 고도나 위성의 성능에 따라 다소 차이는 있겠지만 약 1m 정도의 작은 물체 파악도 가능하다. 특히 미국의 인공위성이 북한의 군사 동태나 핵 사찰을 위하여 철저한 감시를 하고 있는데 우리나라도 예외는 아닐 것이라고 생각한다.

 초소형 위성

최근에는 탑재 장치의 소형, 경량화와 함께 여러 종류의 관측 데이터를 지구로 보낼 수 있는 전송 기술이 발달되었다. 특히 각국에서 마이크로 위성(10~100kg), 나노 위성(1~10kg), 심지어는 1kg 이하의 피코(Pico) 위성의 개발에 박차를 가하고 있다. 이는 비용과 효용성 측면에서 종래의 대형 위성(1,000kg 이상)들에 비해 절대적으로 우위에 있기 때문이다. 한 개의 대형 위성을 발사하려면 막대한 비용이 들어가고, 발사에 실패할 경우 입는 손해가 극심하다. 하지만 그 비용으로 목적에 맞는 여러 개의 작은 위성들을 쏘아 올릴 경우 비용 절감은 물론 발사 때 더욱 안전하다. 이렇게 작은 인공위성의 개발은 MEMS(Micro Electro-Mechanical System)기술과 같은 나노 기술의 발달로 가능하게 되었다.

지구인의 일상생활에 없어서는 안 될 인공 별
– GPS 위성

    인공위성 중 일반인들에게 가장 많이 알려진 것은 GPS(Global Positioning System) 위성이다. 이것은 인공위성에서 보내오는 신호(자료)를 받아 위치 측정에 이용하는 시스템으로 인공위성에서 위치를 안내하고 측량하는 것과 같은 이치이다. 말하자면 인공위성에서 신호 데이터를 받아 위치 정보를 얻는 것이다. GPS는 범지구적인 위치 측정용 위성으로 공식 명칭은 'NAVSTAR (NAVigation System with Timing And Ranging) GPS' 라고 한다. 이 위성은 무기 유도, 항법, 측량, 지도 제작, 측지, 시각 동기 등 군용 및 민간용 목적으로 다양하게 이용되고 있다. 특히 측량 분야에서 GPS를 이용하면 기하학을 응용한 삼각 측량을 대신할 수 있고 좀 더 나아가 평판 측량을 대신하여 세부 측량까지 가능하다.

    범지구적 위치 결정 시스템인 GPS를 활용한 위성은 위치 정보를 담은 전파를 발사하여, 선박, 비행기, 심지어 개인의 정확한 위치까지 알려 준다. 우리에게 잘 알려진

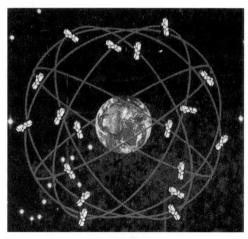

GPS 위성

이 항행 위성은 처음엔 군사적 목적으로 개발되었지만 현재는 항공기관제, 지진 감시, 개인 용도 등 다양하게 활용되고 있다. GPS 위성의 교체와 새로운 위성 발사 등 유지와 연구, 개발에 필요한 비용은 연간 수억 달러가 들어가지만 아직까지 전 세계에서 무료로 사용한다. GPS는 24개의 인공위성이 지구 주위를 6면 궤도로 돌면서 신호를 보내오는 것인데, 2만 200m 상공에서 약 12시간마다 지구를 한 바퀴씩 돌고 있다. GPS 위성의 평균 수명은 약 8년 정도이다. 궤도면의 중심은 지구의 중심과 일치하며 각 궤도면은 지구 적도면으로부터 55°만큼 기울어져 있다. 현재는 제작 회사에 따라 다양한 모양의 GPS 수신기가 개발되어 있다.

1991년에 일어난 걸프전쟁 때 UN군이 적군의 진지를 명중시킨 것과 적군이 미사일로 공격해 올 때 방어용 미사일로 공중에서 파괴시킨 것도 GPS 위성의 위력이다. 뿐만 아니라 지상의 자동차나 기차, 바다의 배 또는 하늘의 고속 항공기의 위치를 파악하는 데도 이용된다. 외국으로 가는 비행기 내의 TV 화면에 보면 세계지도와 운항중인 비행기의 위치가 표시되는 것도 GPS 위성을 이용한 항법 시스템이다. 최근에는 막히지 않고 빨리 갈 수 있는 길을 안내하고 주요 고속도로 차량의 막힘과 주행 예정 시간을 알려 주는 교통 제어 시스템도 이 위성의 자료를 받아 이용한다. 또한 멸종 위기 동물들의 이동 경로나 소재 파악을 위하여 동물의 몸에 소형 GPS 수신기를 장착하기도 하며, 극지 탐험이나 오지 연구원들의 안전한 활동을 위한 일에도 많이 이용되고 있다.

하늘에 둥둥 떠다니는 위성 폐기물
– 우주 쓰레기

1970년대 이후 인공위성의 발사가 가속화되고 우주 활동이 활발해지면서 수많은 인공위성으로부터 발생하는 우주 쓰레기들이 매년 증가하고 있다. 대부분은 수명을 다한 인공위성, 추진 시 떨어져 나온 로켓의 상단부와 작은 파편들이다. 2004년 1월에 조사한 바로는, 추적이 가능한 물체(위성+파편) 9,234개 중 운용 중인 위성은 1,129개이고, 활동이 정지된 위성이 1,829개, 나머지 6,276개는 우주 쓰레기로 조사되었다고 한다. 하지만 이들 우주 쓰레기는 산발적이고 궤도가 일정하지 않기 때문에 수거하는 것도 쉽지 않다고 한다.

1957년 구소련의 스푸트니크 1호가 대기권에 올라간 후로 지금까지 6,000여 개의 인공위성이 하늘에 쏘아 올려졌다고 한다. 이렇게 우주로 올라간 탐사기와 위성들이 명예롭고 자랑스럽게 지구로 귀환할 것이라고 생각하면 오산이다. 대부분의 탐사기들은 그대로 방치되어 우주를 방랑하는 미아가 되었다. 낮은 고도에 있던 우주 쓰레기들은 대기권으로 돌입하면서 불타 없어진다. 때때로 자신의 탐사 대상이었던 행성이나 소행성 등에 충돌하기도 한다. 왜냐하면 초속 3~8km의 빠른 속도로 우주를 돌아다니기 때문이다. 천문학의 발전에 크게 공헌하고 사라졌음에도 불구하고 위성이 쓰레기로 취급 받아야 하는 신세가 안타까울 뿐이다.

우주 쓰레기가 발생하는 원인은 크게 세 가지로 생각해 볼 수 있다. 첫째는 인공위성 발사에 사용되는 로켓이나 렌즈 캡슐(capsule), 분리 장치, 빈 연료 탱크 등이다. 두 번째는 인공위성이 임무를 마치고 더 이상 작동하지 않아 지구 궤도에 남아 있는 경우에 해당되며, 발사하는 인공위성의 수가 점차 증가함에 따라 그 수도 증가하는 추세이다. 이런 인공위성들은 통신에 방해를 주기도 한다. 세 번째는 지상 관제국의 오작동으로 인한 인공위성의 폭발 또는 환경 시험 중의 폭발, 균열에 의한 폭발 등을 들 수 있는데, 이 경우는 대부분 자연 소멸(natural sink)되지만 새롭게 생성되는 쓰레기가 더 많다는 데에 그 심각성이 있다.

지상으로 떨어지는 인공위성들은 대부분 대기권을 통과하면서 불타기 때문에 지구에 별다른 피해를 주지 않는다. 다만 1978년 구소련의 인공위성 코스모스(Cosmos) 954호가 낙하했을 때는 전 세계가 불안에 떨었다. 이 위성이 전력 생산을 위해 원자로를 탑재했기 때문이었는데, 다행히 도심에 떨어지지 않고 캐나다 서북부 호숫가에 낙하했다. 현재 민간용 위성들은 모두 원전 탑재를 금하고 있지만 예외적으로, 탐사선 보이저 1호는 원전을 전력원으로 사용하고 있다. 보이저 1호는 태양빛의 도움을 받을 수 없는 먼 거리를 날아가야 하기 때문에 태양전지를 사용할 수가 없다. 그래서 부득이 전력 생산 효율이 좋은 원전 발전기(RTG; Radioisotope Thermoelectric Generator)를 탑재했다고 한다.

지구를 둘러싸고 있는 위성 쓰레기

하늘로 날아간 화통
- 로켓의 발달

　로켓이라는 물체가 처음으로 생겨난 것은 중국에서 화약이 발명된 후, 이를 무기로 응용하면서부터이다. 문헌에 보이는 것 중 가장 오래된 로켓은 1232년 중국에서 사용된 '비화창飛火槍'으로, 말 그대로 불을 뿜어내며 날아가는 창이다. 창의 앞부분에 화약을 넣은 통을 설치하고 통속의 화약을 태우면서 앞으로 나아가는 것이다. 우리나라의 국조오례서례國朝五禮序例에 기록된 신기전도 중국으로부터 기술이 전래되면서 발전하였다. 그 후 고려 시대에는 최무선이 화통도감을 세우면서 당시 출몰하던 왜구들을 물리치기 위해 '화전火箭', '주화走火' 같은 화약 무기들이 개발되었다. 이러한 무기들이 기초가 되어 조선 시대에 들어오면서 로켓이라고 불릴 만한 '신기전神機箭'이라는 무기로 발전되었는데, 이는 유럽보다 앞선 것이었다. 신기전은 화약을 넣은 약통과 화살과 같은 긴 막대기를 연결해서 사용하는 무기로, 일종의 추진체통인 약통의 힘으로 먼 곳까지 날아가 목표물 주변에 불을 지르고, 약통 안에 있던 쇳조각들을 퍼뜨려 적들에게 피해를 주는 무기이다. 신기전은 대신기전, 중신기전, 소신기전, 산화신기전 등 여러 종류로 개발되었는데, 당시 신기전은 적들에게 두려움을 주는 강력한 무기 중 하나였다.

　중국의 화약 기술을 익힌 몽골이 1230년대에 서역으로 진출할 때, 화약 기술이 여러 나라로 전파되었다. 이때 몽골군이 사용한 로켓 기술이 아라비아를 거쳐 이탈리아로 전파되었고, 곧이어 유럽 전역으로 퍼져 나갔다. 그리고 각 나라마다 개량하여 독창적인 무기로 발전시켰다. 인도는 1750년대 '아리(Ari)' 라는 로켓을 개발하였고, 영국은 다시 인도의 것을 개량하여 '콩그레브(Congreve)'라는 로켓을 개발하였다. 이 콩그레브가 다시 유럽 전역으로 퍼지면서 본격적으로 로켓을 연구하는 계기가 되었다. 처음에는 로켓이 상업적으로 이용되어 오다가 사람들이 우주로 눈길을 돌리면서부터 로켓을 이용한 우주여행을 꿈꾸게 되었다. 1865년, 프랑스의 쥘 베른(Jules Verns, 1828~1905)은 『지구로부터 달까지(From the Earth to the Moon)』라는 소설을 출판하였는데, 거대한 대포알을 이용해서 달까지 갔다 오는 내용을 적어 놓았다. 이때 적어 놓은 내용은 후에 아폴로 계획과 흡사한 내용들이었다. 또한 여러 편의 공상과학 소설들에도 로켓에 관한 내용이 많이 나왔는데, 이러한 소설들이 훗날 우주 개발에 커다란 역할을 하게 되었다.

지구를 탈출할 수 있는 현대적인 로켓을 구상한 사람은 콘스탄틴 에두라르도비치 치올코프스키(Kondtantin Eduardovitch Ziolkovsky, 1857~1935)라는 러시아인이었다. 그는 『반작용 장치에 의한 우주 탐험』이라는 책에서 액체수소를 연료로, 액체산소를 산화제로 이용한 현대적인 액체 추진제 로켓을 구상하기에 이르렀다. 하지만 이 구상은 주위의 무관심과 재정적 궁핍으로 이론으로만 남게 되었다. 그 후 캘리포니아 공과대학 교수인 로버트 허친스

로버트 고다드와 그의 첫 액체 연료 로켓

고다드(Robert Hutchins Godard, 1882~1945)가 이를 실용화하였다.

고다드의 연구와 병행해서 독일에서도 로켓 연구가 진행되었다. 1927년 독일 우주여행협회(Verien fur Raumschiffahrt)가 조직되었는데, 여기서는 우주여행과 우주 관측용 로켓을 목적으로 연구를 시작하였다. 이후 수많은 실험을 실시하여 수직으로 최고 2km까지 상승하는 로켓을 개발하기에 이르렀지만 연구비 조달이 어려워 1933년 9월 18일에 마지막 로켓 발사를 끝으로 협회가 해체되기에 이른다. 하지만 당시 독일 육군은 신무기 개발을 목적으로 베를린 대학 출신인 발터 도른베르거(Walter R Dornberger, 1895~1980)와 우주여행협회의 회원이었던 베르너 폰 브라운(Werner von Braun, 1912~1977)에게 다시 로켓 개발을 지시하게 되었다. 그리하여 페네문데(Peenemunde) 로켓연구기지가 세워졌고 많은 과학자들과 함께 본격적으로 로켓을 개발하게 되었다. 로켓은 계속 개량되면서 2차 세계대전 때에는 연합군에게 큰 피해를 주는 강력한 무기로 발전하였다. 그러나 독일의 패배로 인해 과학자들은 미국으로, 실무진들과 기술자들은 구소련으로 가게 되면서 이들 두 나라에서 우주 로켓 분야가 발전하게 되었다.

미국을 애타게 한 '최초'라는 단어
– 구소련의 우주기술

우주선宇宙船을 이용해 대기 밖의 우주를 탐사하는 행위를 우주 탐사宇宙探査, space exploration)라고 하는데 구소련의 스푸트니크(Sputnik)가 최초였다. 이에 앞서 최초로 우주 비행을 생각한 과학자에는 러시아의 치올코프스키(Tsiolkovsky), 미국의 고다드(Goddard), 독일의 오베르트(Hermann Julius Oberth, 1894~1989) 등이 있다. 그 후 우주 비행의 결정적인 시작은 제2차 세계대전 말 독일이 항공기와 유도 미사일(V-2)용 로켓을 개발했을 때부터이다. 1945년 독일의 패망과 함께 연합국(영국·프랑스·구소련)과 미국은 독일이 개발한 로켓에 관한 지식을 습득하게 되었다. 특히 근대 로켓의 아버지라 불리는 로버트 고다드가 1926년 3월 26일 최초의 액체연료 로켓 발사를 성공함으로써 우주 시대가 열렸다.

이 시기(1950년대)부터 미국과 구소련의 우주 개발이 시작되었다. 구소련은 1957년 10월 4일 지구 궤도에 스푸트니크 1호를 하늘로 쏘아 올렸다. 이 위성은 구형으로 되어 있고, 무게는 83.6kg이었으며 22일 동안 96분마다 지구를 한 바퀴씩 돌았다. 스푸트니크 시리즈는 10호까지 계속되었는데, 특히 2호에는 개('라이카'라는 이름의 암캐) 1마리를 태워 보내 미국을 놀라게 하였다. 스푸트니크 시리즈는 지구자기장, 대기 조성, 태양방사선 관측뿐만 아니라 우주의 온도·압력·입자粒子·복사輻射·자기장磁氣場 등에 대한 자료도 제공하였다.

구소련은 스푸트니크의 발사 성공으로 우주 개발에 비약적인 진보를 이룩하게 되었다.

이때부터 구소련이 우주 개발에 한발씩 앞서 나갔다. 대부분은 사람이 탑승하지 않은 무인 위성을 우주에 올리는 것에는 자신감이 붙었으나 사람을 태우고 우주로 가는 것은 성공하기 어렵다고 생각하고 있었다. 하지만 러시아는 최초의 우주 진출이라는 자신감으로 유인 우주선 보스토크(Vostok)를 개발하여 세계를 놀라게 하였다. 그 결과 1961년 4월 12일 최초의 우주인 가가린(Gagarin)을 우주에 올려 보내 1시간 반 만에 돌아오게 하였다. 이 엄청난 사건으로 구소련의 우주 기술은 미국을 완전히 압도하게 되었다. 약 1달 후에 미국도 유인 우주선을 우주로 쏘아 올리는 개가를 올렸다. 하지만 최초라는 단어는 구소련을 따라다니고 있었다. 최초의 여성 우주인도 구소련인이다. 1963년 6월 16일 발렌티나 테레시코바(Valentina V. Tereshkova, 1937 출생, 당시 26세)가 보스토크 6호 (Vostok 6)에 탑승하여 3일 동안 지구를 48번 공전하고 귀환하였다.

다음에는 사람이 우주선 밖으로 나와서 유영을 할 수 있을까 하는 문제가 대두되었다. 1965년 3월 18일 러시아의 우주 비행사 레오노프(Aleksey Arkhipovich Leonov, 1934 출생)가 보스토크 2호를 타고 지구 궤도에 올라가 우주선의 문을 열고 우주 공간으로 나가 헤엄치듯 걸어 다닌 최초의 사람이 되었다. 그는 약 10분 동안 유영했다. 최초의 여자 유영자도 구소련인 스베틀라나 사비츠카야 (Svetlana Yevgenyevna Savitskaya, 1948 출생)였다. 그녀는 1984년 7월에 소유즈호를 타고 올라가서 3시간 반 동안 유영을 하였다. 뿐만 아니라 러시아의 우주 비행사 무사 마나로프(Musa Khiramanovich Manarov, 1951 출생)는 두 차례의 우주 비

세계 최초의 여성 우주인 테레시코바의 모습

행을 하면서 총 514일을 우주선 속에서 보낸 기록을 보유하고 있다. 하지만 최초로 달에 사람을 착륙시킨 나라는 미국으로, 그동안 구겨진 체면을 만회한 셈이다.

두 강대국의 치열한 싸움
– 우주 경쟁

　미국과 구소련 간의 치열한 우주 경쟁 때문에 우주 비행의 역사는 놀라울 만큼 발전되었다. 구소련이 1957년 10월 4일에 세계 최초로 스푸트니크 1호를 쏘아 올리자 미국도 3개월 늦은 1958년 1월에 익스플로러(Explorer) 1호를 발사하였다. 또한 당황한 미국은 육·해·공군의 미사일 개발팀을 묶어 1958년 10월 1일에 미국항공우주국(NASA)을 설립하였다. 그 후 미국을 더욱 놀라게 한 것은 구소련이 1961년 4월 12일 27세의 공군 중위 가가린(Gagarin)을 보스토크(Vostok) 1호에 승선시켜 지구를 한 바퀴 돌고 무사 귀환하도록 한 일이다.

　당황한 미국도 1958년에 머큐리(Mercury) 계획을 발표하였다. 미국은 1961년 5월 5일 미국의 최초 유인 우주선 프리덤(Freedom) 7호에 셰퍼드를 태워 보냈다. 비록 포물선을 그리며 500km를 나는 탄도 비행을 했을 뿐이지만 미국은 자신감을 얻게 되었다. 마침내 1962년 2월 20일 글렌(John Herschel Glenn Jr., 1921 출생) 대령이 탑승한 프렌드십(Friendship) 7호가 지구를 3회전 한 뒤 돌아왔다. 비로소 미국도 완전한 유인 우주 비행에 성공한 것이다. 그 뒤 미국은 1967년 오로라(Aurora) 7호에 우주인 스코트 카펜터(Malcolm Scott Carpenter, 1952 출생) 소령을 태워 글렌과 마찬가지로 지구를 3바퀴 선회시켰다. 5개월 뒤인 1962년 우주선 시그마 7호가 발사되었다. 우주인은 쉬라(Walter M. Schirra Jr.)였다. 쉬라는 시그마 7호를 타고 9시간 14분 동안 지구를 6회전하는 데 성공했다. 그러나 이러한 우주 경쟁은 계속 구소련이 조금씩 앞서 갔기 때문에 미국의 애를 태우곤 하였다.

구소련은 1962년 8월에는 보스토크 3, 4호를 쏘아 올려 우주 랑데부를 실험하였을 뿐만 아니라 그 후에 발사된 보스토크 5, 6호에는 남녀 우주 비행사를 함께 보내어 성性別 간의 차이도 실험하였다. 1965년 구소련의 레오노프(Alexey Arkhipovich Leonov, 1934 출생)가 우주 산책을 성공시키자 미국도 제미니(Gemini) 4호로 21분간의 우주 산책을 성공시켰다. 1965년 2월 3일에는 구소련의 루나(Luna) 9호를 달에 처음 착륙하고 뒤이어 미국의 서베이어(Surveyor)호도 달에 착륙하는 등 그야말로 불꽃 튀는 경쟁을 하였다. 야심에 찬 미국도 1966년 제미니 11호를 아틀라스(Atlas) 로켓과 도킹(docking)시키고, 1968년에는 아폴로 8호로 달 궤도를 돌면서 달의 모습을 TV에 생중계하는 기술로 구소련을 조금씩 앞서 가기 시작했다. 이때 보먼(Frank Borman), 앤더스(William Anders), 라벨(James A. Lovell Jr.) 세 사람은 지구를 떠나 38만km를 69시간 동안 날았다.

우주 개발에 뒤진 미국은 러시아보다 먼저 달 표면에 사람을 보낼 계획을 세우게 된다. 이것이 아폴로 계획이다. 아폴로 계획은 존 F. 케네디 대통령이 1961년 5월 의회에서 10년 안에 인간을 달에 착륙시켰다가 무사히 지구로 귀환시키겠다고 약속하면서 시작됐다. 이런 약속에는 냉전 시대의 경쟁 상대인 구소련이 항상 한발 앞서 가는 데에 대한 경쟁의식이 작용하고 있었다. 미국은 사람을 태우고 달에 가기 위한 준비 작업으로 먼저 머큐리 계획과 제미니 계획을 세웠다. 또 사람이 달에 착륙한 후 안전하게 지구로 되돌아오기 위한 준비 작업으로 레인저(Ranger) 계획과 서베이어(Surveyor) 계획 및 루나오비터(Lunar Orbiter) 계획 등을 실시했다. 이렇게 달을 정복하기 위해 힘을 쏟아 온 미국의 노력은 아폴로 계획으로 열매를 맺게 되었다.

아폴로 계획은 순조롭지만은 않았다. 1967년 1월에 아폴로 1호 발사에 앞서 실험을 하다가 화재가 발생해 우주인 3명이 모두 사망하는 참사가 빚어지기도 했다. 그러나 미국은 몇 번의 시행착오를 거쳐 1968년 12월 아폴로 8호를 쏘아 올려 달 궤도에 진입하는 데 성공했고, 이듬해 아폴로 계획의 다섯 번째 유인 우주 비행이자 세 번째 달 탐사인 아폴로 11호를 통해 인류 최초의 달 착륙이 라는 쾌거를 이루어 냈다. 그 뒤 네 번째로 달에 착륙한 아폴로 15호 비행사들은 77kg의 월석을 채집해 왔다.

비록 사람의 달 착륙은 미국에 뒤졌지만 구소련도 달 탐사에 상당한 성과를 거두었다. 1966년 3월, 루나 6호는 달 표면에 착륙하는 데 성공했다. 그리고 같은 해 12월에는 루나 13호가 달에 착륙하여 달의 토질을 조사했다. 1970년 9월, 루나 16호는 달에 착륙한 다음 월석 약 100kg을 가지고 돌아왔다. 같은 해 11월에는 루나 17호에 로봇 자동차를 실어 보내 달을 탐사하도록 했다. 이처럼 구소련은 달 탐사 활동에 적극적으로 임했으나, 달에 사람을 착륙시키는 데는 실패하고 말았다. 그리고 끝까지 무인 우주선으로만 달을 탐사했다.

 NASA

1957년 구소련이 미국에 앞서 인공위성을 쏘아 올리자 당황한 미국은 각 부처에 흩어져 있는 우주 관련 기관을 통폐합하여 1958년에 미국항공우주국(NASA; National Aeronautics and Space)을 만들게 된다. 지금은 지구 대기 안팎의 우주 탐사 활동과 우주선에 관한 연구 및 개발을 위한 독자적인 정부 기관으로 자리 잡았다. 나사는 1969년, 달에 사람을 보낸 이후 아폴로 17호까지 6번이나 달에 사람을 보냈다. 지금은 멀리 있는 행성을 탐사하기 위한 우주선을 날려 보내고, 우주 왕복선으로 국제우주정거장도 만들었다. 그러므로 우리가 알고 있는 우주에 관한 일의 대부분은 나사와 관계 있다고 보면 틀림없다.

태양계를 돌아다니는 인간의 두뇌
– 우주 탐사선

지상 망원경으로 행성의 표면이나 행성의 대기에 관해 상세한 지식을 얻었다고 해도 그 모든 것은 추측에 불과하다. 그리고 지상에서 아무리 좋은 망원경으로 보아도 보이지 않는 천체가 수두룩하다. 금성과 같이 두터운 구름으로 덮여 있다든지, 너무 멀리 떨어져 있어 관측할 수 없는 것도 허다하다. 하지만 이제는 사정이 조금 바뀌었다. 왜냐하면 1970년대부터 본격적으로 우주선(탐사선)이 발사되어 행성이나 그 위성을 탐험하고 있기 때문이다. 15~16세기에 해양 탐험가가 신세계를 탐험하는 것과 같은 일이다. 지금은 명왕성을 제외한 태양계 내 대부분의 행성을 우주선이 탐사했지만 비관적인 생각도 떨쳐 버릴 수 없다. 왜냐하면 현재의 기술로는 빛의 속도나 그 이상의 초광속도로 나아갈 수 없기 때문이다. 예를 들어 빛의 속도(광속)로 달리더라도 시리우스별까지 가는 데만 8년이 걸리고, 더구나 우리 은하인 안드로메다은하까지 도달하려면 200만~230만 광년이 걸리기 때문이다.

태양계 탐사 임무는 지구의 위성인 달에 대한 탐사가 가장 먼저 이루어졌는데, 1958년 미국의 달 탐사선 파이오니어(pioneer) 0, 1, 3호와 더불어 시작되었다. 이듬해인 1959년 구소련의 루나(Luna) 1호를 시발로 1976년까지 루나 계획, 1959~1963년까지 미국의 머큐리 계획, 1959년 미국의 파이오니어 4호, 미국의 제미니 계획, 1961년 구소련의 보스토크 계획, 1961~1975년까지 아폴로

표 13. 우주선의 탐사 현황

행성	우주선(인공위성)의 탐사 현황
태양	SolarMaX(미 : 1980), Ulysses(미, ESA : 1990), SOLAR-A(일 : 1991), SOHO(미·ESA : 1995), ACE(미 : 1997), SOLAR-B(일 : 2006), STEREO(미 : 2006).
수성	Mariner 10(미 : 1973), MESSENGER(미 : 2004).
금성	Cosmos(소 : 1961~1972), Venera 계획(소 : 1961~1983), Mariner 계획(미 : 1962~1973), Pioneer-Venus 계획(미 : 1978), Vega 계획(소 : 1984), Galileo(미 : 1989), Magellan(미 : 1990), Cassini-Huygens(미·유 : 1997), MESSENGER(미 : 2004), Venus Express(유 : 2005).
화성	Mariner 계획(미 : 1964~1971), Viking 계획(미 : 1975), Mars Global Surveyor (미 : 1996), Mars Pathfinder(미 : 1996), 2001 Mars Odyssey(미 : 2001), Mars Express (유 : 2003), Mars Exploration Rover(미 : 2003)
목성	Pioneer 10(미 : 1973), Pioneer 11(미 : 1974), Voyager 1, 2(미 : 1979), Ulysses(미·유 : 1992), Galileo(미 : 1989), Cassini-Huygens(미·유 : 1997), New Horizons(미 : 2006).
토성	Pioneer 11(미 : 1974), Voyager 1(미 : 1977), Voyager 2(미 : 1977), Cassini-Huygens(미·유 : 1997)
천왕성	Voyager 2(미 : 1977)
해왕성	Voyager 2(미 : 1977)

수많은 우주선이 다녀간 달은 생략함. 왜소행성으로 지위가 떨어진 명왕성은 2015년에 New Horizons호(NASA : 2006)가 근접 예정.
* 미 : 미국, 소 : 구소련, 유 : 유럽, 일 : 일본, ESA : 유럽우주국

계획 등 수많은 탐사선이 달을 탐사하였다. 그 다음 탐사 계획이 금성과 화성이었고 태양과 가까운 수성은 많이 찾지 않았다. 1989년 5월에 발사되어 금성으로 날아간 마젤란 탐사선은 금성의 궤도를 돌며 레이더를 이용하여 '영원한 구름' 아래에 있는 금성의 지표면을 찍었다.

특히 베네라 13호는 1981년 10월 발사되어 1982년 3월에 금성에 착륙하였고, 금성 표면의 컬러 사진을 보내왔다. 화성도 금성만큼 우주선이 자주 찾은 곳이다. 미국과 구소련이 수차례 실패를 거듭한 끝에 1965년 마리너 4호가 화성 상공 1만m를 날았고, 쌍둥이 탐사선인 바이킹(Viking) 1호는 1975년 8월에

발사되어 1976년 9월, 화성에 착륙하였다. 바이킹 2호도 1975년 9월에 발사되어 역시 1976년 9월에 화성에 착륙하였다. 이들은 화성의 토양을 조사·분석하여 생명체의 존재 여부를 탐구하였다. 이렇게 초기에는 주로 태양에서 가까운 행성들에 대한 탐사가 이루어졌다.

태양계의 가장 먼 곳을 탐사하는 파이오니어(Pioneer) 10호는 1972년 3월에 발사되어 소행성대를 지나 1973년 12월에 목성을 근접 비행한 최초의 탐사선이다. 태양계를 떠난 뒤 우주인을 만날 경우를 대비해 태양계의 지도와 지구의 위치 그리고 남녀의 그림이 그려진 명판을 싣고 있었다. 1973년 4월에 발사된 파이오니어(Pioneer) 11호도 1974년 12월에 목성에 근접 비행하였으며, 1979년 9월에는 토성에 근접 비행하였다. 그 밖에 많은 우주 탐사선들이 혜성과 소행성들을 탐사하였다. 유럽우주국(ESA)에서 만든 조토호(Giotto, 1986년 발사) 5대, 일본의 사키가케호(1985년 발사), 스이세이호가 각기 혜성을 탐사하였다. 1991년에는 갈릴레이호(1989년 발사)가 약 2년간의 우주여행 끝에 소행성 가스프라(Gaspra) 상공을 탐사했고, 1993년에는 이다(Ida) 상공으로 날았다. 1990년 10월에 발사된 율리시스(Ulysses)호는 지구에서는 보이지 않는 태양의 극을 조사하기 위해 날아갔다. 1997년 미국과 유럽의 공동 탐사선인 카시니(Cassini)호가 발사되어 약 7년만인 2004년 7월 토성 궤도에 진입하였다. 이와 같이 지금도 많은 탐사선이 외계의 신비를 밝히려고 먼 우주로 날아가고 있다.

우주선 사고

유인 우주선 발사를 실험하는 동안 여러 차례 불행한 사고가 발생했다. 우주 비행을 하다가 죽기도 하고, 지상에서 훈련 도중에 목숨을 잃기도 하였다. ▲1967년 1월 27일 미국의 아폴로 1호 발사 실험 도중 전기회로의 발화로 인한 화재로 비행사(버질 그림슨, 에드워드 화이트, 로저 채피) 3명 사망. ▲1967년 4월 3일 구소련 우주선 소유즈 1호가 26시간의 비행 후 지구로 귀환하다가 낙하산이 작동되지 않아 지상에 충돌하여 비행사(블라디미르 코마로프) 사망. ▲1971년 6월 29일 구소련의 소유즈 2호가 당시 최장 기록인 24일을 넘겨 비행하다가 기체의 압력이 떨어져 게오르기 도브로볼스키 등 구소련 우주인 3명 사망. 유인 우주선 개발 이후 2003년까지 사고 등으로 희생된 우주 비행사는 총 21명이다(챌린저호 7명, 콜럼비아호 7명 포함).

태양계를 벗어난 쌍둥이 탐사선
- 보이저호

태양과 지구, 달이 가끔 일직선상에 오듯이 화성, 목성, 토성, 천왕성, 해왕성 등 5개의 행성이 176년 만에 거의 일직선으로 줄을 서게 된다는 계산이 나왔다. 이럴 때 탐사선을 보내면 행성을 차례로 지나가면서 조사할 수 있으니, 절호의 기회인 셈이다. 그래서 1977년 9월 5일에 보이저 1호(722kg)가 발사되었고, 1977년 8월 20일에는 보이저 2호가 발사되었다. 약 30년이 지난 2006년 8월 보이저 1호는 100AU를 통과하였고, 보이저 2호도 2009년 10월에 92AU를 통과하였다. 이들은 지금 본래의 임무를 마친 뒤에 새로이 성간 임무 (Voyager Interstellar mission)를 수행하고 있다. 참고로 보이저호의 엄청난 속력은 관성을 이용하지만, 각종 장치 제어와 통신 등을 가동하기 위해서 플루토늄 (plutonium)에서 나오는 물질을 이용한 방사성 동위 원소 발전기(RTG)를 사용하고 있다.

보이저 1, 2호의 주목적은 목성형 행성의 탐사였다. 이 탐사에서 목성의 위성인 이오에서 화산 폭발 사진을 지구로 전송하였으며, 목성에서 새로운 위성 3개를 더 발견하였고, 토성에서는 시속 500m의 폭풍우가 불고 있다는 것도 알아냈다. 유명한 토성의 고리는 얼음덩어리로 구성되어 있다는 것도 발견했다. 그밖에 목성, 토성 표면의 모양, 대기의 조성, 온도, 자기장, 위성의 모양 등을 관측하고, 천왕성에 접근하여 당시까지 5개로 알려진 위성이 10개임도 확인하

표 14 . 보이저호의 탐사 경로

탐사선	무게	발사 시기	목성 통과 시기	토성 통과 시기	천왕성 통과 시기	해왕성 통과 시기
보이저 1호	722kg	77. 9. 5	79. 3	80. 11	–	–
보이저 2호	825kg	77. 8. 20	79. 7	81. 8	86. 1	89. 8

보이저 1호는 목성과 토성을 근접 비행하고 태양계를 벗어났고, 2호는 해왕성까지 차례로 근접 통과
하고 태양계를 벗어났다. 현재는 둘 다 130억~160억km 정도를 날아가고 있을 것으로 추측하고 있다.

였다(현재 27개). 또한 해왕성의 북극 4,850km 상공까지 접근하여 6개의 위성을
새로 발견하였으며, 초속 수백km의 폭풍도 관측했다. 8,000여 장의 사진을 전
송하였고 해왕성의 위성 트리톤에서 화산 활동도 관측하였다.

두 보이저(Voyager라는 단어는 '모험적 항해자'를 의미함)는 외계인에게 발견될 것
에 대비하여 지구인의 모습을 보여 주는 비디오와 남녀의 모습, 지구의 위치를
알려 주는 동판 그림과 편지 등을 실었다. 비디오에는 시드니의 오페라하우스
를 비롯한 지구상의 여러 명소, 55개국의 언어로 된 인사말, 당시 대통령인 지
미 카터(James Earl Carter Jr.) 대통령의 인사말, 태양계의 행성, 비행기, 만리장
성 등 116장의 이미지를 수록한 레코드판, 고래의 울음소리, 천둥소리, 바람
소리, 개 짖는 소리, 아기 우는 소리, 심장 박동 소리, 인간의 뇌파 등이 담겨 있
다고 한다. 외계인이 이 자료를 보고 연락해 오길 기대한다.

우주 탐사선 '보이저 1호'는 현재 태양계의 끝자락까지 갔다고 한다. 미국
항공우주국(NASA)에 따르면 보이저 1호가 2002년 8월 말단 충격파면(초속
310km)을 지나 태양계 가장자리인 '헬리오스히스(Heliosheath)'에 도달했다고
한다. 이곳은 태양으로부터 약 140억km 떨어진 곳이다. 태양으로부터 가장 먼
행성인 명왕성보다도 두 배 이상 먼 거리를 날아간 것이다. 과학자들은 보이저
1호가 완전히 태양계 바깥으로 나가는 데 앞으로 10년이 더 걸릴 것으로 보고

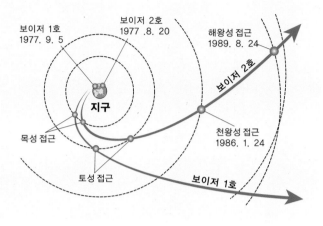

보이저 1호
1977. 9. 5

보이저 2호
1977 .8. 20

해왕성 접근
1989. 8. 24

보이저 2호

지구

목성 접근

천왕성 접근
1986. 1. 24

토성 접근

보이저 1호

보이저호의 궤적

있다. NASA 측은 "인류는 이제 우주의 전혀 새로운 지역을 탐험하게 될 것"이라고 평가했다. 보이저호는 지구를 떠난 지 30년이 지났고, 지구와 태양 사이의 거리의 100배 이상을 날아갔다. 예상 수명을 훨씬 넘겼으나, 2030년까지는 지구와 통신할 수 있을 것으로 추측된다.

지금도 가끔 방송 뉴스에서는 우주여행을 떠나 보자면서 새로 발견된 혜성이나 소행성 등 각종 천체의 발견과 우주의 구조에 대한 소식을 전해 준다. 앞으로 보이저호가 지구인이 깜짝 놀랄 뉴스를 전해 주기를 기대한다.

하늘을 나는 셔틀버스
- 우주 왕복선

　　1972년 아폴로 계획이 성공리에 끝난 뒤, 미국 항공우주국(NASA)은 우주 왕복선에 관한 계획을 세웠다. 일반적인 우주선은 한번 쏘아 올리면 내려오면서 고열에 타서 없어지거나 우주 미아가 되어 떠돌아다닌다. 그래서 재활용이 가능한 우주 왕복선(宇宙往復船, space shuttle orbiter)을 구상한 것이다. 우주 왕복선(오비터 : 궤도를 나는 비행체)은 너무나 무거워서 지구를 이탈하려면 많은 연료 탱크(booster)를 붙여야 한다. 그래서 발사 직전의 TV에 비친 우주 왕복선의 모습은 두 날개를 펼친 큰 비행기처럼 보인다. 이것은 1개의 거대한 연료 탱크와 2개의 작은 로켓 부스터를 껴안고 있는 모습인데, 일반적인 로켓 우주선과는 판이하게 다르다.

　　미국 우주항공국은 7명의 우주 비행사와 2만 2700kg의 많은 짐을 싣고 궤도를 오가는 오비터를 5대 만들었다. 가장 처음 만들어진 우주 왕복선에 컨스티튜션(Constitution, 헌법)이라는 이름을 붙일 예정이었지만 결국 엔터프라이즈(Enterprise)라는 이름으로 결정되었다(1976년 9월 17일 출고). 다음은 컬럼비아호(Columbia), 디스커버리호(Discovery), 챌린저호(Challenger), 아틀란티스호(Atlantis)였는데 이들은 100회 이상 재사용할 수 있다고 한다. 처음으로 완전하게 작동한 우주 왕복선은 컬럼비아호였다. 이 오비터는 1981년 4월 12일 유리 가가린의 우주 비행 20주년 기념일에 2명의 승무원을 태우고 발사되었다. 챌린저 우주 왕복선은 1983년에, 디스커버리 우주 왕복선은 1984년에, 아틀란티스 우주 왕복선은 1985년에 각각 제작되어 우주센터로 이송되었다. 1986년 1월 28일 챌린저 우주 왕복선은 발사 직후 폭발하여 7명의 승무원 전원이 사망하는 참사가 일어났다. 엔데버(Endeavour) 우주 왕복선은 챌린저호를 대신하기 위해 만들었는데, 다른 우주 왕복선의 남는 부품을 이용해서 1991년 5월에 완성하였다. 컬럼비아 우주 왕복선 역시 2003년 2월 1일 지구로 재돌입 중 7명의 승무원과 함께 폭발하여 사라졌다.

우주 왕복선이 발사대를 박차고 출발하면 약 2분 후에 2개의 부스터가 떨어져 나가고 8분 후에는 111km 상공까지 올라간다. 우주 왕복선이 지구를 떠나면 대개 7~10일 정도 머물다가 돌아온다. 지구 대기권으로 들어올 때 표면 온도가 1200℃로 높이 올라가는데, 이때 발생하는 고열에 견딜 수 있는 내열성 타일 2만 개가 우주 왕복선을 감싸고 있다. 우주 왕복선은 동력이 없는 상태로 활공을 통해 감속 후 착륙하는데, 대개는 케네디 우주센터의 활주로에 착륙하게 된다.

우주 왕복선 아틀란티스호가 우주정거장에 도킹하는 모습

앞으로는 우주 비행기가 탄생될 전망이다. 즉, 대기권에서는 보통 비행기와 마찬가지로 수평으로 이륙해 공기 속의 산소를 이용하고, 우주 공간에 들어가면 엔진을 로켓 방식으로 바꾸어 진공 상태의 위성 궤도상에서도 엔진이 움직이도록 한다는 것이다. 현재 개발 중인 우주 비행기의 엔진은 아직 극비 사항이기 때문에 잘 알 수는 없지만 아마도 음속의 25배(마하 25) 이상 되는 속도로 날게 될 것이라고 한다. 뿐만 아니라 기존 우주 왕복선의 4분의 1 크기(무게 5톤)인 미래형 무인 우주 왕복선도 개발되고 있다. 이것은 우주에서는 다른 위성처럼 작동하다가 임무를 마치면 스스로 내려올 것이라고 한다.

 챌린저호와 컬럼비아호 사고

1986년 1월 28일 케네디 우주센터에서 발사한 우주 왕복선 챌린저호가 발사 73초 만에 공중에서 폭발한 사건이 있었다. 이 사건(space shuttle Challenger's explosion)은 미국의 자존심을 상하게 하였을뿐만 아니라 7명의 우주인을 잃는 아픔을 주었다. 이 사고로 선장 프랜시스 스코비(Francis Scobie)를 포함해 탑승자 전원이 사망하여 우주 개발 역사상 최대의 참사가 되었다. 특히 고등학교 교사 크리스타 맥컬리프가 최초로 민간인 여성으로서 탑승한 데다, 발사 장면이 전 세계에 텔레비전으로 생중계되고 있었기 때문에 그 충격은 엄청났다. 이로 인해 약 2년 8개월 동안 미국의 우주 개발이 중단되기도 했다. 한편 컬럼비아호는 2003년 2월 1일 허블 우주 망원경을 수리하고 지구로 귀환하던 중에 미국 텍사스 주 상공에서 폭발했으며 이 사고로 7명의 조종사가 숨졌다. 컬럼비아호의 사고 원인은 이륙 후 81초 만에 왼쪽 날개에 난 구멍 때문이다. 올라갈 때는 괜찮았지만 지구 귀환을 위해 대기권에 진입할 때 이 구멍으로 뜨거운 열기가 흡수돼 폭발했다고 한다.

하늘을 쳐다보는 기계
- 지상 망원경

하늘을 관측하는 최초의 도구는 사람의 눈이었다. 빛을 한곳에 모으는 사람의 눈은 자그마하지만 광학적으로 매우 정밀하게 관측할 수 있는 도구이다. 하지만 인류의 문명이 발달함에 따라 좀 더 멀리 있는 천체를 관측할 필요성이 생겼고, 이에 따라 광학 망원경光學望遠鏡이 개발되었다. 말하자면 광학 망원경은 사람의 눈을 확대한 것이다. 그렇기 때문에 광학 망원경으로 가시광선 같은 것은 볼 수 있지만, 전파나 엑스선 같은 여러 종류의 전자기파를 방출하는 천체의 관찰에는 또 다른 방법을 써야 한다. 광학 망원경은 렌즈의 굴절을 이용하는 굴절 망원경屈折望遠鏡, 거울의 반사를 이용하는 반사 망원경反射望遠鏡, 그리고 렌즈와 거울을 조합해서 만드는 반사-굴절 망원경屈折-反射望遠鏡 등 세 종류로 나눈다.

1608년 네덜란드의 안경 제조업자인 리퍼세이(Hans Lippershey)의 두 아들은 우연한 기회에 두 개의 렌즈를 적당한 간격으로 두었을 때 멀리 떨어져 있는 물체를 확대해 볼 수 있다는 사실을 발견하고 초보적인 망원경을 만들었다. 같은 시기에 자카리아스 얀센(Zacharias Janssen)도 비슷한 방법으로 망원경을 만들었지만 리퍼세이가 먼저(1608) 발명 특허를 얻었다고 한다. 이듬해 이 사실을 전해들은 갈릴레이도 볼록렌즈와 오목렌즈를 조합한 망원경을 제작하게 된다. 이것이 갈릴레이 망원경이다. 1610년 갈릴레이는 망원경을 이용하여 목성, 금성, 달 등을 관찰함으로써 인류 최초로 망원경을 이용해 천체를 관측한 사람으로 기록된다. 그 후 망원경으로 목성을 본 갈릴레이가 목성 주위를 도는 4개의 위성을 발견하여 이들 위성을 갈릴레이 위성이라고 한다. 갈릴레이는 금성의 모습도 달처럼 변화한다는 사실을 알게 되었다. 이러한 발견은 코페르니쿠스가 제안한 우주관 즉, 지동설을 확립하는 데 중요한 단서가 되었다.

케플러식 망원경(Kepler式 望遠鏡)은 갈릴레이의 망원경을 발전시킨 것으로 갈릴레이 망원경이 접안렌즈에 오목렌즈를 사용한 것과 달리 볼록렌즈를 사용했다(하지만 케플러는 저서에서 망원경의 설계도를 제시했을 뿐 실제 망원경을 제작하지는 않았다고 서술하였다). 그 후 케플러식 망원경은 넓은 영역을 볼 수 있다는 장점이 있어 지금까지 널리 이용되고 있다. 렌즈를 사용하던 갈릴레이식과 케플러식 외에 1663년 스코틀랜드의 천문학자 그레고리(James Gregory, 1638~1675)가 반사 망원경의 원리를 고안했는데, 이것을 응용해서 1668년에 뉴턴이 망원경을 만들었다. 렌즈를 통과한 빛은 무지개처럼 여러 색으로 퍼지는 색수차(色收差: chromatic alberration) 현상이 생기게 된다. 이러한 색수차 때문에 천체를 관측할 때 별들이 평소와는 다르게 보인다는 것을 인지한 뉴턴은 자신이 만든 반사 망원경으로 다양한 천체를 관측하였고, 지금도 뉴턴식 반사 망원경은 전 세계에서 널리 사용되고 있다.

오늘날에는 비교적 규모가 큰 망원경이 세계 도처에 설치되어 있다. 우선 굴절 망원경 중에는 시카고대학의 여키스(Yerkes) 망원경이 가장 큰데, 이 망원경의 렌즈는 102cm이다. 세계 최대의 적외선 망원경은 하와이의 마우나케아(Mauna Kea) 산에 있는 일본 국립천문대의 스바루 망원경(すばる 望遠鏡)으로 지름이 무려 8.3m이다. 반면에 거울을 이용한 반사 망원경에는 집채만 한 크기도 꽤 많다. 반사경 36개를 이어 붙여 만든 것으로 유명한 켁 망원경(Keck Telescope)도 반사경의 지름이 10m로 반사 망원경 중에 단연 으뜸이다. 반사 망원경 중 미국 팔로마 천문대(Palomar Observatory)의 망원경도 90년대 당시 가장

보현산천문대에 있는 1.8m짜리 망원경(한국천문연구원)

큰 망원경이었던 것으로 유명하다. 우리나라에서 사용되는 가장 큰 망원경으로는 보현산 천문대에 있는 지름 1.8m짜리 반사 망원경이 있다.

렌즈가 아닌 전파를 수신하여 관측하는 전파 망원경은 그 크기가 엄청나다. 푸에르토리코에 있는 아레시보(Arecibo Observatory) 전파 망원경은 전파를 모아 주는 반사접시의 지름이 무려 305m이며 3개의 산으로 둘러싸여 있다고 한다. 참으로 특이한 모양의 망원경이며 그 크기에 있어서는 망원경의 제왕이라고 할만하다. 한편 우주 망원경은 지구에 있는 거대 망원경보다 크기는 비록 작지만 우주를 관측하는 능력은 훨씬 뛰어나다.

인간이 만든 눈이 하늘로 올라갔다
- 우주 망원경

우주 망원경의 구상은 우주에 천문대를 만들자는 생각에서부터 시작되었는데, 오늘날 우주와 천체를 관측하는 데 가장 획기적인 발명품이다. 우주 망원경은 지상 관측이 불가능한 파장대역의 관측이나 지상보다 좋은 관측 조건 획득을 위하여 우주 공간에 망원경을 설치하는 것이다. 지상 관측에 비해 많은 비용이 들고 첨단 기술이 요구되지만 질 좋은 성과를 얻을 수 있기 때문에 최근 들어 선호하는 편이며, 천체로부터 나오는 방사선(전파, 적외선, 가시광선, 자외선, 엑스선, 감마선)의 일부가 지상에 도달한다는 것을 깨달은 후 고안된 것이다. 빛은 파장이 짧은 쪽부터 감마선, 엑스선, 자외선, 가시광선, 적외선, 전파로 불리며, 파장이 짧을수록 높은 에너지를, 파장이 길수록 낮은 에너지를 가진다. 그래서 천체에서 나오는 파장을 구분하여 관측 특성에 따라 분류하여 관측에 이용한다. 이들은 지상 망원경으로는 완벽히 관측할 수 없다. 왜냐하면 관측을 방해하는 대기층의 공기나 먼지, 구름을 통과해야 하는 문제점뿐만 아니라 관측 장소의 불빛이 방해하기 때문이다.

우주 망원경(Spitzer Space Telescope)의 역사는, 천문학자 라이만 스피처(Lyman Spitzer, 1914~1997)가 최초로 제안했던 1946년까지 거슬러 올라간다. 스피처는 관측 장비를 지구 대기권 바깥에 존치하여 지구 대기 요동에 의한 질 저하를 피할 수 있고, 지구 대기로 인한 관측 파장의 제한을 받지 않는 망원경을 건설하자고 제안하였다. 스피처의 제안은 그 후 계속 논의되어 오다가 1969년 미국 나사(NASA)에서 구체적으로 검토되기 시작하였다. 예산 문제로 여러 차례 조정되어, 나중에는 유럽의 천문학자(ESA)들도 참여하였다. 마침내 1990년 4월 24일 우주 왕복선 디스커버리(Discovery)호에 실려 우주 망원경이 하늘로 올려지게 되었다. 이 망원경이 바로 우주가 팽창되고 있다는 사실을 밝혀낸 미국 천문학자 허블(Hubble)의 이름을 따서 명명된 허블 우주 망원경(HST; Hubble Space Telescope)이다. 그 후 2003년 8월 25일 케이프커내버럴 공군기지에서 발사된 적외선 우주 망원경은 스피처의 이름을 따서 스피처 우주 망원경(Spitzer Space Telescope)이라고 이름 붙였다.

허블 우주 망원경은 지상 610km 궤도에 올려져 약 97분에 한 번씩 지구를 돌며 관측 활동을 하고 있다. 허블 망원경에는 사람은 탈 수 없으며, 지름 2.4m의 주경을 가진 반사 망원경으로 지상의 천체 망원경보다 해상도는 10~30배,

우주에 떠 있는 허블 우주 망원경

감도는 50~100배 뛰어난 관측 능력을 갖추고 있다. 허블 망원경은 2008년 8월 11일로 18년 동안 지구 궤도를 10만 바퀴 돌았다. 이를 거리로 환산하면 약 43억 7640만km로, 지구에서 태양까지 14.5회 왕복한 거리와 같다. 우주 공간에서 운용되는 동안 우주 비행사들이 접근해서 고장난 부분을 수리하고 장비도 업그레이드하였는데, 현재까지 모두 네 차례에 걸쳐 수리 및 부품 교체가 이루어졌다. 가장 최근의 수리 · 교체는 2003년 3월에 이루어졌으며, 이때 우주 비행사들은 탐사용 고성능 카메라(ACS; Advanced Camera for Surveys)를 새로 장착하였다.

2003년 우주 왕복선 컬럼비아호 사고 이후에 우주 왕복선 운용은 잠시 중단되었다. 그래서 2004년 이후에 수리하려고 했던 허블 우주 망원경도 더 이상 수리하지 못하고 방치되고 말았다. 하지만, 허블 우주 망원경을 계속 보수해서 사용하길 원하는 천문학자들의 여론에 NASA는 기존의 입장을 번복하고 다섯 번째 정비 임무를 검토하게 되었다. 정비와 수리 일자가 여러 차례 연기되어 오다가 드디어 정비 · 보수 날짜가 결정되어, 2009년 5월 19일 허블 우주 망원경이 수리되었다(STS-125; Space Transportation System-125). 앞으로 수명이 최소 5년 이상 더 연장되었으며, 2013년 제임스웹 망원경(JWST; James Webb Space Telescope)이 발사될 때까지 운용될 전망이다.

하늘로 올라가는 은하철도 999
- 우주 엘리베이터

예전에 방영되었던 일본 만화 "은하철도 999"가 기억난다. 이 만화의 기차가 지상에서 하늘로 올라가는 장면처럼 지상에서 엘리베이터를 타고 하늘(우주)로 갈 수 있다면 정말로 획기적인 일일 것이다. 사람들의 상상은 끝이 없다. 일회용 우주선으로 우주를 다녀오다가, 지금은 우주 왕복선으로 다녀온다. 하지만 이것도 경비가 많이 들며 위험이 상존하고 있다. 그래서 사람들은 우주로 가는 우주 엘리베이터(space elevator)에 대해 연구하고 있다. 지표면에 엘리베이터 기지를 세우고 하늘에는 정지 궤도상(3만 6000km)에 거대한 우주정거장을 설치한다는 구상이다. 말하자면 케이블을 이용하여 엘리베이터가 올라가는 방식을 사용하자는 아이디어이다. 우주 엘리베이터는 지상의 기지와 우주 기지, 그리고 이 기지를 잇는 엘리베이터 줄과 이 줄에 매달려 사람이나 짐을 실어 나를 장치로 구성될 것이다.

우주 엘리베이터를 처음 구상한 사람은 1895년 로켓을 이용한 우주 비행 방법을 과학적으로 수립한 러시아의 치올콥스키(Konstantin Eduardovich Tsiolkovskii, 1857~1935)이다. 그를 비롯한 당시의 몇몇 과학자들이 비슷한 생각을 했고, 1978년에는 영국의 공상과학 소설가인 클라크(Arthur Charles Clarke)가 자신의 작품 속에 우주 엘리베이터를 등장시켰다. 지금은 많은 연구 단체들이 나서서 현실화 가능성을 검토하고 있다.

우주 엘리베이터가 관심을 끄는 이유는 우주 발사 위험 부담도 줄일 수 있고 비용도 싸기 때문이다. 만약 여러분이 고층 빌딩에 올라갈 때 한 번 쓰고 버리는 엘리베이터를 타고 간다고 생각해 보라. 비경제적인 방법일 것이다. 현재의 로켓 추진 방법으로는 1kg의 물건을 우주로 보내는 데 2천만~4천만 원이 들어간다. 그에 비해 우주 엘리베이터를 이용한다면 20만~40만 원 정도 들 것이라고 한다. 우주로 가는 비용이 무려 100분의 1로 줄어드는 셈이다. 우주 기지로는 소행성을 끌어다가 제2의 달처럼 영구히 사용하자는 엉뚱한 상상도 나왔다. 가장 중요하고 확실한 것은 우주 엘리베이터의 상승 추진력은 폭발 위험이 적은 전기 에너지를 이용한다는 점이다.

　　이렇게 좋은 아이디어가 왜 아직까지 개발되지 않고 있다는 것일까? 그것은 엘리베이터의 핵심이 되는 줄을 개발하지 못했기 때문이다. 가벼우면서도 끊어지지 않는 엘리베이터 줄을 개발하기 위하여 많은 과학자들이 연구를 하고

있다. 얼마 전 일본에서 강철보다도 무려 180배나 강한 탄소 나노튜브(nanotube)로 된 엘리베이터 줄을 제작할 수 있는 방법이 연구되기 시작했다. 나노튜브는 머리카락의 1,000분의 1 정도 굵기로 자체 질량의 5만 배나 되는 무게를 지탱할 수 있는 것으로 밝혀졌다. 또한 일본에서는 우주 엘리베이터 건설 비용을 10조 원 정도로 계산했는데, 이것은 국제우주정거장(ISS) 건설 비용의 4분의 1에 해당한다.

　　현재 일본과 미국이 적극적으로 개발에 나서고 있어서 빠르면 10년 후에는

우주 엘리베이터 상상도

실현될 것으로 예측되고 있다. 물론 우주 엘리베이터가 완성되기까지 풀어야 할 기술적인 어려움이 한두 가지가 아니다. 먼 미래에 엘리베이터를 타고 우주 호텔로 여행을 떠나는 꿈이 실현될까? 만일 실현된다면 엘리베이터의 지상 기지(platform)는 어느 나라에 생길까? 미국과 일본이 경쟁하는 가운데 호주가 우주 엘리베이터 플랫폼 유치에 뜨거운 관심을 나타내, 호주 대륙 서해안이 우주 엘리베이터 플랫폼 장소로 이상적이라고 보도했다. 플랫폼을 설치하기 위해서는 태풍 및 번개 발생 등 기후 조건이 중요하다. 현재 미국은 페루 해안에서 500m 떨어진 인도양 해상을 최적 장소로 판단하고 있다.

하늘에 떠 있는 종합 터미널
- 우주정거장

　사람이 최초로 우주로 날아간 것은 1961년 4월 12일 우주선 보스토크(Vostok)에 가가린(Gagarin)을 태우고 올라가 1시간 반 만에 돌아온 것이다. 그 후 미국과 구소련은 경쟁이라도 하듯이 많은 자금을 투자하여 일회용 우주선을 보냈는데, 항상 많은 경비와 비효율성이 문제였다. 그래서 양국은 비용을 적게 들이고 장기적인 체류를 하면서 효과적인 연구를 할 수 있는 국제우주정거장(ISS; International Space Station)을 건설하기로 마음먹었다. 최초의 우주정거장은 1971년 발사되어 유인 우주선인 소유즈 10호와 결합한 러시아의 살류트(Salyut)이다. 이어 1973년에 미국이 우주정거장 스카이랩(Skylab)을 발사했고, 세 번째는 1986년 2월 20일에 발사된 러시아의 미르(Mir)호로 2001년 3월까지 우주에 있었다. 우주정거장은 말 그대로 지상에서 매번 물자를 공급받고 우주 비행사를 교대하는 정거장이다. 그곳에서는 지상에서처럼 우주복을 벗고 지낼 수 있고 무중력 상태에서 각종 과학 실험을 할 수 있다. 한때 미국의 스카이랩과 러시아의 미르를 서로 연결(도킹)하여 공동으로 우주 연구를 수행하였다.

　현재의 국제우주정거장은 미국을 비롯한 전 세계 16개국이 참여해 건설하고 있는 다국적 우주정거장이다. 이 프로젝트에는 미국(NASA), 러시아(RKA), 일본(JAXA), 캐나다(CSA), 유럽우주국(ESA) 소속 11개 회원국(영국·프랑스·독일·이탈리아·에스파냐·스위스·네덜란드·벨기에·덴마크·스웨덴·노르웨이) 등이 참여하고 있

우주 왕복선 디스커버리(Discovery)에서 2009년 3월 25일 촬영한 국제우주정거장_아래쪽에 푸르고 흰 지구의 모습이 보인다.(NASA)

다. 이것은 고정된 궤도를 선회하면서 과학 관측 및 실험, 우주선 연료 보급, 위성 발사 등을 하기 위한 기지로 설계되었다. 즉 유인 인공위성有人人工衛星인 것이다. ISS의 총 건설 비용은 약 400억 달러 이상, 무게는 454톤으로 6개의 실험실과 우주인 7~10인이 장기 체류할 수 있도록 건설 중이다. 1998년 11월 20일 러시아가 우주정거장 본체 구조물을 쏘아올림으로써 시작되어, 2010년 이후에 완공될 것이라고 하는데 아직은 미확정이다. ISS는 각종 로켓에 실려 발사된 장치들을 우주 공간에서 조립하는 방식으로 건설되고 있는데, 조립에는 우주인의 외부 유영과 로봇 기술이 사용된다.

현재의 ISS는 지구 상공의 저궤도에 속하는 약 350~380km 상공에 위치해 있다. 이 궤도는 미국 외의 다른 ISS 회원국들이 자국에서 승무원이나 화물을 직접 ISS로 발사할 수 있는 궤도이다. 또한 이 궤도에서는 지구를 관찰하기가 매우 쉬워 지표 전체의 85% 이상, 인구 수로 따졌을 때 약 95%가 살고 있는 전 지역을 관찰할 수 있다. 몸체와 전력을 제공하는 거대한 태양전지판 날개가 태양빛 속에서 빛나고 있어 지구상에서 보면 작은 별같이 보이기도 한다. 우주정거장은 시속 2만 7740km의 속도로 약 90분에 걸쳐 지구를 한 바퀴 돌기 때문에 하루에 약 16회 지구를 공전한다. 2008년 4월 한국 최초의 우주 비행사 이소연이 이 ISS에서 11일 동안 머물면서 과학 실험과 관찰 임무를 수행한 바 있다. 먼 장래에는 이 우주정거장이 화성이나 다른 은하 탐사의 전진 기지가 될 수 있을 것이다.

 인간의 우주 생활

미르의 우주 비행사 중에 1년 이상 우주선 선내에서 생활한 사람도 있다. 얼마나 지겨웠을까? 우주여행은 즐거운 것만이 아니다. 우주를 여행하는 사람의 반은 우주멀미로 현기증과 구역질에 시달린다. 그러나 대개는 이런 상태에 곧 익숙해진다. 하지만 더욱 문제가 되는 것은 혈액(체액) 등의 순환에 이상이 생길 수 있고, 간장이나 심장 같은 기관이 잘 움직일지 의문이라는 점이다. 얼굴은 혈액 순환이 잘 되어서 비행사가 일시적으로 젊어진 것처럼 보일 수 있겠지만, 근육이 약해지기 때문에 선내에서는 근육을 유지하는 운동이 필수적이다. 가장 큰 문제는 칼슘이 결핍되어 뼈가 약해지는 것이다. 아마도 장기간에 걸친 우주여행이 가져오는 심리적인 영향도 큰 문제가 될 것이다. 이에 대해서는 아직까지 잘 알려져 있지 않지만 긴 우주여행은 이러한 위험을 감수해야 한다.

우리나라 위성도 하늘을 돌아다닌다
- 한국 위성

최초의 과학위성인 '우리별 1호'가 1992년 8월에 성공적으로 발사됨으로써 우리나라도 인공위성 보유국이 되었다. 비록 초보적인 소규모 위성이지만 우주 산업에 첫발을 내디뎠다는 측면에서 매우 의미 있는 해였다. 영국 서리 대학교(University of Surrey)의 기술을 전수받아 제작된 우리별 1호(Our Star 또는 KIT Sat A)는 프랑스령 기아나(French Guiana)의 쿠루(Kourou) 우주기지에서 프랑스 발사 로켓인 아리안(Arrianos) V-52 로켓에 실려 발사되었다. 이 위성의 무게는 50kg으로 지상 1,300km 상공에서 초속 8km의 속도로 하루에 13번씩 지구 궤도를 돌았다. 한 해 뒤인 1993년 9월 발사된 우리별 2호는 자체 기술로 개발되었다. 이어 민간 분야에서 통신방송위성인 무궁화위성 1호가 1995년 8월에 하늘로 올라갔고, 6개월 뒤인 이듬해 1월 무궁화위성 2호가 궤도에 올랐으며, 같은 해 5월 우리별 3호가 발사됐다. 1999년에는 우리별 3호와 무궁화 3호(2,800kg)가,

8년간의 임무를 마치고 생을 마감한 아리랑 1호 위성
(교육과학기술부)

12월에는 다목적실용위성인 아리랑 1호(510kg)가 올라가 한해에 3기가 연이어 발사되기도 하였다.

　미국 캘리포니아 주에 있는 반덴버그 공군기지에서 1999년 12월 21일에 성공적으로 발사된 다목적실용위성인 아리랑 1호는 두 가지 관점에서 우리나라가 우주과학기술 분야에 진입할 수 있는 계기를 마련해 주었다. 첫째는 국내 기술진들이 위성 개발에 필요한 기술을 확보한 것이며, 둘째는 위성 자료를 활용하는 원격 탐사 분야가 발전할 수 있었다는 것이다. 아리랑 1호는 당초 예상 수명(3년)을 훨씬 넘긴 약 8년 동안 지구를 4만 3000여 회 돌면서 한반도 및 전 세계의 위성 영상 약 44만 장을 찍었다. 2007년 12월 30일 교신이 두절되어 2008년 1월 31일 공식 임무를 종료하였다. 위성 관제가 종료될 경우 위성은 자

표 15. 우리나라 위성 발사 현황

구분	위성명	번호	발사일	내용
과학 실험 위성	우리별	1호	1992년 8월 11일	아리안로켓. 1300km 원형 궤도, 남미 쿠루 발사장
		2호	1993년 9월 26일	아리안로켓. 800km 궤도, 남미 쿠루 발사장
		3호	1999년 5월 26일	독자 개발, 인도 PSLV(730km), 인도 샤르 발사장
	과학 위성	1호	2003년 9월 7일	러시아코스모스3M로켓. 우주 망원경 탑재
		2호	발사 예정	2009년, 2010년 2회 발사 실패(나로우주센터)
		3호	발사 예정	
통신· 방송 위성	무궁화	1호	1995년 8월 5일	델타 II 로켓. 적도 상공 3만 6000km의 정지 궤도
		2호	1996년 1월 14일	미국 록히드마틴사. 3만 5766km의 궤도
		3호	1999년 9월 5일	미국 록히드마틴사, 발사체는 아리안IV 로켓
		5호	2006년 8월	오딧세이호 위에서 해상 발사. 군사용 위성
통신· 해양· 기상 위성	천리안		2010년 6월 27일	쿠루 우주센터에서 프랑스 아리안스페이스사의 Arian 5로켓에 의해 발사
	COMS-1, 2			발사 예정
다목적 실용 위성	아리랑	1호	1999년 12월 21일	미국 반덴버거 발사장, 카메라로 지구 관측
		2호	2006년 7월 28일	KOMPSAT 2. 지구 관측, 플레세츠크 공군기지
		3호	발사 예정	KOMPSAT 3. 광학 카메라 탑재 예정
		5호	발사 예정	KOMPSAT 5. SAR 레이더 탑재 예정

연적인 고도 감소로 약 50년 후에는 대기권에 진입하면서 불타 없어질 것이라고 밝혔다.

아리랑 2호는 2006년 7월 28일 항공우주연구원(KARI)에서 발사한 다목적실용위성(KOMPSAT II)이다. 대한민국이 개발한 10번째 인공위성인 이 위성은 ICBM을 개량한 러시아의 흐루니체프(Khrunichev)사의 고체 연료 추진 방식으로 개발되어 발사체 로콧(ROCKOT)에 실려 플레세츠크 발사장(Plesetsk Cosmodrome)에서 발사되었다. 아리랑 2호는 80cm 직경의 망원경(렌즈 직경 60cm, 길이 1.6m, 해상도 흑백 1m급)으로 천연색 4m급 영상을 찍는다. 아리랑 2호 개발 전의 위성 개발 기술 자급도는 65%에 불과했으나, 아리랑 2호 이후에 설계 80%, 제작 70%, 조립 및 시험 90%의 국산화 능력을 갖추게 되었다. 아리랑 2호의 공식 수명은 3년이지만, 5년 이상 활용 가능할 것으로 예상된다. 한편 우리나라는 아리랑 2호의 성공으로 미국, 러시아, 프랑스, 독일, 이스라엘, 일본에 이어 세계 7번째 1m급 해상도 관측 위성 보유국이 되었다. 2010년 6월 27일 발사된 남미 기아나의 꾸르 우주센터에서 발사된 '천리안 위성'을 일명 통신해양기상위성(通信海洋氣象衛星, Communication, Ocean and Meteorological Satellite: COMS)이라고 한다. 이 위성은 대한민국 최초의 기상 관측, 해양 관측, 통신 서비스 임무를 수행하는 정지 궤도 복합 위성으로, 앞으로 7년 동안 한반도 주변의 기상과 해양을 관측하는 임무를 수행할 계획이다.

앞으로 발사될 통신해양기상위성(COMS-1) 1호와 2호(COMS-2)까지 발사에 성공한다면 우리나라도 위성 강국이 될 것이다. 우리나라는 우주 선진국 진입에 필요한 인공위성, 발사체, 발사장(나로기지)의 세 가지를 다 갖춘 셈인데, 현재 개발 중인 다목적 실용 위성 3호까지 성공한다면 명실공히 우주 선진국으로 자리매김할 수 있을 것이다.

아리랑 1호

아리랑 1호에는 지도 제작을 위한 6.6m 해상도의 지상 관측 카메라(EOC)와 해양 관측을 위한 1km 해상도의 센서(OSMI)가 탑재되어 있었다. 아리랑이 보내오는 지구관측 자료는 대전의 지상국에서 수신되어, 지상, 해양, 기상, 자료 정보 관리 분야 등 4개 분야로 활용되었다. 지상 분야에서는 토지 이용, 변화 탐지, 재해 감시, 수자원 관리 등에 이용하였으며, 해양 분야에서는 대기 보정 및 수중 알고리즘 개발과 같은 연구 분야에 주로 이용되었고 연근해 어장 환경 모니터링에도 일부 자료가 활용되었다. 기상 분야에서는 황사나 태풍 같은 기상 현상들을 모니터링하기 위하여 OSMI 자료가 사용되었고, 자료 정보 관리 분야에서는 지도 제작에 활용되었다. 이들 한정된 분야 외에도 아리랑 1호의 자료는 60개가 넘는 공공기관에 배포되었으며, 국내외에 상용 배포를 통해 관련 분야의 업무 개선과 연구 개발에 활용되었다. 각종 영상 자료들을 바탕으로 한국의 자연, 국토 모니터링, 대기 해양 환경, 재해 감시, 지도 제작, 북한 영상, 세계 도시 탐구가 이루어졌으며 이는 TV 방송에도 많이 소개되었다.

우리나라에서 하늘로 출발하는 터미널
- 나로우주센터

　우리나라에도 우주 발사 기지가 생겼다. 전라남도 고흥군 봉래면 예내리 하반마을(외나로도)에 위치한 나로우주센터(Naro Space Center)이다. 2009년 6월 11일에 준공식을 가졌으며 이로써 우리나라는 세계 13번째 우주 기지 보유국이 됐다. 나로우주센터는 러시아의 기술 협력으로 건설되었다. 발사대는 초속 60m의 강풍에도 견딜 수 있도록 건설되었으며, 총 200회 로켓을 발사할 수 있다고 한다. 앞으로 재공사에 들어가서 점차적으로 업그레이드 공사를 할 것이라고 한다. 이곳에서 2015년까지 과학기술 위성 2호, 3호와 다목적 실용 위성 아리랑 5호 등 한국형 위성을 발사할 계획이라고 한다.

　발사 로켓의 안전을 위해 최소한 반경 1.2km의 안전 구역이 확보되어야 하는데, 특히 외국 영공(고도 100km)을 직접 통과하지 않아야 한다. 발사 때 1단 50km, 2단 500km, 3단 3,500km 상공 등에서 최소 3단계 이상의 분리가 이루어지기 때문에 발사 후 로켓 낙하물이 인구 밀집 지역이나 다른 나라의 영토에 떨어지지 않아야 한다. 특히 안전 발사를 위해, 발사장이나 예정 비행경로 18km 이내에는 벼락이 치지 않아야 한다. 2009년 집계 기준으로, 전 세계 16개국에 우주센터가 있다. 미국(10개), 러시아(3개), 중화인민공화국(3개), 독일(3개), 일본(2개), 북한(2개), 그 외에 인도, 프랑스, 브라질, 카자흐스탄, 오스트레일리아, 파키스탄, 캐나다, 이스라엘, 이란, 대한민국(나로우주센터) 등이 1개씩 가지고 있다.

　우리나라는 2009년 8월 25일 오후 5시 나로우주센타에서 첫 우주 발사체 나로호(KSLV-I)에 의해 과학기술위성 2호(KSLV-1)가 발사되었다. 섭씨 3000℃의 열을 내뿜으며 1분 30초 동안 국민들의 눈을 즐겁게 하였지만, 이 위성은 목표 궤도에 도달하지 못하여 실패하고 말았다. 2개의 위성 보호 덮개(페어링) 중 하나가 열리지 않은 것이 실패의 원인으로 알려졌다. 2010년 6월 10일에 재발사되었는데 이번에도 137초 만에 공중에서 폭발하고 말았다. 초기 위성 발사 이후 지금까지 5천억 원 이상이 들어갔다고 한다. 다음 발사 때까지 앞으로 얼마나 더 많은 경비와 시간이 소요될 지 모른다. 다행인 것은 통신해양기상위성(通信海洋氣象衛星, COMS; Communication, Ocean and Meteorological Satellite)인 천리안千里眼이 2010년 6월 27일 하늘에 올라간 것이다. 다음에는 나로호의 뒤를 이은 후속 한국형 발사체(KSLV-II)를 국내 독자 기술로 2018년까지 개발하여 발사할 계획이라고 한다.

　만약 나로호가 정상적으로 발사되었다면 우리나라도 세계 10번째 스페이스클럽(Space Club) 회원국이 되었을 것이다. 자국 영토의 발사장에서 자체 제작한 인공위성을 우주에 쏘아 올린 국가는 '스페이스클럽'에 가입된다. 지금까지의 스페이스클럽 가입국은 러시아(1957년 10월 4일)를 시발점으로 미국(1958년 2월 1일), 프랑스(1965년 11월 26일), 일본(1970년 2월 11일), 중국(1970년

나로호 발사 직전의 나로우주센터

4월 24일), 영국(1971년 10월 28일), 인도(1980년 7월 18일), 이스라엘(1988년 9월 19일), 이란(2009년 2월)으로 파악된다. 우리나라는 2009년과 2010년 나로호 발사 실패로 앞으로 2~3년은 더 기다려야 회원국이 될 것이다. 그리고 1단 발사체를 러시아에 의존했기 때문에 독자 발사체 개발을 서둘러야 한다. 향후 10년 정도를 바라보고 발사체 1단부터 전체를 우리 기술로 자립해야만 명실공히 우주 선진국이 되는 것이다.

6

지구촌을 누비는 하늘버스

교양으로 읽는 하늘 이야기 – 대단한 하늘여행

최초로 하늘을 난 사람들
- 라이트 형제

아주 어릴 때부터 기계에 남다른 재능을 보인 라이트 형제(Wright, Orville and Wilbur)는 거의 독학으로 인쇄기계를 제작하기 시작했다. 그 뒤에는 자전거 판매 사업에 뛰어들었고, 이 사업에서 얻은 수익으로 하늘을 나는 기계에 대한 실험을 했다. 지금 생각해 보면 그들은 아주 적절한 시기에 비행기 사업에 손을 댔다. 왜냐하면 이때 공기역학空氣力學, 구조공학構造工學, 기관설계, 연료기술 등이 모두 어느 정도 수준에 올라 있었기 때문이다. 이들은 이러한 공학 기술을 바탕으로 실제로 비행할 수 있는 기계(비행기)를 만들 수 있었다.

독일의 항공학자인 릴리엔탈(Otto Lilienthal, 1848~1896)이 2,000번 이상 하늘을 나는 비행 실험을 했지만, 1896년 추락하여 사망했다. 이 소식을 접한 라이트 형제의 형 윌버(Wilbur Wright, 1867~1912)는 처음으로 하늘을 나는 비행기에 대해 관심을 갖기 시작했다. 그는 대머리수리가 공중에서 어떻게 균형을 잡는지 자세히 관찰한 뒤 사람들이 하늘에 올라 새처럼 안전하게 날아가기 위해서는 반드시 세 방향의 축이 조화를 이루어야 한다는 것을 깨달았다. 즉 새처럼 비행기도 한쪽 또는 다른 쪽으로 선회할 때의 기울임이나 상승, 하강, 좌우 조종을할 수 있어야 하고, 필요하다면 이런 작동을 동시에 할 수 있어야 한다고 생각했다.

형제들은 이러한 사실에 근거하여 1899년 최초로 복엽연複葉鳶 기계를 만들어 날개를 부착했다. 동력 비행을 시도하기 전에 활공 비행을 터득하기로 결정하고, 1900·1901·1902년에 걸쳐 3대의 복엽 글라이더를 제작하여 실험하였다. 드디어 1903년 노스캐롤라이나(North Carolina)의 키티호크(Kitty Hawk)에서 최초의 동력 비행기인 '플라이어 Ⅰ'를 완성하여 이륙하였다. 처음 비행에서는 12초를 날았으며, 두 번째 비행에서는 59초 동안 243m을 날았다. 다시 개량한 '플라이어 Ⅱ'를 만들어 비행했고, 1905년에는 세계 최초의 실용 비행기인 '플라이어 Ⅲ'을 만들었는데, 이때 30분 이상 공중에 떠 있을 수 있었다고 한다. 드디어 라이트 형제는 미국 정부에 하늘을 날 수 있는 비행기를 만들었다고 보고하였으나 미국 정부(육군)는 이를 믿으려하지 않았다.

형제의 소식은 유럽으로 퍼져나가 마침내 1908년 유럽에서 라이트 비행기를 생산하기로 계약을 맺었다. 미국에서도 시험 비행에 성공하면 육군이 라이트 비행기를 구입해 주기로 하였다. 동생 오빌(Orville Wright, 1871~1948)은 미국

플라이어(Le Flyer) 1호_1903년 노스캐롤라이나 키티호크에서 날린 최초의 동력 비행기

에서 연습 비행을 수차례 가지고, 형 윌버는 프랑스에서 새로 만든 비행기로 실험 비행을 계속했다. 형 윌버는 5개월 동안 100회 이상을 비행하여 25시간 이상 공중에 떠 있었다. 이 중 약 60번 정도는 승객을 태웠고, 1시간이 넘는 비행을 7번 하였으며, 최장 2시간 20분이라는 비행 기록도 세웠다. 반면에 미국에 있던 동생 오빌도 여러 차례 비행을 하였으나, 1908년 9월 17일 비행기가 추락하여 오빌은 부상을 입고 승객은 사망하는 사고가 발생했다.

형제는 항공기 기술에 대변혁을 일으켰고 비행기가 공중에서 어떻게 제어되는지 전 세계 사람들에게 보여 주었다. 1909년 형 윌버가 프랑스와 이탈리아에서 시범 비행을 하고, 동생 오빌은 군용기를 납품하기로 미 육군과 계약을 맺었다. 형제는 1909년 말까지 유럽과 미국에서 항공기 산업을 주도했다. 1910년과 1911년에는 개량된 라이트 비행기도 생산되었다. 그러나 유럽에서는 라이트 형제가 만든 비행기보다 더 성능이 좋은 비행기가 제작되기 시작했다. 비행기 제작에 열정을 불태운 형제는 둘 다 미혼으로 사망하였는데 형 윌버는 1912년에 장티푸스로 먼저 사망하였다.

비행기도 날아가는 길이 있다
- 항공로

　항공기가 통행하는 길을 항로航路, 공로空路 또는 항공로(airway)라 일컫는데 이는 일정하게 운항하는 항공기의 지정된 공중 통로이다. 즉 비행기도 일정한 길을 따라간다는 말이다. 항공로의 너비는 육상에서는 18km, 해상에서는 90km이며 높이는 지상 200m에서 무한 상공까지 연결된 공간이다. 항공로의 설정은 국제민간항공기구(ICAO)에서 정한 비행 정보 구역을 관할하는 나라가 행하며, 항공로지航空路誌, 노탐(NOTAM; Notice To Airman)에 의해 고시된다. 한국의 항공법(제2조 13항)에 따르면 항공로란 교통부장관이 항공기의 항행에 적합하다고 지정한 지구 표면상에 표시된 공간의 통로로서, 항공기를 안전하게 항행시키기 위해 지형, 기상 상태, 항법 시설航法施設, 비행장 등을 고려하여 설정하고 공고하도록 되어 있다.

　또 항공로를 구성하는 항법 시설로는 무지향성 무선 표지 시설(NDB), 초단파 전방향성 무선 표식(超短波全方向性無線標識, VOR), 지상국 또는 이동국에서 비행 중인 항공기에 거리와 방향을 알려 주는 항법 원조 시스템(TACAN), 거리 측정 전파 장치(VOR/DME), 기타 VOR과 TAC(ANVORTAC) 등이 있으며, 특히 VOR을 이용하는 항로를 빅터 항로(victor airway)라고 한다. 항공로에는 코스상 필요한 지점에 위치 통보점이 설정되어 있어 이 지점을 통과하는 항공기는 항공교통 관제센터에 기본 사항을 통고하도록 의무화하고 있다. 한국 최초의 정기 항공

노선은 1929년 4월 일본 항공회사에서 우편물 수송을 위해 개항한 서울, 평양, 대구, 신의주에서 도쿄東京를 잇는 노선이었고 8·15 해방 후 최초의 국제선은 1954년 서울, 타이베이臺北, 홍콩을 연결한 노선이었다.

공항과 공항 사이에서는 눈에는 보이지 않지만 지상에서 발사하는 전파를 이용해 항공로가 통제되고 있다. 하루에도 수천 대의 항공기가 안전하게, 질서 정연하게 비행할 수 있는 것도 항공교통규칙 때문이다. 이 하늘길(Airway)은 고도 2만 9천 피트 이하의 저底고도 항공로와 그 이상의 높이에서 운항되는 고高고도 항공로로 구분한다. 특히 고고도 항공로는 제트기만 비행할 수 있어서 '제트루트(Jet Route)'라고도 한다. 항공로에는 국제적으로 정해진 고유의 이름이 있는데, 국내선 항공로에는 H(Hotel), J(Juliet), V(Victor), W(Whisky)에 1번부터 99번까지의 번호를 붙여서 국토해양부 장관이 항공로의 이름을 부여하도록 되어 있다. 국제선은 G(Green), R(Red), A(Amber), B(Blue), W(White)에 1번부터 99번까지의 번호를 붙여서 사용하는데, 이때 국제항공운송기구(ICAO)의 승인을 받아야 한다.

지구촌 시외버스
– 여객기

    인간은 오랜 옛날부터 하늘을 날기 위해 노력하였다. 이탈리아의 화가이자 과학자인 레오나르도 다빈치(Leonardo da Vinci, 1452~1519)는 하늘을 나는 방법을 연구하면서 박쥐 모양의 비행기를 비롯하여 헬리콥터, 낙하산, 글라이더 등에 대한 기록을 남겼다. 그 후 20세기 초에 하늘을 날고 싶어 하는 인류의 꿈이 서서히 싹트기 시작하여 1903년 미국의 라이트 형제가 12초 동안 하늘을 40m 날았다. 1910~1911에도 라이트 형제들의 비행기가 개량되었고, 1920~1930년대에는 비행선도 많이 발전하였다. 제1차 세계대전(1914~1918)을 거치면서 목재로 만들었던 비행기 몸체가 튼튼한 금속으로 바뀌었고 공장도 대형화되었다. 제2차 세계대전(1939~1945)을 치르고 난 뒤부터는 비행기가 크게 발전했는데, 특히 제트기관이 등장하였다. 1950년대에 접어들면서 비행기는 대중교통 수단으로 이용되었고, 1960년대 후반에는 초음속 비행기가 개발되었으며 비행기의 규모도 상당히 커졌다.

    인류 최초의 여객기는 1930년대 러시아의 '볼쇼이 발티스티'라는 비행기로 승무원 2명과 승객 7명이 탈 수 있었다고 한다. 그 후 이 비행기를 좀 더 개량한 '르 그랑(Le grand)'이라는 비행기가 생산되었는데, 이 비행기에는 객실 의자, 소파, 화장실, 심지어 난방 장치까지 있었다고 한다. 제1차 세계대전 후 비행기 기술이 급격히 발전하면서 1952년 영국에서 좀 더 발전된 '도니어 코멧

[Donier comet]' 이라는 세계 최초의 단엽 여객기가 나왔는데 이 비행기는 전체가 금속으로 되어 있었다고 한다.

일반적으로 여객기는 사람을 태워 나르는 민간 항공기이다. 여객기의 정의는 국가에 따라 약간씩 다르지만, 조종실과 따로 떨어진 여객 전용실을 가지고 20명 이상의 승객을 태울 수 있거나, 자체 중량 5만 파운드 이상의 비행기를 말한다. 지금까지 취항한 여객기 중 이름이 기억에 남는 여객기로는 1970~2003년까지 취항한 콩코드기, 1968년부터 취항한 2층 갑판의 보잉 747기와 보잉 707기, 에어버스사의 DC-10기 등이 있고, 1960년대에 이르러서 초대형기와 초고속기의 제작 기술이 개발됨에 따라 300~500석 정도의 대형 제트여객기가 많이 개발되었다. 2006년에는 보잉 747과 달리 완전한 2층 객실로 이루어진 에어버스 A380이 취항하였다. 여객기마다 일정 고도를 유지하면서 날아가는데, 국내선의 경우는 최소 7,000~8,000m, 국제선의 경우는 1만m 내외까지 올라가서 날아간다. 우선 낮은 고도로 비행할 시에는 지상에 있는 사람들에게 소음으로 인한 피해를 주기 때문이기도 하지만, 주된 이유는 공기의 저항을 줄이기 위함이다.

여객기는 일반적으로 1등석(프리스티지석), 2등석(비지니스석), 3등석(이코노미석 : 일반석)으로 구분한다. 국제선의 경우는 3개 클래스의 좌석으로 나뉘지만 국내선은 일반적으로 2등석과 3등석으로 구분되어 있다. 국내선에서는 비행하는 동안 대개 음료 정도가 제공되지만, 국제선에서는 식사, 음료는 물론 다양한 영화 및 음악 채널을 포함한 즐길 거리가 제공되며 일부 여객기에서는 게임 및 위성 전화도 제공된다.

여객기 제작은 특수 분야이기 때문에 돈이 많이 있다고 공장을 지을 수는 없다. 세계의 곳곳 러시아, 브라질, 캐나다 등에 소규모 여객기 제작사가 있지만, 미국의 보잉사와 유럽의 다국적 기업인 에어버스사가 여객기 제작 시장을 평정하고 있다. 항공 산업은 연구 개발에 돈이 많이 들어가므로 수지를 맞추기가 쉽지 않다. 그래서 공룡 기업인 양사는 각각의 정부(미국과 유럽연합)로부터 세제 또는 금융 보조를 받고 있는 것으로 알려져 있다. 오늘날에는 유지비가 많이 드는 구

여객기의 모습(대한항공)

형 여객기가 점차 사라지고 있는 추세이다. 수명이 다한 여객기는 미국의 모하비 사막에 있는 모하비 우주공항(비행기 묘지)에서 끝을 맺게 된다.

 비행기 낙하산

비행 중인 여객기는 바깥 대기압이 높기 때문에 문이 열리지 않는다. 문이 열린다고 해도 승객이 낙하산을 메고 뛰어내렸을 때 동체에 부딪칠 위험이 많다. 운 좋게 밖으로 튕겨 나간다고 해도 엄청난 대기 압력과 추위 때문에 도저히 견뎌 낼 재간이 없다. 보통 국제선 여객기의 고도가 약 3만 피트(1만m) 내외이므로 외부 온도는 약 −57℃ 정도여서 얼어 죽기 십상이다. 물론 산소가 부족해서 숨도 쉬지 못한다. 이처럼 낙하산에 의한 생존 확률이 낮으므로 최대한 여객기를 안전하게 비상 착륙시키는 것이 생존율을 높이는 길이다. 여기서 호기심이 발동한다. 어떠한 일이 있어도 추락하지 않는 여객기를 만들면 되지 않을까? 또는 급 추락 사태가 발생하면 자동으로 비행기의 전면, 중간, 후미에서 낙하산이 튀어나오도록 설계하면 되지 않을까? 아니면 비행기 날개를 변형하여 낙하산 기능을 할 수 있는 비행기를 만들면 되지 않을까? 한마디로 비행기 내부에 있는 개인용 낙하산이 아니라 '낙하산이 달린 비행기'를 만들자는 것이다. 미국의 비행기 전문 제작 회사에서 소형 단발 비행기로 이 시험을 했다고 한다. 이 시험에 따르면 엔진이 정지하는 등 비상 상황이 발생할 때 동체에 장착된 낙하산으로 활공하며 안전하게 지상에 착륙할 수 있을 것이라고 한다. 머지않아 실용 가능한 비행기 낙하산이 개발될 것으로 믿는다.

하늘을 나는 7성급 호텔
- 에어버스 A380

세상에는 여러 종류의 교통수단이 있지만 그 중에 제일 편리한 것이 바로 비행기(여객기)다. 비록 탑승을 위한 수속 시간이 1~2시간 정도 걸리는 단점이 있지만, 다른 교통수단에 비해 먼 거리를 빠르게 갈 수 있기 때문에 널리 이용된다. 그리고 비행기를 이용할 때 사람들은 대체로 이코노미클래스(Economy Class)를 이용한다. 좁은 공간에 3열로 된 자리이며, 창가에라도 앉으면 화장실 갈 때 옆 사람에게 양해를 구해야 하고 오래 앉아 있으면 몸이 비틀어지고 생 몸살이 난다. 그런데 이런 것을 조금이나마 해결해 줄 수 있는 덩치 큰 비행기가 나왔다고 한다. 아직은 국적기가 도입되지 않았지만 기존 여객기의 이코노미클래스보다는 조금은 더 넓지 않을까 기대해 본다.

2007년에 처음 취항한 에어버스 A380은 유럽 연합의 에어버스사가 제작한 2층 구조로 된 초대형 항공기이다. 대형 항공기 시장을 독점하고 있는 미국 보잉사의 보잉 747 항공기에 대응하기 위해 2000년 12월부터 개발에 착수하여, 2005년 4월 27일 프랑스 툴루즈(Toulouse) 공항에서 처녀비행을 성공적으로 마쳤다. 첫 상업 비행은 2007년 10월 25일 싱가포르(SQ380편) 창이 국제공항에서 시드니 킹스포드스미스 국제공항(Kingsford Smith International Airport)까지 가는 비행 편이었다.

개발 과정에는 '에어버스 A3XX'로 알려져 있었으며 '슈퍼점보'라는 별명과 함께 'WhaleJet'이라는 비공식 애칭도 가지고 있었다. 이 비행기는 현존하는 가장 큰 비행기보다 50% 가량 공간이 넓어졌다고 한다. 흔히 알려진 세 가지 종류(퍼스트, 비즈니스, 이코노미)로 좌석을 배치할 경우 555석, 전체를 이코노미석으로만 배치할 경우 853석을 마련할 수 있으며, 지금의 일반석 규모로 좌석을 배치한다면 1,000석도 가능하다고 한다. 많은 인구가 사는 중국이나 인도 같은 나라에 적합할 것이다.

우리나라의 경우, 2006년 11월 15일에 상업 비행차 인천국제공항을 방문하였고, 2007년 9월 5일에도 대한항공과 아시아나항공의 프로모션 비행 차 인천국제공항을 다시 방문하였다. 대한항공은 5대를 발주 후 3대를 더 추가 주문하였고 아시아나항공은 도입을 추진하였다가 A350으로 교체 주문하였다고 한다. 아무튼 TV나 매스컴을 통해 소개된 내부를 보면 초호화판 비행기임에는 틀림이 없다. 좌석의 간격도 넓히고 각종 편의 시설들을 호화롭게 배치했다. 이렇게 궁전같은 비행기가 나왔다니 덩달아 기분이 좋아진다. 얼마 전 에미레이트 항공사에서 서울~두바이 간의 노선에 이 비행기를 투입한다고 하는데,

에어버스 A380 여객기

탑승할 수 있는 기회가 올지 모르겠다.

 비행기 호텔

세계에서 가장 큰 헬리콥터로 만든 비행기 호텔이 생겼다. 이 헬리콥터는 구소련이 1960년대에 개발한 Mil V-12로, 단 두 대만 만들었다고 한다. 헬리콥터 제작 회사 가 그 중 하나를 세계 최초로 공중을 나는 호텔로 꾸몄다. 이 헬리콥터에는 18개의 호화스러운 방들이 수요자의 기억에 남을 만한 시설로 꾸며져 있으며 색다른 경험 을 원하는 사람들에게 맞춰 제작했다고 한다. 룸서비스는 일반 여객기처럼 이륙 한 시간 후, 착륙 한 시간 전까지 가능하다고 한다.

역사의 뒤안길로 사라진 초음속 여객기
- 콩코드

音速, sound velocity
소리를 통하여 전파되는
속도. 공기 중의 음속은
0℃, 1기압일 때 초당
331.5m인데, 온도가 1℃
오를 때마다 초당 약
0.6m씩 증가하며, 물속
에서는 초당 약 1,500m
정도 된다.

1956년에 영국에서 초음속• 수송항공기위원회(SATC)가 설립되었고, 1959년에는 마하 1.2와 2.0 두 가지 순항 속도를 가진 여객기를 계획하였다. 이때부터 영국과 프랑스에서는 초음속 여객기(SST; Super Sonic Transport)가 구상되고, 1962년 10월에 양국 개발자는 마하 2.2까지 속도를 낼 수 있는 항공기의 개요를 발표하였다. 그 후 양국 정부가 공동으로 설계, 개발, 제조에 합의하고 프랑스의 드골(Charles Andr Marie Joseph De Gaulle) 대통령이 이 계획을 콩코드(협조)라고 이름 지었는데 이것이 바로 기체의 이름이 되었다. 시험용으로 제작된 콩코드 1호기는 1968년 8월에 지상 시험을 마쳤고, 2호기는 영국에서 조립되어 이듬해 4월에 처녀비행을 했다. 앞이 뾰족하고 삼각날개를 가진 4발 제트 항공기인 콩코드기의 실용 운항에는 첫 비행 이후에도 2년이라는 세월이 더 걸렸다. 미국도 뒤질 것을 염려하여 초음속기 개발 계획을 추진하였고, 1970년대에는 초음속 여객기 시대가 올 것으로 예상되고 있었다.

대형기가 초음속으로 비행하려면 강력한 추진력이 필요하므로 당연히 연료가 많이 들 수밖에 없다. 자동차의 속도가 60km/h일 때와 120km/h일 때를 생각해 보면 이해가 갈 것이다. 한마디로 경제성에 대한 문제가 서서히 대두되기 시작하였다. 더불어 석유 파동도 일어나, 운항 경비에서 유류대가 차지하는 비

콩코드기

율이 엄청나게 높아졌다. 또 다른 문제는 음속(331.5m/s : 마하 1)으로 돌파할 때 생기는 매우 큰 소음이 지상의 환경을 파괴한다는 것이다. 소음을 피해 바다 위로 노선을 정한다면 승객이 한정되어 경제성이 떨어진다. 유류비의 과다 지출과 운항 구간 한정으로 여객기로서의 실용성이 낮게 평가되자 SST에 대한 열의는 점차적으로 식기 시작하였다. 이미 시작한 영국과 프랑스는 콩코드기의 개발과 제작을 멈추지 않았지만, 이런 이유를 간파한 미국은 초음속 여객기의 개발을 중지하였다.

양국은 그 후로도 계속 초음속 여객기를 제작하여 1972년까지 도합 20기를 제작하였다. 콩코드기의 대서양 횡단 비행 기록은 2시간 52분 59초로 평균 속도는 2,000km/h(마하 1.7) 정도였다. 객실은 통로를 가운데 끼고 양쪽에 각각 두 자리씩 4열 배치로 최대 131석을 만들 수 있었지만 너무 좁아서 나중에는 양사가 모두 100석 규모로 재조정하였다. 하지만 점차적으로 소음 문제와 경제성이 대두되어 대서양 횡단 정기편이 줄어들었다. 곧 에어프랑스(Airfrance)는 파리~뉴욕, 브리티시에어웨이(British Airways)는 런던~뉴욕 간의 부정기 전세기로만 운항하게 되었다. 2003년 새벽 3시 20분쯤 마지막 승객을 태우고 영국 히드로 공항(London Heathrow Airport)에서 출발한 브리티시 항공 소속 콩코드기는 6시 40분쯤 뉴욕에 도착했다. 1976년 대서양 노선에 처음 취항한 콩코드기는 양 항공사가 운항을 중단하기로 함에 따라 하늘에서 자취를 감추게 되었다.

동력 없이 비행할 수 있는 항공기
- 글라이더

글라이더 개발에 이바지한 많은 사람들 가운데 가장 유명한 인물은 독일의 오토 릴리엔탈(Otto Lilienthal, 1848~1896)이다. 그는 1867년 동생과 함께 부력浮力과 공기저항空氣抵抗에 대한 실험을 시작했다. 또 캠버(camber, 스프링판의 휜 정도)와 날개 단면을 연구했고, 글라이더(glider)의 안정성을 높이기 위한 방법을 꾸준히 연구하여 마침내 글라이더에 수평꼬리날개도 달았다. 1891년에는 글라이더를 만들고 내리막길을 달려 바람을 타고 나는 데 성공했다. 1896년 프랑스 태생의 미국 공학자 옥타브 샤누트(Octave Chanute, 1832~1910)도 인디애나 주 게리(Gary)의 밀러비치에서 글라이더로 실험 비행을 하였다. 그는 릴리엔탈식

새처럼 나는 방식을 택한 릴리엔탈 글라이더 (1896. 8. 9)

방법 대신 방향타方向舵와 몇 부분으로 나누어진 날개를 추가하였다. 그가 만든 글라이더는 매우 안전하여 2,000여 회 이상의 무사고 비행을 기록했다고 한다. 1902년 라이트 형제도 글라이더를 성공적으로 만들었는데, 몇 번의 실험을 거쳐 비행 중에도 조종 가능한 수직방향타垂直方向舵를 개발하였다. 그 뒤 날개를 구부릴 수 있는 장치를 결합시켜 날개를 위아래로 움직일 수 있게 했다. 이처럼 조종 장치가 점점 개량되어 글라이더는 더욱 안전하게 되었다.

글라이더 제작은 1935년 이후 항공학과 기상학 연구에 큰 기여를 했다. 예를 들어 무선 기록 장치를 글라이더에 실어 뇌우雷雨의 중심부로 날려 보내, 적란운積亂雲의 세기와 성질에 대한 자료를 수집하기도 했다. 또한 제2차 세계대전 동안에는 군대 수송용으로 널리 쓰였다. 요즈음은 학생들이 학교 수업 시간에 글라이더를 만들기도 하고, 일반인들이 취미생활로 글라이더를 만들어 띄우기도 한다.

글라이더가 뜨기 위해서는 충분한 양력揚力을 얻을 때까지 속도를 증가시켜야 한다. 대부분의 초기 글라이더는 바람을 타고 날았지만 오늘날은 소형 비행기나 자동차로 견인하여 띄우기 때문에 순수 바람을 이용할 때보다는 이륙하기가 훨씬 수월하다. 글라이더와 달리 행글라이더(hang-glider)는 알루미늄이나 두랄루민(duralumin)●으로 된 틀에 화학 섬유 천을 입혀서 날 수 있게 만든 스포츠 기구인데, 보통 높은 곳에서 뛰어내려 활공한다. 새일플레인(sailplane) 글라이더는 오르막 지형에서 발생하는 상승 기류上乘氣流인 양력을 얻어 활공한다. 패러글라이더(paraglider)는 바람의 힘이나 공기의 흐름 따위를 이용하여 공중을 날 수 있는 장방형의 낙하산으로 높은 산의 절벽 등에서 뛰어내려서 활공한다. 오늘날에는 이런 종류의 글라이더들 모두가 여가 활용으로 많이 이용되는 편이다.

알루미늄에 구리, 마그네슘, 망간을 섞어 만든 가벼운 합금. 구리가 섞여 있어 내식성이 떨어지나 경도가 높고 기계적 성질이 우수하여 항공기나 자동차를 만드는 데 사용한다.

하늘을 둥둥 떠다니는 초기의 여객기
- 비행선

큰 기구氣球 속에 공기보다 더 가벼운 헬륨이나 수소 따위의 기체를 넣어 그 힘으로 둥둥 떠서 공중을 날아다니도록 만든 것이 초기의 항공기인 비행선(飛行船, airship)이다. 오늘날의 비행기보다 먼저 만들어진 비행선은 크기에 비해 속도가 느리다는 약점을 가지고 있지만 당시로서는 획기적인 발명품이었다. 지금은 광고용, 스포츠용, 특수 목적용으로 사용하지만 당시에는 세계 최초의 여객기 역할을 하였다. 비행선을 여객기라고 부르기엔 좀 어색한 면도 없지 않지만 사람을 싣고 정기 항로에 취항하였으므로 여객기가 아니라고 항변하기도 어렵다.

최초로 운항에 성공한 비행선은 1852년 프랑스의 지파르(Henri Giffard, 1825~1882)가 만들었는데, 그는 3마력(110rpm)의 힘을 낼 수 있는 160kg의 증기기관을 달았다. 이 비행선은 44m의 큰 자루에 수소를 채운 후 이륙하여 10km/h의 속도로 비행했다고 한다. 1872년 독일의 파울 헨라인(Paul Hanlein)은 비행선에 내연기관을 최초로 사용했으며, 1897년에는 독일에서 제대로 된 경식硬式 비행선이 만들어졌다. 파리에 살고 있던 브라질인 알베르토 산투스두몽(Alberto Santos-Dumont, 1873~1932)도 여러 차례 비행선을 개량하였으며, 1900년 전후에 만든 14대의 비행선으로 많은 비행 기록을 세웠다. 1900년부터 독일의 체펠린(Ferdinand Adolf August Heinrich Graf von Zeppelin, 1838~1917) 백작은 대형 경식 비행선인 체펠린 비행선을 만들었으며, 제1차 세계대전 때는 이 비행선들을 이용하여 파리와 런던을 폭격하였다. 연합군도 대잠수함 초계용으로 비행선을 사용했다고 한다.

초기의 비행선

1919년 7월 영국의 비행선 R-34는 대서양 왕복 횡단에 성공했다. 그 후 1920년대와 1930년대에도 유럽과 미국에서 비행선이 개량되어 계속 만들어졌고, 1926년에는 노르웨이의 탐험가 아문센(Roald Amundsen, 1872~1928), 미국의 탐험가 링컨 엘즈워스(Lincoln Ellsworth, 1880~1951) 이탈리아의 항공공학자 움베르토 노빌레(Umberto Nobile, 1885~1978) 등이 이탈리아의 반경식 비행선半硬式飛行船 노르게(Norge)호로 북극을 탐험했다. 1928년 독일에서는 체펠린의 후계자인 후고 에케너(Hugo Eckener, 1868~1954) 박사가 체펠린 비행선을 좀 더 개량한 '그라프체펠린호'를 완성시켰다. 이 비행선은 폐기될 때까지 9년 동안 144번이나 대서양을 횡단하고 도합 590번을 비행했다고 한다.

비행선 중에 가장 큰 비행선은 힌덴부르크(Hindenburg)이다. 체펠린 방식으로 만들었는데 길이가 245m이며 최대 속도는 135km/h였다고 한다. 1936년에 북대서양을 횡단하는 상업적인 운항을 시작하여 독일~미국 간에 10회 정기 왕복 비행으로 1,002명의 승객을 수송하였다. 이 비행선은 1937년 5월 6일 미국의 뉴저지 주 레이크허스트(Lakehurst)에 착륙하던 중에 화염에 휩싸인 뒤 완전히 파괴되었고 97명의 탑승 인원 중 36명이 죽는 일이 발생하였다. 이 비행선의 참사로 경식 비행선의 상용 운항이 중단되었다. 오늘날 비행선은 로켓 발사체처럼 무거운 것을 옮기거나 해양학을 연구하는 데 등 특별한 작업에 쓰이고 있다.

팔랑개비로 날아가는 잠자리비행기
- 헬리콥터

　기체 위에 달린 회전 날개(로터, rotor)를 돌려서 양력을 얻어 수직으로 날아오를 수 있는 항공기를 헬리콥터(helicopter)라고 한다. 헬리콥터는 활주로 없이 어떠한 곳에서나 지면에서 직접 수직으로 날아오르거나 지면에 내릴 수 있는 특징이 있다. 그래서 활주로가 없는 곳이나 건물의 옥상, 선박 등과 같은 좁은 공간에서 유용하다. 속도가 느린 단점이 있지만 뒤로 날아갈 수도 있고, 공중의 한곳에 정지해 있을 수도 있다. 한때 경상도에서는 잠자리비행기 또는 철기 비행기라고 불렀다.

　헬리콥터에 대한 발상은 1490년경 레오나르도 다빈치의 스케치에 처음 나타난다. 하지만 그보다 더 이전에 중국인이나 르네상스 시기의 유럽인들이 수직 상승하여 하늘을 나는 아이디어를 내놓은 것으로 알려졌다. 1900년 이전에는 헬리콥터가 별로 빛을 보지 못했는데, 그 이유는 자체의 무게와 화물을 수직으로 들어 올릴 수 있는 힘이 부족했기 때문이다. 실제로 조종사가 탑승하여 이륙한 것은 20세기 들어서이다. 1907년 프랑스의 폴 코르뉴(Paul Cornu, 1881~1944)는 약 2m 높이의 공중에 떠서 20초간 정지하는 데 성공하였다. 1930년대에 와서야 프랑스와 독일에서 제대로 된 수직 이륙 및 전진 비행이 가능한 시험용 헬리콥터가 제작되었다. 비행이 가능한 헬리콥터가 최초로 성공한 것은 1937년 하인리히 포케(Heinrich Focke, 1890~1979)가 개발한 포게울프(Forcke-

Wulf)기였다. 러시아에서 미국으로 망명한 이골 시콜스키(Igor Sikorsky, 1889~1972)는 1939년에 단식 로터에 꼬리회전익을 갖춘 오늘날의 헬리콥터와 비슷한 모양의 VS-300을 개발하여 첫 비행을 하였다. 일단 헬리콥터 디자인의 기본 원칙이 정해지자 대서양 양안의 유럽과 미국에서 급속도로 발전되었다.

헬리콥터는 주로 군용으로 많이 쓰이는데, 영국령이었던 말레이시아에서 대게릴라전에 사용되었고 한국전쟁에서도 사용되었으나 본격적으로 운용된 것은 베트남전에서부터였다. 평시에는 인명 구조, 통신 연락, 화물 운반, 해상 교량 공사, 사진 촬영, 농약 살포, 산불 진압 등에 주로 이용되고 있다. 일반적인 항공기와는 다른 비행 특성을 갖는 헬리콥터는 수직 이륙, 수직 착륙, 공중 정지(호버링, hovering) 및 전후좌우로의 기동 능력이 뛰어나 군대에서 지휘 연락, 무기 및 환자 수송, 적의 잠수함 수색과 공격 등에 탁월한 기량을 발휘한다.

2009년에는 막힌 도로를 피해 하늘을 날아 출퇴근할 수 있는 헬리콥터(Mini Helicopter)가 출시됐다고 한다. 뉴질랜드의 마틴에어크래프트사가 1인이 간단히 착용(탑승)할 수 있는 소형 헬리콥터 '마틴 제트팩'을 선보였는데 이 헬리콥터는 시속 64마일(약 103km/h)로 비행할 수 있다고 한다. 또 독일의 산업디자이너 다니엘 코키바가 모기를 본떠 만든 1인용 헬리콥터의 디자인을 선보여 화제가 되었다. 멕시코의 TAM 항공사도 배낭처럼 등에 멜 수 있는 초소형 1인용 헬리콥터를 발명했다고 한다. 이처럼 전 세계에서는 지금 1인용 헬리콥터의 개발이 한창이며 항공기전시회에도 많이 출품되고 있

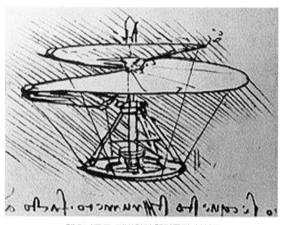

레오나르도 다빈치의 헬리콥터 상상도

다. 항공국의 이륙 허가를 받아야 하는 까다로움이 있을 수 있지만, 앞으로 1인용 헬리콥터가 대량 생산될 날도 멀지 않았다.

적국을 꿰뚫어 보는 전략 정찰기
– U-2기

    U-2 정찰기는 일반 정찰기와 달리 고도의 정치적인 목적을 위해 개발된 전략 정찰기이다. 적군의 병력이나 배치 상황 등을 정찰하는 전술 정찰에 비해, 전략 정찰은 잠재 적국의 전략 무기 배치 상황이나 군사기지 배치, 군수산업의 생산 능력 등을 정찰한다. 단기간에 끝나는 전술 정찰과 달리 국가 수준의 정치나 외교 정책에 필요한 정보를 수집하는 것이 전략 정찰기의 임무인 것이다. U-2는 구소련의 영공 깊숙이 들어가 정보를 수집하기 위해 미국 CIA가 기밀 예산을 투자해 개발한 특수 기체이다. U-2기의 'U'는 Utility, 즉 '다용도기'를 의미한다. 정찰기를 의미하는 'R'이 사용되지 않고 'U'가 사용된 이유는 CIA가 기체의 목적과 개발 경위를 은폐하려고 한 탓이다. U-2 시제 1호기는 1955년 8월 4일 최초로 비행하였다. 록히드사가 극비리에 개발한 U-2기는 2차대전 이후 미소 냉전이 심화됐을 때 나타난 전략 기종으로 미 전략공군사령부가 전략 폭격기를 개조해서 만든 정찰기이다. U-2기는 주야간, 악천후 구분 없이 지속적인 정찰이 가능하고, 높은 고도나 장거리 전략 정찰 임무 수행, 신호·영상·전자 정보 수집 및 전파 교란 등을 위한 전략 정찰기로 개발되었다.

    최초의 구소련 영공 침범은 1956년 7월이었는데, 레닌그라드와 모스크바 상공을 정찰했다. U-2의 정찰 성능에 만족한 CIA는 점차적으로 정찰 범위를 넓혀 나갔다. 1950년대의 대공 요격 능력은 16km(5만 피트)에 불과해 일반 전투기

U-2기

로는 U-2기의 정찰 비행을 막을 수 없었다. 그러나 고고도 비행으로 자유롭게 구소련을 넘나들던 U-2의 비행에도 제동이 걸렸다. U-2가 미사일에 격추되는 사건(U-2 Affair)이 발생한 것이다. 1960년 5월 프란시스 게리 파워즈(Francis Gary Powers, 1929~1977)가 조종한 U-2가 지대공 미사일에 맞으면서 미국의 스파이 비행이 전 세계에 알려지게 됐다. 다행히 조종사는 죽지 않고 탈출하여 재판에서 10년 금고형을 선고받았다. 조종사는 그 후 1962년 2월 10일 구소련의 첩보원 루돌프 아벨(Rudolf Abel, 1903~1971)과 맞교환하는 것을 조건으로 석방되었다. 격추 사건 이후 U-2기의 본래 목적인 구소련 상공 비행은 전면 중단되었지만 쿠바 · 중국 · 베트남 · 북한 · 중동 국가를 상대로 한 정찰 비행은 계속됐다. U-2는 1962년 10월 쿠바 위기 시, 구소련이 설치한 탄도 미사일을 찾아내는 데 결정적인 증거 사진을 촬영해 그 가치를 입증하였다.

냉전 시대에 활약한 구형 U-2기를 1세대로 본다면 최근에는 2세대 U-2기가 사용되고 있다. 2세대에 속하는 U-2R은 1968년부터 배치됐고, 엔진을 교체한 U-2S(TR-1A)가 1989년까지 활약하였다. 미 공군은 현재 운용 중인 U-2 정찰기를 2012년까지 모두 퇴역시키고 그 빈자리를 무인 고고도 정찰기인 글로벌 호크(RQ-4)로 대신하게 될 것이라고 전망한다. 1950년대 이후 각종 전쟁에서 미국의 전략 정찰 임무를 수행한 1, 2세대 U-2기는 역사 속으로 사라지게 될 전망이다.

 블랙버드(Black Bird)

U-2기는 구소련으로부터 공격받은 후에도 계속 활약하였지만 늘 약점을 안고 있었다. 그 이후에 강력한 정찰 기능을 가진 인공위성이라는 물체도 생겼지만, 미국의 자존심은 적성국에 직접 가서 정찰할 수 있는 비행기를 원했다. 그러기 위해서는 세 가지 조건을 충족하는 비행기를 만들어야 한다. 첫째는 스텔스기처럼 레이더에 잡히지 않아야 하고, 둘째는 이전의 U-2기보다 더 높이 올라가야 하며, 마지막으로 어떤 비행 물체보다도 더 빠르게 날아야 한다는 것이다. 이런 조건을 가지고 정찰 활동을 한다면 아무리 성능 좋은 미사일이라도 격추시킬 수 없다. 바로 그 비행기가 SR-71(Black bird) 전략 정찰기이다. 이 비행기는 어느 정도 스텔스적인 요소도 있고, U-2기보다 높이 날며, 더 빠르고, 상대국 하늘에서 직접 정찰을 할수 있다는 장점을 모두 갖추고 있다. SR-71의 최대 속력은 마하3(3,675km/h)을 훌쩍 뛰어넘으며 순항고도는 8만 5000피트(지상 26km)가 넘어 격추 당할 위험도 적다. 세계에서 가장 빠른 항공기인 SR-71은 타격 정찰의 뜻인 SR(Strike-Reconnaissance) 또는 전략 정찰기라는 뜻의 SR(Strategic Reconnaissance)을 의미한다.

레이더에 보이지 않는 검은 폭격기
- 스텔스기

스텔스(stealth)는 항공기나 유도탄 따위를 제작할 때, 레이더 전파를 흡수하는 형상이나 자재 또는 도장塗裝 따위를 사용하는 기술로 항공기나 미사일이 적의 레이더에 탐지되지 않도록 하는 군사과학기술이다. 특히 항공기를 도색할 때 도료에 레이더 전파를 흡수할 수 있는 자성 산화물磁性酸化物 계열의 화공 약품을 섞어서 도색하는 방법은 적의 레이더파波를 흡수해서 레이더 영상에 나타나지 않게 하는 최신 전자기술이다. 레이더파에 반응하지 않는 이 폭격기 때문에 한동안 방공 시스템에 대혼란이 일어났다. 스텔스 전폭기는 뒷날개나 동체를 갖고 있지 않기 때문에 영어로는 'All Flying Wing'이라 하고 우리나라 말로는 전익기全翼機라고 한다.

1959년 모스크바 국립대학에 재학 중이던 대학원생 표트르 유핌트세프(Pyotr Yakovlevich Ufimtsev, 1931 출생)는 박사 논문으로 물체의 표면에서 반사되는 전자기파에 대한 논문을 썼다. 어려운 수학공식으로 가득 찬 이 논문을 지도 교수는 그다지 실용성이 없다고 생각하여 별 관심을 갖지 않았다. 하지만 유핌트세프는 실망하지 않고 방치되었던 이 논문이 혹시라도 누군가의 관심을 받게 될지 모른다고 생각하여, 1961년 모스크바에서 열리는 국제학술대회에서 발표하였다. 하지만 기대와는 다르게 발표장은 썰렁하게 텅 비었고 아무도 이 논문에 관심을 가지지 않았다. 그 후 논문은 묻혀 버렸고 유핌트세프도 논문과 관

F-117A 나이트호크 스텔스

련된 활약을 보이지 않았다.

　1970년대 냉전 시기에 미국은 삼엄한 방어를 하는 러시아의 영공을 침투할 필요성을 느꼈다. 이에 따라 정부는 록히드사의 설계팀에게 설계를 맡기게 되는데, 초고속 정찰기인 SR-71 블랙버드(Black Bird)의 설계로 유명한 스컹크웍스(Skunk Works, 군용기 설계팀)팀에게 새로운 비행기에 대한 제작을 맡겼다. 설계에 난관을 겪고 있던 스컹크웍스 개발팀은 은퇴한 기술자에게 잊혀졌던 유핌트세프의 논문에 대해 들을 수 있었다. 개발팀은 부랴부랴 이 논문집을 알아내어 비밀리에 캐나다를 통해 유핌트세프의 논문을 입수하게 된다. 순간 개발진이 가지고 있던 문제점이 일거에 해결된 것이다. 이로써 걸프전쟁(1990. 8~1991. 2)과 코소보 사태(Kosovo conflict, 1999)에서 맹활약을 펼친 F-117A 나이트호크 스텔스(Stealth, 爆擊機)기가 탄생된 것이다. 뿐만 아니라 지난날 테러에 대한 보복 공격으로 아프간 공중 폭격을 감행한 것도 B2스텔스 폭격기였다. 유핌트세프는 1990년까지 구소련 과학원에서 책임 과학자로 재직하다가 지금은 LA 캘리포니아 주립대학(UCLA)으로 초빙되어 교수로 활동하고 있다.

　적국의 진지나 중요 시설을 공격할 때 제일 두려운 것이 지상에서 발사하는 대공포이다. 일반 폭격기는 대공포를 피해 저공 비행으로 쳐들어가도 적에게 발견되어 파일럿이 목숨을 잃는 경우가 허다하다. 하지만 스텔스기는 레이더에 잡히지 않는, 즉 적에게 발견되지 않는 비행기이다. 유고슬라비아에서 코소보 분쟁이 일어났을 때 미국에서 출발한 2기의 B2 스텔스 폭격기는 적진에 근접하여 목표물을 폭격한 후 기지로 돌아왔다. 돌아온 조종사들은 기지에서 상관에게 보고를 마치고 그대로 귀가하였는데, 마치 샐러리맨들이 출퇴근하는 것 같은 광경이었다고 한다. 최고 속도 마하 0.9, 항속 거리는 8,000~1만 2000km인 스텔스기가 실전에 배치되는 데는 꽤 오랜 시간이 걸렸다. 너무나 가격이 비싸서 격추되거나 사고로 추락이라도 하면 손실이 크기 때문이었는데, 그 가격이 자그마치 1기당 20억 달러였다.

외계에서 날아온 UFO는 착각일까
– 미확인 비행 물체

전문가의 눈이나 전파 탐지로도 정체를 탐지할 수 없는 비행체를 미확인 비행 물체(UFO; Unidentified Flying Object)라고 하는데, 흔히 외계에서 온 비행접시(flying saucer)라고 표현해 왔다. 이는 하늘에서 무엇인가 목격을 하고 그 목격에 대한 조사를 실시한 이후에도 미확인으로 남아 있는 모든 비행체를 말한다. 우주인의 비행체, 기상 기구, 행성, 유성, 구름, 신기루, 방전 현상, 구름에 비친 서치라이트의 오인, 테스트 중인 미공개 비행기, 로켓, 인공위성 등 여러 가지 가능성이 있을 수 있다. 최초의 사건은 1947년 6월 미국 워싱턴 주 레이니어 산 부근에서 일어났는데, 민간 비행사인 K. 아놀드가 어떤 비행 물체를 목격한 후 보고한 것이다. 초기의 UFO가 언론을 통해 전 세계에 알려지자 미국뿐만 아니라 서유럽 · 구소련 · 오스트레일리아 등에서 많은 목격자들이 나타났다. 결정적인 계기는 1952년 7월 워싱턴 D.C. 공항 근처에서 목격한 무엇인가가 레이더에 나타난 것과 일치한 사건이었다. 이를 계기로 미국 정부(CIA)는 물리학자 로버트슨(H. P. Robertson)을 책임자로 한 UFO위원회(로버트슨 위원회)를 설립하였다. 이 위원회의 활동에서 얻은 자료 중 90% 정도는 천문기상학적 현상(밝은 행성, 유성, 오로라, 이온 구름)이거나 비행기, 새, 기구, 탐조등, 고온가스에 의한 현상 등이 복잡하게 뒤엉켜 생긴 것으로 판명되었다.

미 공군은 1948년부터 1969년까지 약 20년간 극비로 UFO를 조사하여 블루북(Project Blue Book)이라는 자료집을 만들었다. 이 블루북에 나타난 거의 대부분도 천문기상 현상인 것으로 판명 났고, 그중 10%만이 미확인인 것으로 결론 지어졌다. 그러므로 UFO가 외계에서 왔다는 증거는 없으며 과학적으로 증거가 불충분하다고 최종 결론이 내려졌다. 프로젝트 블루북에는 여러 형태의 UFO 목격 사례가 있는데, 몇 가지 예를 들어 보자. 1949년 3월에 텍사스 주 군부대에서는 야간 훈련 중에 정체를 알 수 없는 섬광을 목격하였고, 1950년 8월에 버뮤다 상공에서는 비행 연습을 하던 B-29 폭격기의 승무원들이 20여 분간 정체를 알 수 없는 괴 비행 물체에게 쫓기는 사건이 발생하였다. 또 6·25 전쟁 중인 1951년 3월 진남포에서 미 공군 소속 B-29 폭격기의 승무원들이 자신의 폭격기 뒤에 정체를 알 수 없는 노란 섬광이 쫓아오는 모습을 목격하였다.

1966년 2월에 조직된 두 번째 UFO위원회에서도 이전의 위원회에서 내린 것과 유사한 결론을 내렸다. 이 위원회에서도 수많은 목격에 대해 명확하게 결론을 내리지는 못하였다. 계속된 논쟁으로 인해 1968년에 미국 공군의 후원 아래 물리학자 E. U. 콘던(Edward U.Condon)을 책임자로 콜로라도 대학에서 다시 UFO에 대해 연구하기 시작하였다. 이때 37명의 과학자들이 작성한 연구 보고서에 실린 59회의 목격자에 대한 조사와 여론 분석, 그리고 레이더와 사진을 재검토하였지만 UFO의 존재를 인정할 수 있는 뚜렷한 징후는 발견하지 못하였다. 이 때문에 UFO위원회가

UFO

존폐의 기로에 서게 되었다. 한편 1969년 12월 '미국과학진흥협회'가 개최한 심포지엄에서는 아무리 흔적이 작을지라도 UFO의 방문 가능성 조사를 계속해야 된다고 주장하였다. 일부 학자들은 미확인 비행 물체의 보고서가 사회심리학 연구에 유용하다는 이유로 계속 조사할 것을 두둔하고 있었다. 그로부터 몇 년 뒤인 1973년에는 일단의 미국 과학자들이 더 많은 연구를 하기 위해 일리노이 노스필드에 'UFO연구센터'를 설립하였다. 지금도 세계 각지에서 UFO동호회나 UFO연구회들이 많은 활동을 하며 UFO로 의심되는 사진을 각종 매체에 올리고 있다.

 아스트라

오래 전부터 세상에 알려진 UFO들과는 다른 비행 물체가 여러 사람에게 목격되었다. 때로는 보통 항공기처럼 레이더에 포착되며 속도 및 비행 패턴 등의 자료를 남기고 사라지기도 하는 이 물체를 분석한 전문가들은, 외계에서 지구를 방문한 비행 물체가 아니라 지구촌 어딘가에서 누군가에 의해 제조된 차세대 항공기라고 결론 내렸다. 속도에 제한이 없는 것으로 알려진 이 비행 물체는 대기권을 마음대로 넘나들 수 있다고 한다. 비밀에 싸인 이 비행기를 제조한 나라는 미국일 것이라고 추정하고 있다. 냉전 시대에 소련을 정찰하던 U-2기의 단점을 보완하여 개발됐을 것으로 예상되는 이 비행기(아스트라)는 핵연료로 가동되며 조종사가 비행기 조종법을 몰라도 뇌파를 통해 자유자재로 조종할 수 있다고 한다. 전파 교란 장비로 레이더 상에서 자신의 모습을 지우거나 작은 새, 경비행기, 대형 폭격기 등으로 수시로 변경할 수 있다고 한다. 아스트라 항공기의 존재는 1994년에 일부 자료가 공개되어 알려졌으며, 개발된 지 약 37년이 지난 현재 어떤 기능이 추가되고 어떻게 개량되었는지는 알려지지 않고 있다.

4만 피트 상공에서 연료가 떨어진 여객기
- 김리 글라이더

　저자는 40년을 운전해 왔지만 길에서 차의 기름이 떨어지는 경험은 한 번도 해 본 적이 없었다. 운전을 하다가 연료가 떨어진다면 운전자로서 정말 창피한 일인데, 실제로 비행기에서 이런 일이 일어났다. 자동차는 가다가 기름이 떨어지면 갓길에 세우면 되지만 비행기라면 어떻게 될까? 세스나 같은 경비행기는 가볍고 비행 속도가 상대적으로 느리기 때문에 엔진이 꺼져도 충분히 활공이 가능하다. 하지만 덩치가 큰 여객기의 경우는 다르다.

　1983년 7월 23일의 일이었다. 승객 61명과 승무원 8명이 탑승한 에어캐나다 143편은 몬트리올을 출발하여 목적지인 알버타 주 에드먼턴(Edmonton)으로 가던 중이었다. 기종은 당시로서는 최신 기종인 보잉 767-200이었다. 143편은 당시 비행시간이 150시간 밖에 안 되는 새 비행기였고, 많은 부분이 전자화된 최신 기종이어서 조종사나 정비 요원들에게도 생소한 기종이었다. 당시 기장은 1만 5천 시간의 비행 경력을 가진 48세의 밥 피어슨(Bob Pearson), 부기장은 7천 시간의 비행 경력을 가진 마리스 켄텔(Maurice Quintal)이었다. 두 조종사 모두 오랜 경력을 가지고 있었으나 신 기종에는 익숙하지 않은 상태였다.

　고도 4만 1천 피트(12.4968km)로 목적지로 향하고 있던 비행기에서 갑자기 왼쪽 연료펌프의 압력이 규정치 아래로 떨어졌다는 경보음과 동시에 경고등이 들어왔다. 출발하기 전 연료가 충분하다는 정비 요원의 이야기를 들었고 새 비행기의 컴퓨터에 나타난 것으로는 연료 부족의 징후가 없었다고 한다. 나중에 밝혀진 바로는 세팅이 잘못되어 있었던 것이다. 잠시 후 또 다른 연료펌프에서 압력이 떨어지고 있음을 알리는 경고 매세지가 울렸다. 기장은 연료펌프의 이상으로 간주했고 연료가 떨어졌을 것으로는 생각도 하지 않았다. 그러나 만일을 대비해 목적지 대신 가장 가까운 위니펙(Winnipeg) 공항으로 기수를 돌리기로 결정했다.

결국 왼쪽 엔진이 멈추었다. 기장과 부기장은 비상 착륙 절차를 협의 중이었는데 마침내 오른쪽 엔진마저도 작동을 멈추었다. 공급되던 전력이 끊기고 비상 전력으로 작동되는 기본 계기를 제외한 모든 디지털 계기가 꺼져 버렸다. 뿐만 아니라 항공기의 현 위치를 알려 주는 발신기도 꺼졌고 위니펙 항공관제소와의 연락도 두절되었다. 비행기의 엔진이 꺼졌으므로 조종에 필요한 유압도 발생되지 않아 조종 불능 상태가 되었다. 다행히 밥 피어슨 기장은 글라이더 조종 경력이 있는 조종사였다. 피어슨 기장은 엔진이 멈춘 시점부터 비행 거리와 고도 저하를 계산하였는데, 위니펙 공항까지 도달하지 못할 것이라는 결론이 나왔다. 그래서 더 가까운 김리(Gimli) 공군기지로 활공하기로 마음먹었다. 다행히 부기장이 군 복무 시절 김리 공군기지에서 훈련을 받았던 적이 있었기 때문에 공항 상황을 잘 알고 있었던 것이다.

마침내 143편은 비상 착륙을 앞두고 랜딩기어를 내렸다. 육안으로 활주로를 확인할 수 있었지만 비행기의 고도가 너무 높았던 것이다. 기장과 부기장은 비행기를 옆으로 기울여 속도와 고도를 빠르게 낮추는 사이드슬립테크닉 조종법을 선택하여 착륙하였다. 비행기는 착륙 중에 일부 파손되었지만 부상자 없이 활주로에 정지했고, 비행기에서 비상 탈출하는 과정에서 경미한 부상을 입은 승객들만 몇 명 있었다.

최신예 항공기에서 어떻게 운항 중 연료가 떨어지는 사건이 발생했을까? 조사 결과 해당 항공기의 연료계를 관장하는 마이크로프로세서에 문제가 있기도 했으나 부피와 무게를 환산하는 과정에서 생긴 오류 때문에 일어난 실수였다고 한다. 에어캐나다에서는 그 이전까지는 연료의 양(부피)을 파운드로 환산했으나, 767 기종은 미터법을 적용한 경우였던 것이다. 파운드로 표시하는 무게는 킬로그램의 두 배 조금 넘는 숫자로 나타난다. 이것은 미국의 온도(화씨)를 한국의 온도(섭씨)로 표시했을 때 잘 적응되지 않는 부분과 비슷하다. 결국 에어캐나다 143편 사건의 원인은 연료계를 관장하는 장치 이상과 도량형 환산 과정에서 생긴 착오였다. 이 여객기는 그 후 '김리 글라이더'라는 별명이 붙었고 최근까지 운항되다가 2008년 퇴역했는데, 퇴역 기념 운항 때에는 당시의 기장 밥 피어슨, 부기장 마리스 켄텔, 그리고 당시의 객실 승무원 3명이 승객으로 이 비행기에 동승했다고 한다.

여객기 사고, 막을 수 없나
- 항공 사고

비행기가 잇따라 추락하고 있다. 네덜란드에 있는 항공안전네트워크(ASN)는 민간 항공기 사고가 자주 일어나는 원인으로 최근에 저가 항공사들이 많이 생긴 것도 간과할 수 없다고 전했다. 문제는 항공기 사고의 대부분이 원인이 밝혀지지 않는 데에 있다. 블랙박스가 있지만 그것이 모든 것을 밝혀 주지는 않는다. 문제의 근본은 사고의 횟수나 규모보다 미스터리 같은 사고 경위이다. 2009년 6월 1일 대서양에서 에어프랑스 소속 447편이 추락해 228명이 목숨을 잃었다. 원인도 뚜렷하게 밝혀지지 않았고 다만 항공기 파편 37개가 발견되었다. 처음에는 번개와 난기류에 휩쓸린 것으로 알려졌지만 이것도 추측일 뿐이다. 기체 결함이나 기상 이변으로 일어난 사고도 다수 있으며, 브레이크 이상이나 타이어 파손도 종종 발생한다. 특히 비오는 날은 활주로 노면에 수막 현상이 생겨서 미숙한 조종사는 활주로를 지나서 정지하는 경우도 있다. 이처럼 주로 기상 악화, 조종 미숙, 충돌 등으로 사고가 나지만 KAL 858기처럼 테러가 사고로 이어지는 경우도 있다.

한국에서 남반구의 호주나 뉴질랜드로 가는 항공기를 타고 적도 상공을 지날 때면 안전벨트를 매 달라는 안내 방송이 어김없이 흘러나온다. 적도 상공은 난기류가 심하게 발생하는 지역이어서 항공기가 자갈밭 길을 가는 버스 같이 덜덜거리고 갑자기 급강하를 하기도 한다. 이러한 급강하는 순항하던 항공기

표16. 세계 주요 항공 사고

사고날짜	소속	사유	인명 피해
2009년 6월 1일	에어프랑스 A330-200	대서양 상공에서 번개(추정)	228명
2003년 2월 19일	이란 군용기	산에 충돌	275명
2002년 5월 25일	중국항공 B747	공중 폭발 후 대만해협으로 추락	225명
2001년 11월 12일	아메리칸 항공 A300	뉴욕 JFK 공항 이륙 후 추락	265명
1999년 10월 31일	이집트 항공 B767	부조종사 실수로 낸터켓에 추락	217명
1998년 2월 16일	중국항공 A300	대만 타이베이 착륙 중 추락	203명
1997년 9월 26일	가루다 항공 A300	인도네시아 메단 인근 추락	234명
1997년 8월 6일	대한항공 B747-300	괌 착륙 중 추락	228명
1996년 11월 12일	사우디 항공 B747	뉴델리 인근 카자흐 화물기와 충돌	349명
1996년 7월 17일	TWA B747	뉴욕 롱아일랜드 해안 추락	230명
1994년 4월 26일	중국항공 A300	일본 나고야 착륙 중 추락	264명
1985년 12월 12일	애로우 항공 DC-8	캐나다 뉴파운드랜드 이륙 후 추락	256명
1985년 8월 12일	일본항공 B747	테일핀(Tailfin) 부품 누실 후 산에 충돌	520명
1980년 8월 19일	사우디트리스타 항공기	리야드 공항 비상 착륙 후 화재	301명
1979년 5월 25일	아메리칸 항공 DC-10	시카고 오헤어 국제공항 이륙 후 추락	275명
1978년 1월 1일	에어인디아 B747	뭄바이 공항 이륙 후 바다에 추락	213명
1977년 3월 27일	KLM B747+팬암 B747	테네리페 공항 활주로에서 충돌	583명

가 공기주머니(air pocket)를 통과할 때 중심을 잃기 때문이다. 이 난기류는 뭉게구름 속에서 구름 내부의 풍속 차이에 의해 발생하는데 보통 여름 장마철일 때 많이 생긴다. 기상 레이더에도 잘 잡히지 않는 난기류도 있지만 아직까지 난기류로 인한 항공 사고는 일어나지 않았다고 한다. 항공기를 제작할 때부터 난기류를 만나 기체가 떨어지면 빠르게 회복될 수 있도록 설계되어 있기 때문이다. 최근에는 항공기의 장비가 좋아져 까다로운 난기류도 예측할 수 있는 계측 시스템이 있다고 한다.

번개를 맞아 항공기 사고가 발생하거나 추락하는 경우도 거의 없다. 운항 중 번개를 맞으면 비행기의 뾰족한 부분의 금속이 녹아 버리거나 전류에 의한 일시적인 전자 시스템의 장애를 일으키는 정도다. 본래 항공기는 벼락에 대비한 피뢰침이 좌우와 수직 날개 부분에 40~50개나 설치되어 있기 때문에, 번개가

치면 수만 볼트의 전류는 피뢰침에 의해 공중으로 확산된다. 한편 구름 한 점 없는 맑은 날에 새와 부딪치는 버드 스트라이크(bird strike)가 발생하여 사고가 나기도 한다. 대형 항공기에 작은 새 한 마리가 부딪힌 것쯤이야 별 대수롭지 않은 일로 생각될 수 있다. 그러나 시속 300km 이상으로 이륙하는 비행기에 1kg 청둥오리 한 마리가 부딪히면 항공기는 순간 약 5톤의 충격을 받는다. 이 정도 충격이면 조종실 유리가 깨지거나 기체 일부가 찌그러질 수 있다. 이 같은 사고를 예방하기 위해 민항기 조정실의 유리창은 5겹 구조로 되어 있고 우리나라 인천공항의 경우는 새를 쫓기 위한 팀이 구성되어 있다고 한다.

 KAL기 폭파 사고

공산권 국가였던 구소련에 이어 중국까지 서울올림픽에 참가하기로 결정했다는 소식이 전해지자, 국제사회에서 고립감을 느낀 북한이 올림픽 개최를 방해하기 위해 저지른 것이 칼(KAL, 대한항공 858기)기 폭파 사건이다. 1987년 11월 29일, 미얀마의 벵골 만 상공에서 칼기가 추락했다. 이 비행기에는 중동에서 일하고 귀국하던 한국인 근로자 93명과 외국인 2명, 승무원 20명 등 모두 115명이 타고 있었다. 사고 후 조사에 의하면 이 여객기에는 입국이 금지된 일본 여권 소지자인 '하치야 신이치'와 '하치야 마유미'가 탑승했었는데, 이들이 저지른 일이었다. 사고 직후 바레인에 머물던 그들은 요르단으로 가려다가 위조 여권이 적발되어 검거되었다. 남자(김승일, 당시 70세)는 즉석에서 독극물을 먹고 자살했고, 여자(김현희, 당시 26세)는 자살 미수에 그쳐 한국으로 이송되었다. 전향 의사를 표명한 여자는 북한의 도구로 이용된 점이 참작되어 특별 사면으로 풀려나서 지금은 당국의 보호를 받으며 한국에서 살아가고 있다.

7

하늘과 인간 생활

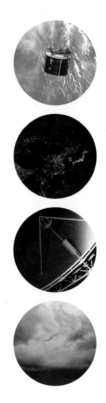

교양으로 읽는 하늘 이야기 – 대단한 하늘여행

서쪽에서 해가 뜨는 일은 없을까
- 일출과 일몰

사람들은 가끔 불가능한 일을 이야기할 때 우스갯소리로 해가 서쪽에서 뜨겠다고 말한다. 그만큼 일어나기 힘든 일이라는 뜻이다. 우리는 유치원에서부터 해가 동쪽에서 떠서 서쪽으로 진다고 배운다. 물론 틀린 말은 아니다. 동쪽 방향에서 태양이 떠오르고 남쪽에서 가장 높이 올라가고, 서쪽 방향으로 태양이 내려오며, 북쪽에서는 결코 태양을 볼 수 없다. 그러므로 해가 동쪽에서 뜨고 서쪽으로 지는 것은 사실이지만 정 동쪽과 정 서쪽은 아니다.

동쪽 일출, 서쪽 일몰이 정확히 맞는 날은 일 년 중 단 며칠뿐이다. 이론상으로는 3월 20일이나 21일(춘분)과 9월 22일이나 23일(추분)에만 태양이 정확하게 정동쪽에서 떠서 정서쪽으로 진다. 이때가 낮과 밤의 길이가 같아지는 시기로 태양은 약 12시간 동안 하늘에 떠 있고 우리가 사는 곳은 봄 혹은 가을이 된다. 여름에는 해가 뜨는 방향이 북동쪽으로 이동되고 해가 지는 방향이 북서쪽으로 이동된다. 북반구의 여름에는 낮의 길이가 길어져 하루에 약 15시간 동안 햇빛을 볼 수 있고, 이때 위도가 높은 북극권 일대와 북해에서는 백야 현상으로 새벽까지 훤하게 빛이 비치고 그림자가 엄청나게 길어진다. 겨울이 되면 태양은 남동쪽에서 뜨며 낮의 길이가 짧아져 겨우 9시간 정도 지나면 바로 남서쪽으로 가라앉는다. 이때 위도가 높은 북쪽 지방에서는 태양을 전혀 볼 수 없는 곳도 있다. 특히 북극에는 밤이 계속된다. 이때 남반구에서는 정오가 되면 태양이 북쪽 방향에서 최고점에 떠오른다. 그러므로 해가 정동쪽에서 떠서 정서쪽으로 지는 일이 일어나는 것은 1년에 불과 며칠뿐이다.

태양의 일출 · 일몰의 위치는 매년, 매일 조금씩 다르다. 2010년 서울의 경우를 살펴보자. 여름철인 6월 중순에는 새벽 5시 10분에 해가 떠서 저녁에는 7시 57분에 해가 지고, 겨울철인 12월에는 아침 7시 47분에 해가 떠서 저녁 5시 13분에 해가 진다. 그러므로 여름철에는 14시간 47분 동안 낮이 되고 겨울철에는 9시간 26분 동안 낮이 된다. 또한 춘분, 추분에도 낮과 밤의 길이가 딱 12시간으로 같은 것이 아니고 매년 조금씩 차이가 난다. 2010년 3월 17일이 12시간(6시 41분~18시 41분)으로 밤낮의 길이가 같고, 9월 26일이 12시간 1분(6시 23분~18시 24분)으로 밤낮의 길이가 1분 차이 난다.

지구의 북반구에 위치하는 우리나라는 남쪽 방향이 햇볕이 많이 들기 때문에 특별한 지형이 아니고서는 남쪽 방향으로 집을 짓고 대문도 남쪽으로 내는 게 보통이다. 예전에는 북쪽은 가급적 피했다. 춥고 어둡기 때문에 좋지 않는 일(상여나 죄인 이송)이나 지형상 어쩔 수 없을 때만 북쪽으로 문을 낸다. 남반구에서는 남쪽 방향에 떠 있는 태양을 볼 수 없다. 그래서 우리나라와 반대 방향에 있는 남반구의 호주나 뉴질랜드는 햇볕이 북쪽 방향에서 비친다. 그래서 집도 대부분 북향이다. 남쪽은 우리나라의 북쪽과 같이 햇볕이 잘 들지 않기 때문에 춥고 어둡고 그늘져 있다. 남반구에서는 태양이 적도를 기준으로 북쪽에서 비추기 때문에 모든 기준이 북쪽이다. 하지만 태양이 어디에서 어느 쪽으로 보이든 태양은 항상 남 · 북회귀선 내에서 1년 동안 움직인다.

하늘을 가늠하는 단위는 어떤 것이 있나
- 측정 단위

하늘의 거리를 가늠하는 단위로는 주로 3개가 쓰이는데 광년(ly), 천문단위 (AU), 파섹(pc) 등이다. 특히 광년은 빛의 속도로, 방 안에서 전구를 켰을 때 그 즉시 바로 환해지는 것을 보면 알 수 있듯이 빛은 무척 빠르다. 아무리 빠른 총 알도 아직 빛을 따라잡지는 못한다. 소리보다 빠른 초음속(마하) 비행기들도 빛 보다는 빠르게 날 수가 없다. 우리가 알고 있는 한 빛은 우주에서 가장 빠르다. 하지만 아무리 빠른 빛도 1초의 시간이 주어졌을 때 무한정으로 나아가는 것 은 아니다. 빛은 1초에 지구를 7바퀴 반만큼 돌고, 태양까지 도달하는 데는 8 분 24초 걸린다. 이렇게 빠른 빛도 지구를 1초에 10바퀴 돌 만큼 빠를 수는 없 다는 말이다. 결국 빛은 1초에 30만(29만 9792)km 이상은 나아갈 수가 없다. 이 렇게 빛이 1년 동안 나아가는 거리를 1광년(光年, light-year)이라고 한다.

1광년을 계산하려면 60초와 60분, 24시간, 여기에 365일을 곱해야 한다. 즉, $299,792 \times 60 \times 60 \times 24 \times 365 =$ 약 9조 4600억km(9.460×10^{12}km)인데 대략 9조 5 천억km이다. 빛의 속도로 안드로메다은하까지는 230만 광년, 시리우스까지 는 8.6광년, 지구에서 가장 가까운 센타우르스자리 프록시마(Proxima) 항성까 지도 4.3광년이 걸린다. 지구의 나이를 감안할 때 그 너머에 있는 빛은 아직까 지 우리가 사는 지구까지 도달하지 못했다. 하지만 약 30년 전부터 대기권의 영향을 받지 않는 우주 공간에 떠 있는 허블 우주망원경을 이용한 우주 관측이 시작되었다. 이것으로 6000만 광년 떨어진 세퍼이드 변광성들을 관측할 수 있었고, 약 100억 광년 정도의 거리에 있는 천체도 관측 가능하다고 한다.

천문단위(AU; Astronomical Unit)라는 것이 있다. 이것은 주로 태양계 내에서 거리를 표현할 때 쓰는 기본 단위이며, 지구에서 태양까지 평균 거리인 1억 4천 960만km(1.496×10¹¹)를 1AU로 정했는데 이 기준은 1964년 독일 함부르크에서 열린 국제천문학연맹에서 제정되었다. 태양계의 범위를 명왕성까지라고 하면 타원 궤도를 도는 명왕성까지 가까울 때는 29AU이고 멀 때는 49AU라고 한다. 이것을 km 단위로 환산해 보면 평균 60억km 정도 된다.

파섹(parsec)은 항성과 은하의 거리를 나타내는 단위로 쓰이는데 각거리가 1초(′)인 곳까지를 말한다. 즉 연주시차가 1″인 별까지의 거리를 말한다. 지구의

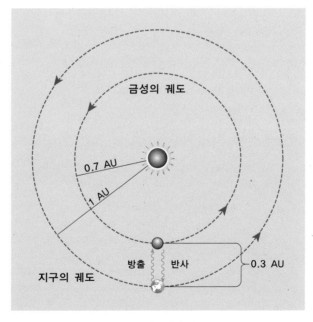

천문단위의 구조

공전 궤도 지름을 기선其線으로 했을 때 지구에서 관측되는 천체의 시차視差가 1″가 되는 거리를 말한다. 1pc은 206,265AU이며, 이는 3.26광년에 해당한다(연주시차와 항성의 거리는 역수 관계로 연주시차가 0.1″이면 10pc). 이런 방법으로 알아낸 달의 시차는 1°54′5″이고, 이 값으로 계산한 달까지의 평균 거리는 384,403km이다. 가장 가까운 센타우루스자리 알파별의 연주시차가 0.764″ 각이고 그 거리는 r=1/p″에서 1.3pc(1/0.764″)이다.[p.149 참고]

1,000파섹은 1킬로파섹(kpc), 100만 파섹은 1메가파섹(Mpc)으로 나타낸다. 태양은 우리 은하의 중심으로부터 8.5kpc 떨어져 있고, 안드로메다은하까지는 750kpc 정도 된다. 우리 은하에서 안드로메다은하(M 31)까지의 거리는 대략 0.7Mpc이며, 몇몇 은하들과 퀘이사(Quasar; QUASi-stellAR radio source : 준성•전파원)는 대략 3,000Mpc으로 약 90억~100억 광년 정도 되는 거리에 위치해 있다. 그러므로 태양계 내 행성들의 거리는 주로 천문단위를 사용하지만, 별까지의 거리 단위는 광년과 파섹을 사용한다.

극단적으로 밝고, 멀리 떨어져 있는 천체로 준성準星이라할 우주에서 발견된 천체 가운데 가장 멀리 있을 것으로 여겨지는 천체. 그 정체는 은하의 핵이며 항성 모양의 천체이다. 크기는 태양계와 비슷할 것으로 보이지만 밝기는 태양보다 수조 배나 밝을 것이라고 예측된다.

천문단위(AU)=149,600,000km=1.496×10^8cm

파섹(parsec) pc=206,265 AU=3.086×10^{18}cm=3.26광년

광년(ly)=6.324×10^4AU=0.307 pc=9.46×10^{15}cm≒9.5조km

항성년(sidereal year) 1yr=365.26일=3.16×10^7초

지구를 감싸고 있는 공기 덩어리
– 대기권

　지구의 대기권大氣圈은 기온, 안정도, 구성 성분 등에 따라 고도별로 구분하는데 대체적으로 대류권(對流圈 지상~10km), 성층권(成層圈 10~50km), 중간권(中間圈 50~80km), 그리고 열권(熱圈 80km 이상)으로 나누어지며 1,000km 이상 지역을 외기권外氣圈이라 부른다. 일반적으로 지상으로부터 고도 약 800~1,000km 범위를 대기권大氣圈의 한계로 생각한다. 대기권은 단순한 공기층 같지만 사실 하는 일이 굉장히 많다. 먼저 태양이나 외계에서 지구로 들어오는 각종 해로운 빛을 흡수하는 역할을 한다. 대기권이 없다면 각종 자외선이나 방사선 등에 쉽게 노출되어 지구는 생물이 살 수 없는 환경이 되었을 것이다. 또한 운석이 지구에 충돌하는 것을 막아 주는 보호막 역할도 한다. 지구로 내려오는 운석을 산소라는 물질이 태워 없애기 때문에 어지간한 운석은 대기권을 통과하지 못하고 타 버리는 것이다. 대기권의 대기(大氣, atmosphere)와 공기空氣는 같은 의미로 쓰일 때가 종종 있다.

　대기는 지표가 발산하는 열의 일부를 흡수하여 품고 있다가 대류 현상으로 전 지구에 열을 고르게 퍼뜨려서 지구 곳곳의 온도 차이를 줄여 준다. 공기의 온도는 공기가 압축되면 올라가고 공기가 팽창되면 내려간다. 이 때문에 위로 올라간 공기는 차가워지고, 아래로 내려온 공기는 따뜻해진다. 이러한 공기의 성질은 일기 변화의 중요한 원인이 된다. 또 공기는 소리를 전달한다. 공기가 없으면 우리는 아무런 소리도 들을 수 없다.

　대기는 여러 가지 기체의 혼합물로 구성되어 있는데, 질소(N₂) 78.084%, 산소(O₂) 20.946%, 아르곤(Ar) 0.934%, 네온(Ne) 0.0018%와 미량의 헬륨·메탄·크립톤·수소·산화질소·크세논 등으로 구성되어 있다. 수증기를 제외한 공기의 성분은 지상 약 70~80km까지 분포하고 있다. 이러한 대기의 역할 중 가장 중요한 것은 모든 동식물이 호흡하는 데 필요한 산소(酸素, oxygen)를 제공한다는 점이다. 그러므로 대기야말로 지구의 생명을 유지시켜 주는 막중한 임무를 띠고 있다. 아기가 미숙아로 태어나면 산소의 농도가 30~40%가 되도록 조절된 인큐베이터라는 기구 속에 넣어 보호한다. 말하자면 산소가 없거나 부족하면 인간들은 단 5분도 살아갈 수 없다. 그만큼 공기 중의 산소가 중요하다. 공기 중의 산소는 너무 많아도 좋지 않고 지금과 같이 21%가 적당하다. 만일 산소가 너무 많으면 화재가 났을 때 너무 불이 잘 타올라서 끌 수 없게 되고, 쇠붙이는 금방 녹슬 것이다. 공기 중의 산소 농도가 21% 이하로 낮아지게 되면 산소 부족으로 인한 인체 기능의 변화가 나타나는데, 일반적으로 산소 농도가 18%일 때를 한계 농도로 보며 18% 미만인 상태를 '산소 결핍'이라고 한다.

　산소는 색깔도 냄새도 맛도 없으므로 우리가 눈으로 확인할 수는 없다. 산소는 1774년에 영국의 프리스트리(Joseph Priestley, 1733~1804)에 의해서 발견되었으며, 공기보다 약간 무겁고 온도를 영하 218.8℃로 내리면 응고하여 푸른색의 고체로 변한다. 산소는 화학 반응(酸化反應)을 잘 하는 기체인데, 그 결과 자신은 타지 않지만 다른 물질이 타는

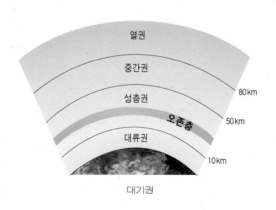

대기권

열권

중간권

성층권

오존층

대류권

80km

50km

10km

것을 돕게 된다. 히말라야를 등정하는 산악인들이 8,000m 고봉을 오를 때 '무산소 등정'이라는 말을 가끔 쓴다. 이것은 산소 탱크 없이 자연 상태로 공기를 마시면서 올라갔다는 표현이다. 그만큼 산소 없이는 사람이 호흡하기가 어렵다는 사실을 보여 준다. 대기는 공기와 같은 의미로 쓰이고 공기 속에는 산소가 함유되어 있으므로 '사람이 숨을 쉰다'라는 의미로 쓰일 때 '공기'와 '산소'는 같은 의미이다.

대기의 누르는 힘은 얼마나 셀까
- 대기압

하늘에서 받는 압력을 대기압大氣壓이라고 하는데, 대기압은 지구 상공을 둘러싸고 있는 공기의 무게 때문에 생긴다. 이러한 대기압은 고도에 따라 다르지만 대략 지상으로부터 30km 이내에 대기압이 생기는 것으로 알려져 있다. 대기의 압력은 대략 1cm²의 단면적을 가진 높이 약 760mm의 수은 기둥의 무게와 동일한 압력이다. 우리 몸도 항상 압력을 받고 있다. 하지만 사람들은 전혀 느끼지 못한다. 만약 우리가 해수면을 기준으로 수중 10m의 물속에 들어간다면 대기 중의 1기압(Atmosphere, 기호 : atm)과 10m 물속의 수중 압력이 합쳐져서 약 2기압의 압력을 받게 된다.

대기압을 측정하는 기압계는 1643년 이탈리아 과학자 토리첼리(Evangelista Torricelli, 1608~1647)가 고안하였다. 토리첼리의 고안에 따라 실시된 대기의 압력과 진공의 존재를 나타내는 원리는 다음과 같다. 길이가 1m인 유리관에 수은을 가득 넣고, 막히지 않은 위쪽을 손으로 막아 관 속에 공기가 들어가지 않도록 주의하면서, 용기를 거꾸로 세운다. 이때 유리관 속의 수은면이 내려와서 일정한 높이(약 760mm)에서 멎는다. 이것은 관 속의 수은주가 대기압에 의해 받쳐져 있기 때문이다. 이때 관의 위쪽에는 미량의 수은 증기 외에는 아무것도 존재하지 않는 진공이 생긴다. 이것을 토리첼리의 진공이라고 한다. 대기가 높이 약 760mm의 수은주가 미치는 압력과 같은 압력을 유리관 속의 수은면에 미치고 있다는 것을 알 수 있다.

1 기압=1 atm=760mmHg(mmHg 는 수은주의 압력을 mm단위로 나타낸 것)•

여기서 1mmHg는 1토르(Torr)라고도 하는데, 이것은 토리첼리의 이름을 따서 만든 단위이다. 그러므로 1기압은 760Torr이다.

보통 1기압이 누르는 힘을 1,013.25헥토파스칼(hpa)로 표시하는데, 1기압=1atm=76cmHg=760mmHg=1,013.25hPa로 나타낸다. 이 수치보다 대기압이 높으면 고기압(高氣壓, atmospheric)이라 하고, 낮으면 저기압(低氣壓, depression)이라고 한다. 일기예보에서 이야기하는 고기압은 높이가 같은 주위보다 기압이 높은 영역으로 하강 기류가 생겨 날씨가 맑을 때이다. 또 주위보다 기압이 낮은 것을 저기압이라고 하는데, 이때 저기압이란 1기압보다 낮은 것이 아니라, 주위보다 상대적으로 기압이 낮은 것을 의미한다.

지구의 두꺼운 대기층을 구성하고 있는 여러 가지 기체 분자들은 모두 질량을 지니고 있다. 대기 1리터의 무게는 약 1.3g중이다. 물의 무게가 1kg중이므로, 대기는 물보다 약 770배 가벼운 셈이다. 대기층의 기체 분자들은 지구 중력으로 인하여 우주 공간 속으로 달아나지 못한다. 그런데 대기 스스로도 질량을 지니고 있기 때문에 대기는 지표면을 누르게 된다. 예를 들어 높은 산에 올라가거나 비행기를 탔을 때 귀가 먹먹해지는 것도 기압이 평지와 다르기 때문이고, 산에서 밥을 지을 때 밥이 덜 익는 것도 기압이 낮아 100℃보다 낮은 온도에서 물이 끓기 때문이다. 그래서 쌀이 설익어 밥이 잘 되지 않는다.

결론적으로 인간은 1,013hpa(1기압)에서 건강한 생활을 할 수 있도록 적응되어 왔는데, 이보다 압력이 높거나 낮으면 생활에 지장을 받는다. 실제로 1기압이란 1m²의 면적에 10톤 정도의 질량이 가해지는 엄청난 힘과 같다. 건강한 사람은 느낄 수 없지만 나이 들고 약한 사람은 이를 느끼기도 한다. 일반적으로 고기압권 내에서는 신체가 약간 수축하여 모든 기능이 원활해지고, 저기압권에서는 사람의 신체가 풀어져 무기력한 상태가 되어 체내의 기능이 왕성하지 못하게 된다. "팔 다리가 쑤시니 비가 올 것 같구나.", "빨래 좀 들여라~."라는 나이 드신 분들의 말이 그 예이다. 요즘 높은 건물이 꽤 많아졌다. 15층짜리 건물이 있다고 가정하면 한 층의 높이가 약 3m, 15층이면 45m가 된다. 과연 15층의 높이에서는 기압이 얼마나 될까? 계산상으로 보면 지상에서보다 약 4~5hpa 정도 낮다. 이 정도의 기압 차이는 쉽게 느끼기 어렵다. 하지만 50층 이상의 아파트에서 사는 사람들은 그 영향을 어느 정도 받을 것이다.

하늘에 올라가서 측량을 한다
- 항공 사진

　항공기를 타고 공중에서 지표를 촬영한 것을 항공 사진이라고 한다. 지표의 바로 위쪽에서 촬영한 것을 수직 사진, 비스듬히 촬영한 것을 사각 사진斜角寫眞이라고 한다. 사진 측량, 사진 판독, 지형도 제작 등의 전문적인 분야에서 사용되고 있는 것은 대개 수직 사진(정사영상)이며 사각 사진은 보도용, 조감도용 등으로 이용되고 있다. 하늘에 올라가서 사진을 찍은 최초의 사람은 프랑스의 사진작가 G. F. 투르나송(Gaspard-Felix Tournachon, 1820~1910)으로 통상 나다르(Nadar)라고 불렀다. 그는 만화가, 사진작가로 일했으며 1855년에는 지도 제작과 측량에 항공 사진을 이용한다는 착상으로 특허를 얻은 후 1858년에 세계 최초로 기구氣球를 타고 하늘에서 사진을 찍는 데 성공했다. 이때는 항공 사진 측량이라기보다는 하늘에서 사진을 찍는 수준이었다. 정열적인 기구 조종사였던 나다르는 자신이 만든 거대한 기구 '르제앙(Le Gent)'의 사고로 사진 찍는 일을 중단하고 말았다.

　사진 측량은 광학적으로 상像을 투사시키는 '람베르트 도법'을 고안한 독일인 람베르트(Joharm Heinrich Lambert, 1728~1777)가 그 가능성을 제시하였다. 그후 은(silver) 입자를 입힌 감광 재료感光材料가 개발되었고, 1840년에는 프랑스의 천문학자이자 물리학자인 아라고(D. F. J. Arago, 1786~1853)가 이를 지도 제작에 이용하였다. 1849년에 최초로 흑백 사진이 측량에 적용되었고, 1861년에는

3색 컬러 사진이 발명되었다. 1886년에 데빌(devill) 대령이 사진 측량을 북아메리카 최초로 소개하였으며, 1891년에는 롤필름이 개발되어 미국과 캐나다의 사진 측량에 응용되었다. 1909년에 독일의 칼 풀프리쉬(carl pulfrich, 1858~1927)가 입체 영상을 고안한 후부터 비행기를 이용한 항공 사진(航空寫眞, aerial photography) 측량 기법이 싹트기 시작하였다.

비행기를 타고 가다가 창을 통해 아래를 내려다보면 1/5000 지형도를 펴 놓은 것 같은 느낌이 든다. 이것은 평소에 지도를 본 경험이 시각적인 느낌과 연관되기 때문이다. 사람의 눈과 같은 원리인 카메라로 하늘에서 사진을 찍어 적당한 축척으로 편집하고 도화하여 도면을 만드는데, 이것을 항공 사진(도)이라고 한다. 즉 하늘을 나는 비행기에 카메라를 설치하여 사진을 찍어 지상에서 측량한 것과 같은 효과를 얻는 것이다. 즉 항공사진측량(aerial photogrammetry)은 항공기 위에서 촬영된 사진을 이용하여 대상물에 대한 위치 결정, 도면 작성, 대상물의 크기 · 형상 · 특성 규명(正性化) 등을 하는 관측과학기술로 지상 측량보다 진보된 측량 기술이다.

항공 사진은 찍어서 바로 이용할 수 없다. 왜냐하면 기복 변위(起伏變位)와 경사 변위(傾斜變位)라는 것이 있기 때문인데, 이것을 소거해야만 제대로 된 도면으로 이용 가능하다. 즉, 항공 사진의 투영 중심을 정사 투영(正射投影)으로 변환시켜 평면상의 지도와 같이 만들고 그곳에 등고선과 지명을 넣어야 한다. 이것을 집성사진도(集成寫眞圖, Photo mosaic map)라고 한다. 이것을 바로 실무에 사용하기도 하지만 도화, 지명 조사, 편집 등 복잡한 과정을 거쳐 종이 지도(지형도)로 만들어 사용하는 게 보통이다.

사진 지도는 종이로 만든 지도보다는 위치 관계를 정확히 파악하기 어렵지만 지표면의 상태가 그대로 나타나 있으므로 지형도에서는 일일이 표현할 수 없는 세부 지형과 윤곽을 뚜렷이 읽을 수 있다. 뿐만 아니라 이렇게 얻은 사진 지도나 사진 영상으로 지형의 해석, 하천이나 도로의 길이, 붕괴 면적, 유역 면적, 변동량, 침식(퇴적)량, 표면 온도, 탁도 등 여러 자료를 획득할 수 있다. 또한 이들을 2회 이상 촬영하여 진행 추이나 변동 상태를 비교 분석할 수도 있다. 이렇게 비행기에서 찍은 항공 사진을 측량이나 측정에 활용할 수 있다는 것이 신기하다.

최근에는 인터넷에도 지도가 많이 공급되어 있다. 구글에 있는 위성 사진이 전 세계를 장악하고 있지만, 우리나라에서는 좀 더 정확한 항공 사진을 이용한 지도가 네티즌

나다르가 기구를 타고 하늘에서 사진을 찍는 모습

들에게 공급되고 있다. 가장 먼저 공급을 시작한 다음커뮤니케이션은 항공 사진 촬영 전문 업체인 (주)삼아항업과 지도 공급 계약을 맺고 2008년도부터 일반 시민들에게 지도를 서비스하고 있다. 항공 촬영 회사에서는 매년 지도 자료를 업그레이드하고 있는데, 앞으로 좀 더 정확한 지도 공급은 물론, 전국에 대해 로드뷰(road view)가 가능하도록 계획하고 있다.

인공위성에서 보내오는 위성 사진
- 위성 영상

　항공 사진은 사진을 찍기 위하여 매번 비행기를 타고 하늘로 올라가야 하지만 인공위성은 한번 올려놓으면 수시로 사진(영상)을 찍을 수 있을 뿐만 아니라 필요한 날짜나 지역을 지정하여 영상을 얻을 수도 있다. 이것을 위성 영상(satellite image)이라고 한다. 즉, 인공위성의 영상 센서에 기록된 이미지를 일컫는데, 다른 용어로 위성 지도, 위성 화상이라고도 부른다. 세계 최초의 위성 사진은 1959년 8월 7일 미국의 위성 익스플로러 6호가 지구를 대상으로 찍은 사진이다. 달을 대상으로 찍은 위성 사진 중 최초의 것은 1959년 10월 6일 구소련의 인공위성 루나 3호가 찍었다.

　미국은 랜드샛 계획에 따라 1972년부터 발사한 위성으로 지구 탐사용 위성 사진을 많이 찍었는데, 1972년 아폴로 17호 승무원이 지구를 찍어 '블루마블(The Blue Marble)'이라는 이름을 붙인 위성 사진은 대중에게 널리 알려져 큰 인기를 얻었다. 그 후 1977년 미국의 KH-11 위성이 최초의 리얼타임(real-time) 위성 사진을 획득하는 데 성공하였다. NASA가 획득한 위성 사진들은 나사 지구천문대(NASA Earth Observatory)를 통해 일반인에게 공개되고 있다. 미국과 구소련 외에 유럽에서도 여러 나라들이 협동하여 ERS 및 엔비샛(Envisat) 위성으로 다양한 종류의 지구 위성 사진을 찍었다. 우리나라도 아리랑 1, 2호로 많은 사진을 찍어 활용하고 있다.

미국 항공우주국(NASA)이 운영하는 지구 관측 위성 랜드샛(Landsat)은 1972년에 1호가 발사된 이래 현재 7호까지 발사되어 임무를 수행하고 있다. 랜드샛은 하루에 지구를 14바퀴 돌면서 사진뿐만 아니라 지구에서 방출 또는 반사되는 여러 물질들을 파악한다. 특히 지질의 구조, 지구의 온도 분포, 식물 분포 상태, 암질을 포함한 여러 정보를 포착한 뒤 이것을 지상의 수신국에 보낸다. 이 자료는 임학 · 농학 · 수문학 · 오염 관리 · 지도 제작법 · 지질학 · 기상 · 해양학과 토지의 이용 관리 등을 포함한 여러 분야의 기술과 지식에 도움을 주고 있다. 랜드샛으로부터 입수되는 자료는 미국 이외의 나라에서도 이용되고 있다. 예컨대 일본의 히로시마 대학廣島大學은 랜드샛의 자료를 이용하여 세토나이카이瀬戸内海 연안에서 대규모로 발생한 소나무가 말라죽는 피해 상황을 조사했다. 그 결과 도시에 가까울수록 소나무가 말라죽는 피해가 심하다는 것이 밝혀져, 그 배경에는 종래 그 원인으로 알려졌던 송충나방의 발생뿐 아니라 고속도로나 대규모 택지 개발 문제도 얽혀 있다는 것이 드러났다. 지구 표면은 매우 넓지만 이런 위성을 이용하여 사진을 찍으면 그리 어렵지 않게 많은 양을 빨리 찍을 수 있다. 최근에는 위성 영상의 해상도가 매우 향상되었는데, 특히 군사용 위성 영상의 경우는 1m 이하의 해상도를 자랑한다. 그러나 위성 사진은 기상 상황에 따라 이미지의 품질이 좌우될 수 있는 단점이 있다. 예를 들어 항상 구름이 끼어 있는 곳은 정확한 정보를 얻기가 조금 힘들다.

전 세계의 도시 불빛(NASA)

해와 달이 역법을 만들었다
– 달력

천체 운행의 주기적이고 규칙적인 현상으로부터 시간의 흐름을 측정하는 방법을 '역법(曆法, almanac)'이라고 한다. 즉 시간을 구분하고, 날짜의 순서를 매겨 나가는 방법인데 시간 단위를 정하는 기본이 된다. 역曆에 해당되는 것은 밤낮이 바뀌는 것과 4계절의 변화, 그리고 달의 위상 변화位相變化가 대표적이다. 태양과 지구, 달은 서로 밀고 당기면서 스스로 돌고 있다. 고대 천문학자들은 이러한 운동을 보고 하루나 한 달 또는 1년의 길이를 정하였다. 년年 · 월月 · 일日은 각각 독립된 3개의 주기인데, 이것들을 결합시키는 방법에는 여러 가지가 있지만 결코 쉬운 일이 아니다. 이것을 구체적으로 적어 놓은 것이 역서이다.

지금의 달력은 1582년경에 그 기초가 만들어졌으며, 당시 로마 교황인 그레고리의 이름을 따서 그레고리력이라고 부른다. 태양력은 고대 이집트력, 고대 로마력, 율리우스력, 그레고리력으로 변천되어 왔다. 독재자로 잘 알려진 율리우스 카이사르(Gaius Julius Caesar, BC 100~44, 일명 시제)는 달력에도 큰 관심을 가져 BC 46년에 달력(1년, 365일)을 만들어 사용했는데, 이때의 로마력은 매우 불완전한 것이었다. 때마침 카이사르가 이집트를 원정했을 때 그곳에서 사용하는 간편한 역법을 보고 카이사르는 자기 나름대로 역법을 개정해 나갔다. 이것이 율리우스력(the Julian calendar)이다. 당시 로마의 위정자들은 자신의 공적이나 명성을 남기는 데 달력을 이용하였는데 카이사르도 예외는 아니었다. 율리우스는 자기가 탄생한 7월을 자기의 이름(율리우스)으로 만들었는데 이것이 현재 7월(July)의 어원이 되었다. 율리우스력은 로마 제국 영토 내에서 널리 사용되었고, 전 유럽에 점차 보급되어 16세기 말까지 쓰이다가 그레고리력(Gregorian calendar)으로 이어졌다.

달력(calendar)은 라틴어로 '회계 장부'라는 뜻의 'calendarium'에서 유래되었다고 전한다. 고대 로마에서는 제관祭官이 초승달을 보고, 피리를 불어 월초月初임을 선포하였다고 하는데 이때 매월 초하루의 날짜를 'calend'라고 하였다고 한다. 아마도 초승달이 하늘에 나타났다는 사실은 조명 장치가 좋지 못했던 당시에는 밤길을 밝히기에 이보다 더 반가운 일이 없었을 것이다. 그래서 월초가 중요한 기점으로 생각되었을 것으로 추정된다. 달력은 기본 주기를 어디에 두느냐에 따라 역법이 달라진다. 기본 주기를 해太陽의 천구상 운행에 두었을 때는 태양력, 달太陰의 삭망朔望에 두었을 때를 태음력이라 한다. 또 달과 태양, 두 천체의 운행을 함께 고려한 것을 태음태양력이라고 한다.

태양력을 사용한 달력

태양의 운행 주기에 따라 농사를 짓는다
- 24절기

옛날부터 우리나라가 음력을 이용하여 날짜를 세었다는 것은 잘 알려져 있다. 그래서 24절기도 음력일 것이라고 생각하는 사람이 많다. 하지만 음력을 쓰는 농경 사회의 필요성에 의해 절기가 만들어졌지만 이는 태양의 운동과 일치한다. 실제로 달력을 보면 24절기는 양력으로 매월 4~8일 사이와 19~23일 사이에 생긴다. 24절기의 이름은 중국 주周나라 때 화북 지방의 기상 상태에 맞춰 붙인 이름이다. 그러므로 천문학적으로는 태양의 황경이 0°인 날을 춘분으로 하여 15° 이동했을 때를 청명 등으로 구분해 15° 간격으로 24절기를 나눈 것이다. 따라서 90°인 날이 하지, 180°인 날이 추분, 270°인 날이 동지이다. 그리고 입춘에서 곡우 사이를 봄, 입하에서 대서 사이를 여름, 입추에서 상강 사이를 가을, 입동에서 대한 사이를 겨울이라 하여 4계절의 기본으로 삼았다.

서양에서는 7일을 주기로 생활했으나 중국과 우리나라는 24절기를 이용해서 15일을 주기로 생활하였다고 보면 된다. 실제도 음력에 따르는 것이 농경 사회에 적합했다. 왜냐하면 해를 기준으로 하기 보다는 달을 기준으로 하면 어김없이 15일 주기로 변화하기 때문이다. 문제는 해와 달의 순기가 1년을 기준으로 서로 차이가 난다는 점이다. 생활 속에서 느끼는 하루하루의 편리성은 달을 기준 삼는 것이 좋지만 양력으로 짜 맞추어진 절기와 봄, 여름, 가을, 겨울의 계절과는 차이 난다는 단점이 있다. 이는 달이 지구를 공전하는 데 걸리는 시간은 354일이고, 지구가 해를 공전하는 데 걸리는 시간은 365일로 서로 차이가 나기 때문이다.

　24절기의 배치는 봄, 여름, 가을, 겨울로 나누고 각 계절을 다시 6등분하여 양력 기준으로 한 달에 두 개의 절기를 배치하도록 구성되어 있다. 즉, 태양의 움직임에 따른 일조량, 강수량, 기온 등을 보고 농사를 짓는데, 순태음력純太陰曆은 앞서 말한 대로 불편함이 있었다. 그래서 태양의 운행, 즉 지구가 태양의 둘레를 도는 길인 황도黃道를 따라 15°씩 돌 때마다 황하 유역의 기상과 동식물의 변화 등을 나타내어 명칭을 붙인 것이다. 그 명칭은 다음과 같다.

　　봄 : 입춘立春, 우수雨水, 경칩驚蟄, 춘분春分, 청명淸明, 곡우穀雨
　　여름 : 입하立夏, 소만小滿, 망종芒種, 하지夏至, 소서小暑, 대서大暑

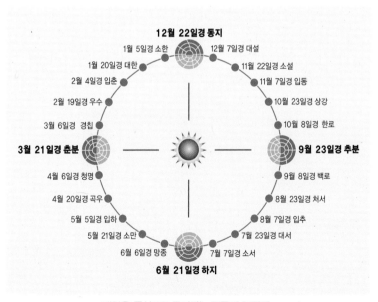

태양을 중심으로 돌아가는 지구의 24절기

가을 : 입추立秋, 처서處暑, 백로白露, 추분秋分, 한로寒露, 상강霜降

겨울 : 입동立冬, 소설小雪, 대설大雪, 동지冬至, 소한小寒, 대한大寒

한식, 단오, 삼복(초·중·말복), 칠석은 24절기가 아니다. 한식은 동지로부터 105일째 되는 날이고, 단오는 음력 5월 5일이며, 초복은 대략 7월 11일부터 7월 19일 사이가 된다. 하지로부터 세 번째로 돌아오는 경일[60개의 간지 중 경(庚)자가 들어가는 날]이 초복이 되고, 네 번째 돌아오는 경일이 중복이다. 그리고 말복은 입추로부터 첫 번째 경일이 되므로 초복과 중복은 열흘 간격이 되고, 중복에서 말복까지의 기간은 해마다 일정하지가 않다. 초복과 중복은 하지를 기준점으로 하고 말복은 입추를 기준점으로 한다. 예로부터 음력 3월 3일(삼월삼진), 음력 5월 5일(오월단오), 7월 7일(칠월칠석), 9월 9일과 같이 월과 일이 겹치는 날은 양기陽氣가 가득 찬 길일吉日로 여겼는데, 그 가운데 5월 5일을 가장 양기가 센 날이라고 해서 으뜸 명절로 지내 왔다.

1초의 오차도 허용하지 않는다
- 치윤법

    우리가 흔히 말하는 달력은 음력이든 양력이든 그 날짜가 1을 정수로 딱 맞아 떨어지지 않는다. 왜냐하면 지구의 공전 주기와 자전 주기, 달의 공전 주기가 정확히 맞아떨어지지 않기 때문이다. 이를 맞추기 위해서는 인위적으로 보정해야 한다. 만약 보정해 주지 않고 그대로 방치해 두면 몇 천 년이 지나면서 혼란이 야기된다. 이를 없애기 위해 달력에서 윤일(閏日, intercalary day), 윤달(閏-, leap month), 윤년(閏年, leap year)을 두는데 이런 것을 치윤법(置閏法, intercalation)이라고 한다. 윤일은 윤날로 표현하며 윤년에 드는 날, 즉 2월 29일을 칭한다. 윤달은 음력과 양력의 비율을 맞추기 위하여 음력을 한 달 더 두는 것이고, 윤년은 윤달이나 윤일이 든 해를 일컫는다.

    현재 우리가 사용하고 있는 달력은 가장 많은 나라에서 사용하는 태양력인 그레고리력이다. 그런데 사실 지구가 태양의 둘레를 1바퀴 도는 데는 딱 365일 걸리는 것이 아니다. 정확히는 365.2422일인데, 이 때문에 1년에 1/4일이 더 걸린다(365.0-365.25=0.25×4년=1일). 이것을 없애기 위하여 보통 4년마다 2월에 하루를 더하여 29일로 해 주는데 이것이 윤일이다. 그래서 4년마다 2월 마지막을 29일로 함으로써 4년간의 연평균 일수를 365.25일로 맞추었다. 이 값도 실제보다 1년에 0.0078일(365.25-365.2422)이 길다. 즉 4년마다 윤일을 하루씩 더한다고 해도 1년에 0.0078일의 오차가 있다는 말이다. 이를 계산해 보면 400

년에 3일 정도의 오차가 생긴다(0.0078×400년=3.12일). 그러므로 4세기마다 3일의 오차를 또 조정해야 한다.

다시 정리를 하면 그레고리력에서 1태양년이 365.2422일로 되어 있으므로, 365일로 맞추기 위해 400년에 97회(400년×0.2422)의 윤일을 두어야 한다. ① 4년에 한 번은 윤년으로 한다(4로 나누어서 딱 떨어지는 해). ② 100년에 한 번은 윤년으로 하지 않는다(100으로 나누어서 딱 떨어지는 해). ③ 둘째 규칙의 예외 규정으로 400년에 한 번은 윤년으로 한다(400으로 나누어서 딱 떨어지는 해). 그러므로 2000년은 400으로 나누어지기 때문에 윤년이지만 2100년은 100으로 나누어지기 때문에 윤년이 아니다. 이러한 조정 덕분에 그레고리력은 수천 년에 하루 정도의 어긋남밖에 생기지 않는다.

태음력에서 한 달을 더 두는 것을 윤달이라고 한다. 1태음년은 354.367068일(1삭망월朔望月은 29.53059일)이고, 1태양년은 365.2422일이므로 음력의 일수는 양력보다 약 11일이 짧다. 그러므로 3년에 한 달, 또는 8년에 석 달의 윤달을 넣지 않으면 안 된다. 만일 음력에서 윤달을 전혀 넣지 않으면 17년 후에는 5, 6월에 눈이 내리고 동지 섣달에 더위로 고통을 받게 된다. 그래서 예로부터 윤달을 두는 방법이 여러 가지로 고안되었다. 그 중 19태양년에 7개월의 윤달을 두는 방법을 19년 7윤법十九年七閏法이라 하여 가장 많이 쓰고 있다. 이에 의하면 19태양년이 235삭망월과 같은 일수가 된다. 19태양년=365.2422일×19=6,939.6018일이고, 235삭망월=29.53059일×235=6,939.6887일이다. 여기서 6,939일을 동양에서는 BC 600년경인 중국의 춘추 시대에 발견하였는데, 이를 장章주기라고 하며 서양에서는 메톤 주기(BC 433년 그리스의 메톤에 의해 발견)라고 한다.

윤달은 평소에는 없던 달이기 때문에 '공달', '덤달', '여벌달', '썩은 달' 등으로 불린다. 윤달에는 수의를 만드는 집에는 사람들이 줄을 서고 예식장이나 경사스런 대사는 가급적 피하는 게 우리의 풍속이었다. 그러나 이것은 단지 풍습으로 수의를 만드는 일처럼 평소에 꺼리던 일을 해도 좋다는 뜻이지 경사스러운 일을 치르지 말라는 뜻은 아니다. 이 때문에 윤달에는 이장移葬을 하거나 수의壽衣를 준비하는 풍습이 전해 내려왔다. 한국에서는 고종의 칙령에 의하여 1896년 1월 1일부터 양력을 쓰고 있다. 아무튼 '음력을 지내자.', '아니야 양력을 지내자.' 또는 '양력과 음력을 같이 지내자.'로 한동안 말이 많았다. 어느 쪽이든 이들 모두는 태양과 지구 및 달의 운동으로 생긴 것이다.

 윤초

지구 자전 속도와 원자시계의 차이(1초)를 윤초(閏秒, leap second)라고 하는데 이는 지구 자전 속도가 불규칙한 데서 비롯되었다. 국제협정에 의하여 인위적으로 유지되고 있는 협정세계시(協定世界時, UTC; Coordinated Universal Time)와 영국의 그리니치 천문대를 통과하는 자오선을 기준으로 삼은 세계시(世界時, UT; Universal Time)가 차이 날 때 조정하는 것이다. 윤초는 ±0.9초 이내에서 관리하기 위하여 조정하는데, 필요에 따라 12월과 6월 또는 3월과 9월 말일의 최종 초 뒤에 윤초(1초)를 삽입하거나 삭제한다. 즉 지구의 자전이 늦어져 협정세계시가 빨라지는 경우에는 협정세계시의 23시 59분 59초 다음에 1초를 삽입하는 양(陽)의 윤초가 실시되고, 그와는 반대로 지구의 자전이 빨라져 협정세계시가 늦어지면 음(陰)의 윤초로 조정하도록 되어 있다. 윤초가 처음 도입된 1972년 이후 지금까지 24회 적용하였으며, 가장 최근에는 2008년 12월 31일 오후 11시 59분 59초(UTC)에서 2009년 1월 1일 0시(UTC)로 넘어갈 때 적용하였다.

태양에 전기 플러그를 꽂았다
– 태양열 발전

    태양은 인간이 필요로 하는 것보다 훨씬 많은 에너지를 지구에 쏟아붓고 있지만 인간은 이를 충분히 활용하지 못하고 있다. 태양은 1년에 약 10^{21}kcal의 열에너지를 내뿜지만 그 중에 지구가 받아들이는 양은 20억분의 1 정도이다. 태양이 한 시간 동안 지표면에 보내 주는 에너지의 양은 전 인류가 일 년 동안 소비하는 에너지량과 맞먹을 정도로 많다고 한다. 이와 같이 태양이 보내 주는 에너지의 일부를 모아서 전기로 변환하여 사용하는 것을 태양열 발전(solar power generation)이라고 한다. 최근 미국과 유럽을 중심으로 태양열 발전에 대한 관심이 높아지고 있으며 우리나라도 점점 관심을 가지기 시작하였다. 태양열 발전은 극복해야 할 과제가 많이 남아 있지만 그린에너지(Green Energy)이기 때문에 앞으로 태양열 온수기와 함께 미래 에너지의 주축이 될 것으로 전망된다.

    초등학교 과학 시간에 검은색 종이에 볼록렌즈의 초점을 집중시키면 구멍이 뚫리거나 불이 붙는 것을 보았을 것이다. 이것은 비록 단순한 과학 실험이지만 햇빛을 모으는 것만으로도 물건을 태울 정도로 높은 열에너지가 발생한다는 것을 알려준 실험이다. 아마도 우리가 이런 실험을 하기 훨씬 전부터 인간들은 이러한 방법으로 태양열을 이용하였을 것이다.

    태양 에너지를 활용하는 방법은 크게 두 가지로 나눈다. 하나는 미국 네바다주에 있는 것과 같은 둥그런 반사경이나 헬리오스탯(heliostat : 일광 반사 장치)이라 불리는 컴퓨터 유도 반사경을 이용해 증기를 만들어 전기를 얻는 방법이다. 또 다른 방법은 실리콘 같은 반도체로 만든 태양 전지판을 이용해 바로 전력으로 변환하는 장치이다. 전자의 방식은 상당히 넓은 땅이 필요하고 전력을 시장에 팔기 위해서는 긴 송전선이 있어야 하는 불편함이 있다. 반면에 태양 전지판은 전기가 필요한 지점의 지붕 위에 설치만 하면 이용 가능하기 때문에 훨씬 편리하다. 하지만 두 방법 모두 공통적인 결점이 있다. 흐린 날이나 밤에는 전력이 생산되지 않는다는 것이다. 하지만 낮에 에너지를 저장했다가 사용할 수 있는 기술이 점차적으로 개발되고 있기 때문에 큰 문제가 되지 않을 것으로 보인다.

석유 파동을 겪은 직후인 1980년대 중반에 미국 캘리포니아의 모하비 사막에 총 354MW 규모의 태양열 발전(CSP; Concentrating Solar Power) 시설이 건설되면서 태양열 발전은 유망한 사업으로 떠올랐다. 하지만 원유 가격 하락과 정부 지원 제도의 철폐로 관심이 금세 사그라들고 말았다. 이후 약 20년 동안 신규 CSP발전소 건설이 없다가, 최근 원유 가격 상승과 지구 온난화에 대한 관심 증가로 시설이 늘어나면서 전 세계적으로 많은 나라에서 CSP발전소가 건설되고 있다.

우리나라도 황금빛 청정에너지인 태양광 발전•이 활용되고 있다. 가장 주목받고 있는 곳은 광주시 신효천 마을로, 지금은 태양광 발전

> 태양열 발전은 거울 같은 장치를 이용해 빛을 모아 높은 열을 내게 하고, 이 열로 물이나 기름을 데우며 그때 발생하는 증기의 압력으로 발전기의 터빈을 돌리는 것이다. 반면 태양광 발전은 열을 모으는 것이 아니라 빛을 직접 전류로 바꾸는 것이다.

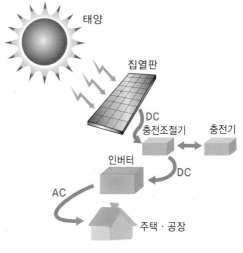

태양광 발전 시스템

의 전도사 역할을 하고 있다. 또 전남 신안군에 건설된 동양 태양광 발전소는 용량 24MW로 국내 최대의 상업 발전소이다. 이 정도의 규모면 연간 480만 리터의 유류를 절약할 수 있고, 2만여 톤의 이산화탄소를 감축하는 효과가 있다고 한다. 특히 섬이 많은 전라남도에 크고 작은 태양광 발전소가 300여 곳이나 있다. 그 밖에 김천의 태양광 발전소, 충남 태안의 태안발전소 등 대규모 태양광 발전소가 가동 중이며, 정부에서도 신 재생 에너지 보급을 위한 그린 홈 100만 호 보급 사업과 더불어 2004년부터 추진해 온 태양광 주택 10만 호 보급 사업이 추진 중에 있다.

남북반구를 오르내리며 지구를 비추는 태양
- 태양 빛

여름에는 덥고 겨울에는 춥다. 이런 차이는 여름에는 지구가 태양과 가깝고 겨울에는 지구에서 태양이 멀기 때문일까? 아니다. 공전 거리와는 관련이 없고, 태양의 고도와 관련이 있다. 태양이 지구를 비추는 고도가 주원인이란 의미이다. 또한 지구의 공전 궤도는 둥근 원이 아니라 약간 타원형이다. 그래서 북반구에서 가장 추운 1월에 태양과의 거리는 약 1억 4700만km가 되고 무더운 여름인 7월에는 약 1억 5200만km가 된다(평균 거리 1억 4960만km). 그러므로 오히려 여름에 지구에서 태양까지의 거리가 약간 더 멀다. 적도를 기준으로 북위 23°27′에 북회귀선이 있고, 남위 23°27′에 남회귀선이 있다. 이 선은 태양이 적도에서부터 올라왔다가 다시 내려가는 선이다. 태양이 이 선까지 올라와서 북반구를 바로 비출 때 북반구에서는 태양의 고도가 최고가 되어 굉장히 덥다. 우리나라로 향하는 태양 고도는 하지 때 가장 높게 나타나고 겨울철인 동지 때 가장 낮게 나타난다. 즉 태양이 북회귀선까지 올라와서 북반구를 비출 때, 거리는 약간 더 멀지만 머리 위에서 바로 비추기 때문에 더 더운 것이다.

태양이 1년에 두 번 지구의 적도를 똑바로 바라보고 있을 때, 우리나라는 덥지도 춥지도 않은 봄(춘분)과 가을(추분)이 되어 날씨도 아주 포근하다. 반대로 태양이 남회귀선까지 내려가서 지구의 남반구를 바로 비추면 이때 남반구는 여름, 북반구는 겨울이 된다. 만약 이때 비행기가 남위 23°27′ 바로 위로 날아간다면 그 비행기의 그림자도 23°27' 선을 따라 갈 것이다. 왜냐하면 태양이 비행기의 상공에서 바로 비추기 때문이다. 아무튼 태양이 남북반구를 오르내리면서 지구를 골고루 비추어 지구에 빛과 열을 공급하고 지구의 온도를 섞어 준다. 북반구의 여름 해변에서 해수욕을 즐기고 있을 때 남반구의 호주에서는 짧은 낮과 추운 겨울을 보내고, 북반구에서 화이트 크리스마스를 즐길 때 남반구의 호주에서는 해수욕장에서 크리스마스를 만끽한다.

북회귀선(北回歸線, Tropic of Cancer)은 북위 23°27'의 위도를 연결한 선으로, 춘분 때 적도에 있던 해가 점점 북으로 올라가 하지에 이 선을 통과하고 다시 남으로 내려간다. 태양의 황도상 위치가 가장 북쪽일 때(하지) 태양이 이 위도에 놓이게 되고 북위 23°27'에서는 태양의 남중 고도가 90°가 되며, 이때 북반구에서는 낮이 가장 길어지고 남반구에서는 낮이 가장 짧아진다. 북회귀선의 영문 표기에서 'Cancer'는 암癌을 뜻하는 것이 아니고 황도 12궁 중 하나인 게자리를 뜻하는 것으로, 태양이 게자리를 하짓날부터 통과하기 시작한다는 뜻으로 이렇게 붙여졌다. 남회귀선(南回歸線, Tropic of Capricorn)은 남위 23°27'의 위선으로 태양이 적도에서 남쪽으로 기울다가 다시 적도로 향하는 회귀 지점을 말한다. 태양의 황도상의 위치가 가장 남쪽일 때(동지) 태양이 이 위도에 놓이게 되고 남위 23°27'에서는 태양의 북중 고도가 90°가 되며, 이때 북반구에서는 낮이 가장 짧아지고 남반구에서는 낮이 가장 길어진다. 남회귀선의 영문 표기에서 'Capricorn'은 황도 12궁 중 하나인 염소자리를 뜻하는 것으로, 태양이 염소자리를 동짓날부터 통과하기 시작한다는 뜻으로 이렇게 붙여졌다.

오늘은 강한 태양풍이 있을 예정입니다
– 우주 날씨

    날씨나 기상 예보가 우리 생활의 일부분이 되었지만, 우주의 날씨에 대해서는 별 신경을 쓰지 않고 있다. 지구상의 기상은 고도 10km 내외의 대류권 안에서 이루어지지만 우주의 날씨는 사뭇 다르기 때문이다. 약 500km/s 이상의 속도로 지구로 다가오는 태양풍에 의한 교란은 지구 자기장을 흔들어 놓고 방사선을 퍼붓는다. 게다가 태양의 표면 지역은 종종 플레어(flare)가 발생하고 지구의 상층 대기를 가열하는 자외선과 엑스선을 방출하기도 한다. "어제부터 태양의 흑점 개수가 늘어나고 있습니다." "강한 태양풍이 오겠는걸요." "자기장도 세어질 것 같습니다." 등의 멘트가 9시 뉴스 일기 예보에 나올 날도 머지않았다. 이러한 '우주 날씨'는 위성의 궤도를 변화시킬 수 있고, 우주 비행사에게 위험을 줄 수도 있다. 뿐만 아니라 지구 자기장의 동요는 각종 전자 장비를 파괴하고 송전 선로에 과다 전류를 흐르게 할 수 있다. 특히 우주 기상은 항공기의 운항에 매우 중요하다.

    우주 날씨에 영향을 끼치는 첫 번째는 태양풍이다. 태양은 약 11년을 주기로 활동이 강해졌다 약해졌다를 반복한다. 지난 몇 년간 태양은 잠잠했는데, 2013년에는 다시 강한 활동(폭발)을 할 것으로 예상된다. 태양은 내부에서 매일 폭발하여 에너지를 만드는데, 특히 강하게 폭발하면 어떤 일이 일어날까? 우선 그 빛(전파 포함)이 8분 만에 지구에 도달하여 전리층●에 변화를 일으킨다. 전리층

의 변화는 통신을 방해해 지구와 인공위성 간의 교신에 문제를 일으킬 수 있고 휴대폰에 잡음이 생긴다. 특히 2003년 10월 28, 29일 양일간 발생한 강력한 태양 폭발은 세계적으로 큰 손실을 줬다. 당시 미국 화성 탐사선 오디세이(Odyssey)와 일본 화성 탐사선 노조미(のぞみ, 소망이라는 뜻, 정식 명칭 PLANET-B) 위성은 선체에 심각한 손상을 입었다. 한국도 예외는 아니었다. 다목적위성 아리랑 2호의 고도가 평상시보다 6배 더 떨어졌으며 통신위성인 무궁화 1호도 안전 조치가 내려졌다.

　두 번째는 고에너지 입자들의 영향력이다. 이들은 태양 폭발 후 몇 시간이면 지구에 도착한다. 고에너지 입자들은 우선 우주 공간의 위성체를 망가뜨리곤 한다. 위성체 표면에 충전됐다 방전되며 불꽃을 튀기는가 하면 아주 에너지가 높은 입자들은 위성을 뚫고 들어가 각종 신호 기기들을 고장낸다. 고에너지 입자가 다가올 것으로 예상되는 때엔 우주 유영도 하지 못한다. 2003년 10월 30일 발생한 초강력 지자기 폭풍으로 일어난 인공위성 이상 사례는 무려 46건에 이른다고 한다. 또한 고에너지 입자가 방출되면 지구의 극지방에는 오로라가 생기는데 이때 비행기가 이 부근을 지나가면 비행기에 탑승한 승객들은 우주 방사선에 노출될 수도 있다.

　마지막으로 코로나 물질 방출(CME; Corona Mass Ejection)이다. 1989년 이 CME로 인해 캐나다 퀘벡(Quebec) 주에서 정전 사태가 발생하였다. CME가 만들어낸 자기 폭풍으로 지구 자기장이 교란되고 지표에 유도 전류가 흐르며 송전소의 변압기가 타 버린다. CME는 빠르면 하루, 늦으면 2~3일 내에 지구에 도달해 지구 자기권을 교란시킨다. 자기권의 교란은 자기장과 이온층의 교란으로 이어져 고주파(HF) 통신을 방해하기도 한다. 실제로 태양 폭발이 지구에 영향을 미친 사례는 적지 않다. 1994년 1월 20일 일본 통신 위성이 태양에서 쏟아져 들어온 물질로 고장이 났다. 이는 노르웨이 릴레함메르(Lillehammer)에서 열린 동계올림픽 중계방송이 중단되는 사태로 이어졌다. 1997년 1월에는 미국

AT&T사의 통신 위성 텔스타(Telstar) 401호가 태양 폭발로 회로가 고장나 수명이 9년이나 단축되었다고 한다.

우리나라도 최근 관련 기관이 모여 우주기상협의체를 구성키로 했다고 한다. 뿐만 아니라 세계기상기구에서도 우주 기상에 관심을 갖기 시작했다. 미국기상청(NOAA)에선 이미 우주 기상 예보를 하고 있다고 한다. 그 내용은 다음과 같다.

오늘은 태양 중심에서 북쪽으로 30°, 서쪽으로 20° 떨어진 곳에서 강력한 폭발이 있었기 때문에 극지방을 지나는 항공기는 각별히 주의하십시오. 오전 11시부터 약 1시간 동안 국제전화나 인터넷을 사용하는 분들은 중요한 정보가 사라지지 않도록 대비하십시오.

우리나라도 조만간에 이런 뉴스가 나올 날이 있을 것이다. 이처럼 태양에서 뿜어져 나온 물질은 지구의 환경을 급격히 변화시킬 수 있다. 한국천문연구원은 이러한 우주 공간의 환경 변화(우주 날씨)를 관측·예보하기 위해 2007년에 우주환경감시센터를 개장하였다.

8

하늘이 만들어 내는 기상

교양으로 읽는 하늘 이야기 – 대단한 하늘여행

하늘은 왜 파란가
- 하늘의 색깔

양지 바른 날 하늘은 맑고 푸른색으로 보이지만, 밤의 하늘은 어둡고 별빛들만 반짝거린다. 또한 해가 뜰 때나 질 때 지평선 근처의 하늘은 밝은 주황색 톤으로 보인다. 이런 다양한 색깔은 태양에서 오는 빛 때문이다. 예로부터 사람들은 하늘이 푸른 이유에 대해서 저마다 설명을 달리했다. 서양에서는 르네상스 시대의 장인이자 예술가였던 레오나르도 다빈치(da Vinci)가 대기 중에 존재하고 있는 미세한 물체에 의해 하늘에 푸른빛이 생긴다고 주장했다. 1672년경 근대 과학을 완성한 뉴턴(Newton)은 물방울같이 투명한 물질로 이루어진 얇은 막에서 빛이 반사되기 때문이라고 주장했다. 뉴턴의 생각은 18세기 들어 영국과 프랑스의 많은 사람들에게 긍정적으로 받아들여졌다. 하지만 독일에서는 이와 같은 뉴턴의 생각에 대해 반론이 제기되기도 하였는데, 대표적인 사람이 괴테(Johann Wolfgang Goethe, 1749~1832)로 그는 하늘의 색은 근원 현상(Urphnomen) 때문에 생긴다고 주장하였다. 이처럼 하늘이 왜 푸른가 하는 문제는 이미 수세기 전부터 많은 과학자들의 관심의 대상이었다.

근대 과학의 발달로 여러 과학자들은 빛의 굴절과 반사에 의해서 하늘이 푸르게 보인다고 생각하게 되었다. 이런 중에 노벨물리학상 수상자인 영국의 레일리(John William Strutt Rayleigh, 1842~1919) 경이 하늘의 파란색은 태양 빛이 대기 중의 작은 입자들에 의해 산란된 결과라고 설명하는 이론을 1871년에 발표하였다. 이 이론은 그 후 모든 종류의 파동 전파 연구의 기초가 되었다. 즉, 태양에서 나오는 빛은 여러 가지 색깔의 빛들이 합쳐져 있는 무지개색을 띤 가시광선可視光線•이라고 한다. 빛의 각 색깔은 공기 중의 입자에 의해 흩어지는 정도가 다른데, 파장이 짧을수록 많이 흩어진다. 햇빛이 지구로 들어와 대기권에 가득하게 퍼질 때, 짧은 파장인 청색 광선은 공기 입자(질소, 산소 등)와 충돌하여 사방으로 잘 퍼지는 데 비해, 빨간색 광선은 공기 속을 그대로 통과하여 멀리 날아가 버린다는 것이다. 그래서 파란색이 우리 눈에 잘 보이는 것이다. 사실 가장 많이 흩어지는 색깔은 보라색이지만 우리 눈은 보라색보다 파란색에 더 민감하다. 이때 파장이 짧은 것은 자외선, 파장이 긴 것은 적외선이다. 따라서 짧은 거리에서 우세하게 산란하는 청색광이 사방으로 퍼져 우리 눈을 향하여 들어오므로 하늘이 파랗게 보인다.

　해질녘에 보이는 붉은 하늘은 위에서 말한 것과 반대되는 현상으로 나타난다. 즉 산란이 잘 되는 파란색 빛들은 다 튕겨져 나가고, 파장이 긴 빨간색 빛들만 우리 눈에 들어오기 때문이다. 해질녘에는 해와 관측자의 각도가 아주 작을 뿐만 아니라 거리도 상당히 멀리 떨어지게 된다. 그래서 빛이 우리 눈에 들어오려면 더 많은 대기층을 통과해야 되고, 그 빛은 높은 건물이나 산 등 장애물을 많이 거쳐야 한다. 이렇게 거치는 동안에 파장이 긴 적색 광선이 우리 눈에 잘 보이게 되는 것이다. 같은 원리에서, 달에서 하늘(우주)을 쳐다본다면 검게 보인다. 왜냐하면 달에는 대기층이 없어서 빛의 산란도 없기 때문이다.

하늘이 내려 주는 담수
- 강수

　지구의 바다, 호수, 하천, 습지 등에 있는 물은 수증기로 변하여 하늘로 올라간다. 이러한 수증기는 하늘에서 서로 응결되어 구름으로 변하여 다시 지표로 돌아오는데, 이것이 비와 얼음(눈, 우박, 진눈깨비, 싸라기눈)이다. 강수 중에 가장 흔히 볼 수 있는 비雨는 소리 없이 내리는 이슬비를 비롯하여 억수같이 퍼붓는 소나기까지 여러 종류가 있으며 지상으로 떨어지는 비를 통칭하여 '강우(降雨, rainfall)'라고 한다. 또 하늘에서 내리는 비, 눈, 우박, 진눈깨비 등을 통틀어 '강수(降水, precipitation)'라고 한다. 강수의 원천이 되는 물방울의 크기는 생성 시간에 따라 다르다. 구름 입자의 핵이 10μ(10⁻⁶micro)의 크기가 되려면 1초, 100μ이 되려면 2~3분, $1,000\mu$(1mm)가 되려면 3시간, 그리고 3mm 정도의 크기가 되려면 24시간이 소요된다. 이렇게 만들어진 물방울(구름 입자)이나 빙정(氷晶 : 얼음 결정체)들이 고공에서 낙하하는 과정에서 이슬비, 소낙비, 눈송이, 우박, 진눈깨비로 변하여 지상으로 떨어진다. 그 외에 대기 중의 수증기가 응결되어 지표면에 나타나는 안개(수평 시정 1km 미만)와 인공으로 구름을 만들어 강우량을 증대시키는 인공 강우도 강수에 포함된다.

　지상 기온의 상승으로 빙정들이 녹아내릴 때 비의 온도와 상관없이 한랭우(cold rain)라고 하며, 상승 기류에 의해 오르락내리락하면서 많은 충돌과 분산을 반복한 후 내리는 비는 온도와 관계없이 온난우(warm rain)라고 부른다. 기온과 습도 등의 대기 상태가 거의 같고 수평 방향으로 넓은 범위에 퍼져 있는 공기 덩어리(대기 덩어리)를 기단이라고 하는데, 우리나라와 관계가 있는 기단氣團은 시베리아 기단(한랭), 북태평양 기단(온난다습), 오호츠크 해 기단(한랭다습), 양쯔강 기단(온난건조), 적도 기단(고온다습) 등이 있다. 또 비를 몰고 오는 저기압은 표준 대기압(760mmHg)보다 낮은 것을 말하는데, 특히 아열대에서 발생하는 열대성 저기압인 태풍(typhoon)이 많은 비를 몰고 온다. 하지만 최근에는 지구 바깥의 대기 현상이 안정적이지 못하기 때문에 언제 비가 올지, 언제 가뭄이 들지 도무지 알기가 어렵다.

하늘에 떠 있는 구름의 기온이 낮을 경우 구름 속에 함유된 수분이 보송보송하게 변하여 지표면으로 떨어지는데 이것을 눈雪이라 한다. 구름 속의 수분이 빙점(氷點 : 어는점 0℃) 이하로 떨어지면 물방울들은 초저온 상태에서 증발하면서 얼게 된다. 이때 물방울은 미세한 얼음 결정으로 변하게 된다. 이러한 '얼음 결정'에 더 많은 수증기가 얼어붙고 점점 커져서 눈송이를 이루게 된다. 이러한 눈송이는 대기의 기온과 수분의 양에 따라 모양이 각기 달라져서 여러 형태의 눈이 만들어진다. 한편 눈이 오면 주위가 고요하게 느껴지는데, 그 이유는 눈송이의 약 90%가 공기로 이루어져서 뛰어난 방음 기능을 발휘하기 때문이다. 같은 이유에서 10cm의 적설량은 1cm의 강우량(수분량)과 같다고 한다.

지상으로 떨어지는 물방울들은 차가운 대기층을 통과하는 동안에 눈(snow)이 되기도 하지만 더 견고해져 진눈깨비(sleet)나 우박(雨雹, hailstorm)이 되기도 한다. 우박은 기류가 소용돌이치는 뇌운雷雲의 상층부에서 생기는데, 얼음덩이가 상승 기류와 하강 기류를 번갈아 오르내릴 때 얼음층이 덧붙여져서 점점 커지게 되며 이것이 바로 '우박'이다. 이 과정에서 상승 기류가 약화되면 우박은 무게를 지탱할 수 없어 땅으로 떨어지게 된다. 우박의 비중은 눈의 비중과 같이 $0.85{\sim}0.93g/cm^3$ 정도이며 크기는 구름 속에서 얼마나 오랫동안 오르내렸느냐에 따라 결정된다. 실제로 우박이 지표면으로 떨어질 때 그 크기가 다양한

데, 작은 콩알만 한 크기부터 커다란 것은 테니스공만큼 큰 것도 있다고 한다. 지금까지 기상으로 관측된 것 중 가장 커다란 우박은 직경이 14cm(무게 680g) 정도 되었다고 한다. 최근에는 대형 우박에 머리를 맞아 사람이 사망한 사고도 있었다. 이와 같이 '우박'도 우리에게 피해를 주는 자연재해이며 지름 2cm 이상의 우박이 30분 정도 내린다면 농작물은 수확할 가치가 없어진다.

비가 오나 눈이 오나 이 모든 것은 인간이 마음대로 할 수 없다. 그러나 그것들을 슬기롭게 이용할 줄 아는 지혜가 인간에게는 있다. 만약 이용할 수 있는 강수가 없다면 우리 인간들은 지구에서 살아갈 수도 없다. 그런 의미에서 하늘에서 내리는 비, 눈, 진눈깨비, 우박 등 이들 모두는 우리에게 '생명수'를 준다고 해도 과언이 아니다.

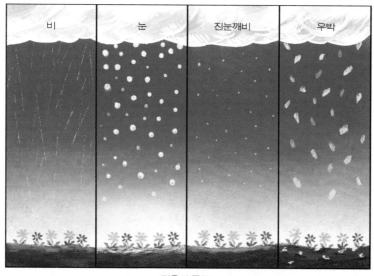

강우의 종류

하늘에서 뿌리는 제초제
– 산성비

비가 오면 옷이 젖는 것이 신경 쓰여 우산을 쓰지만, 언제부터인가 비를 맞으면 대머리가 된다는 말에 더 신경이 쓰인다. 이 말은 오염된 산성비 때문에 생긴 말인데 산성비는 지구 온난화, 오존층 파괴와 서로 관련이 있다. 대기 중의 비雨는 원래부터 약산성 성분을 띠고 있는데 이런 비가 산성을 띠는 아황산 가스나 질소산화물과 접촉하면 산성의 농도가 강하게 나타나서 산성비가 된다. 산성비는 자연적인 상태의 비보다 무려 40배나 산성 농도가 짙게 나타난다. 비나 눈에 섞인 산성은 호수나 강 속의 물고기들에게도 피해를 주며 농작물이나 삼림에 심각하게 피해를 입힌다. 또 땅 밑에 있는 수도관을 부식시켜 중금속 오염을 일으키기도 하고 자동차도 더 빨리 부식시킨다. 철근 콘크리트 건물이 내구연한을 지탱하지 못하고 재건축되거나 철거되는 현상에도 오염된 산성비(acid rain)가 악영향을 끼쳤을 것으로 추정하고 있다.

1980년에 들어서부터 산성비뿐만 아니라 산성 안개와 산성 구름에 대해서도 걱정을 하게 되었다. 보통 산성비의 기준은 ph5.6(수소이온 농도, potential of hydrogen)이다. 그 이유는 대기 중의 이산화탄소(약 350ppm)와 평형 관계에 있는 빗물의 ph가 5.6이기 때문이다. 따라서 ph5.6의 빗물을 자연 상태의 ph라고 하며 산성이 그 미만이 되는 빗물을 산성비라고 한다. 참고로 오렌지주스는 ph2.0, 식초는 ph3.0 정도 된다. 산성비의 영향 때문이라는 확실한 근거는 없지만 겨울철에 쌓인 눈을 치우고 보니 도로 차선이 안 보이더라는 신문기사도 마냥 엄살은 아닌 듯하다. 그렇다면 산성비를 아주 많이 맞으면 대머리가 될까? 그것은 아직 알 수 없다. 왜냐하면 사람들이 그 정도로 지속적으로 산성비를 맞아 보지 않았기 때문이다. 하지만 지구(땅)는 쉬지 않고 산성비를 맞을 수밖에 없기 때문에 대머리가 될 가능성이 많다.

산성이 강한 강우는 1872년 영국의 한 화학자에 의해 알려졌다. 산성비는 선진 공업국일수록 더 많이 내린다. 네덜란드와 스칸디나비아 반도의 남부, 미국의 북동부에서 캐나다에 걸치는 넓은 지역에서도 ph3~5의 산성비가 항상 관측되었고 스웨덴의 9만 개 호수 중에 4분의 1 정도가 산성화되었다고 한다. 노르웨이의 호수와 하천 가운데는 사실상 죽은 하천이 많다고 하는데, 이것들은 영국에서 날아오는 산성 물질 때문이라고 한다. 미국 동부의 호수들은 물고기가 살지 못할 정도로 산성화되었으며, 캐나다에서도 더 이상 송어나 연어들이 자라지 못한다고 떠들썩하다. 이집트의 고대 유물들이 산성비의 피해로 부식되고 독일 쾰른 성당의 벽돌도 부식되었다고 한다. 세계 곳곳의 나무들이 말라

산성비의 위험성

죽어 목재 산업도 감소하고 있다. 그러나 돈으로 환산할 수 없는 피해를 감당하면서도 지구인들은 아직도 문제의 심각성을 인지하지 못하고 있다. 지난 30년 동안 산성의 농도는 점점 올라가고 있으며 이 때문에 호소(湖沼), 하천, 토양 등이 영향을 받아 플랑크톤·어류·수목이 입는 피해가 날로 늘고 있다. 이는 도시화·산업화가 진행됨에 따라 공장에서 석유·석탄의 사용량이 늘어나고 황산

화물, 질소산화물, 황산, 질산 등이 많이 배출되었기 때문이다. 산성비에 관한 것은 2002년 8월 '리우+10' 이라 불리는 제 4차 지구정상회담에서 거론되었는데, 이때 산성비의 인자인 이산화황(二酸化黃, sulfur dioxide)과 질소산화물窒素酸化物의 배출량을 줄이자는 강력한 건의가 있었다.

　이제는 인류에게 식량을 공급해 주는 농토에 물을 대기 위한 저수지 물도 이용하기가 꺼림칙하다. 이 물도 산성비에 오염됐을 수 있기 때문이다. 물뿐이 아니다. 토양의 산성화는 더욱 심각하다. 산성비가 내리면 토양 내에 산성이 축적되어서 토양의 ph가 높아지게 되는데, 이는 식물체의 생장과 미생물 활동에 영향을 주게 된다. 토양의 산성화는 토양 미생물의 활동을 방해하고 이로 인해 토양 내 낙엽이나 사체가 제대로 분해되지 않아 토양 내의 작은 동물에까지 영향을 미친다. 결론적으로 토양이 산성화되어 토양 황폐화, 우량 농지 손실이 일어나고 그만큼 농작물의 수확량도 줄어들고 있다. 토양의 산성화는 식물이 직접적으로 피해를 입는 것보다 그것을 취한 인간들에게 피해가 올 수도 있다는 점에서 우려할 일이 아닐 수 없다.

하늘에 걸쳐진 색동저고리
- 무지개

어린이들이 명절에 입는 색동저고리는 갖가지 색의 띠가 나란히 배열되는 모양으로 디자인되어 있다. 하늘에도 이런 색동 띠가 있는데 바로 무지개이다. 무지개는 비가 온 후 산 위에 종종 걸쳐지는데, 어릴 적에는 때때로 보았지만 지금은 우리나라에서 보기 어려워진지 오래이다. 일곱 빛깔 무지개(rainbow)는 광원으로부터 어느 정도 떨어진 수분(비·물보라·안개)에 태양을 비출 때 7가지 색체를 띤 동심호同心弧로 나타나며, 태양이 소나기의 빗방울을 비출 때 태양의 반대 방향에서 가장 흔하게 관찰된다. 특히 비행기를 타고 하늘에서 무지개를 바라보면 둥글게 보인다고 한다. 무지개의 색깔은 바깥쪽에서부터 안쪽으로 빨강·주황·노랑·초록·파랑·남색·보라로 나타난다. 태양을 등지고 입에 물을 머금었다가 뿜으면 일시적으로 무지개가 만들어지기도 한다. 보통은 하나의 무지개를 볼 수 있지만 1차 무지개(primary rainbow) 바깥쪽에 2차 무지개(secondary rainbow)가 생기는 경우도 있는데, 이를 쌍무지개라고 부른다. 쌍무지개는 1차 무지개보다는 색이 희미하고 색층이 역전逆轉되어 있는 것이 특징이다.

옛날에는 무지개 현상을 보고 홍수를 예상했다고 한다. '서쪽에 무지개가 나타나면 소를 강가에 내다 매지 말라' 라는 속담을 봐도 알 수 있다. 즉 서쪽에 무지개가 보이면 서쪽에 비가 오고 있음을 뜻하는 것이다. 한반도의 기상 변동은 서쪽에서 동쪽으로 이동한다. 때문에 비 오는 구역이 점차 동쪽으로 이동하여 비가 올 가능성이 크기 때문에 미리 예방하는 차원에서 나온 말이다. 뿐만 아니라 무지개는 소나기를 동반하기 쉽기 때문에 짧은 시간에 많은 양의 비를 내려 귀중한 농우農牛를 떠내려 보내는 일이 없도록 예고한 선조들의 지혜라고 생각된다. 우리나라의 서운관지書雲觀志●에는 일월훈(暈 : 무리 훈)과 무지개(虹 : 무지개 홍) 그리고 이珥 · 관冠 · 배背 · 포抱 · 경璚 : 가락지) · 극戟 · 리履 등 여러 가지 모양에 따라 무지개로 구분해 놓았다. 특히 흰 무지개가 태양을 꿰뚫는 백홍관일白虹貫日과 흰 무지개가 달을 꿰뚫는 백홍관월白虹貫月은 지동지진地動地震이나 객성(客星, 떠돌이별)과 같이 중요한 것으로 여겨져 즉시 조정에 보고하도록 하였다.

무지개라고 표현하지는 않지만 무지개 종류에 속하는 일월훈日月暈은 햇무리와 달무리(Moon halo)를 일컫는다. 일훈은 해에 생긴 무지개(햇무리)이고, 월훈은 달에 생긴 무지개(달무리)를 말한다. 이것들도 대기 중에 있는 물방울이나 얼음덩어리에 의해서 생기는 광학적인 현상으로 무지개의 일종이다. 달무리는 달 주위에 둥그렇게 빛의 띠처럼 나타나지만 호弧 · 기둥 · 점 등의 모양으로 나타나기도 한다. 달무리가 나타나는 이유는 대기 중에 떠 있는 빙정氷晶에 의해서 빛이 굴절 · 반사되기 때문이다. 따라서 빙정으로 이루어진 엷은 권층운이 끼어 있을 때 나타난다. 햇무리는 빛이 구름의 얼음 조각을 통과할 때 굴절되어 나타나는 현상이므로 엷은 권층운이 끼어 있을 때 잘 나타난다고 한다.

무지개

하늘에 구멍이 뚫렸다
– 오존홀

오존홀(ozone hole)은 1982년에 처음으로 그 존재가 확인되었는데, 이때는 아주 먼 장래의 일이라고 여겼다. 오존홀의 생성 원인에 대해서는 여러 가지 학설이 있지만 첫째는 남극의 특이한 기상 조건 때문이고, 둘째는 인간들이 너무 많은 프레온가스를 방출하고 있기 때문이라고 한다. 남극의 기상은 겨울에서 이른 봄까지 강한 제트류가 대륙을 감싸고 있기 때문에 주변의 다른 공기가 들어오지 못하는 특징이 있다. 그래서 남극 겨울의 극저온 성층권에서는 진주운眞珠雲이 생긴다. 이 구름에 포함된 '플루오로카본(fluorocarbon)'에서 생긴 염소가 햇빛이 비칠 때 구름 입자의 표면에서 오존과 접촉하여 오존층을 파괴하여 오존홀이 생기는 것으로 알려져 있다. 특히 남반구의 봄철인 9월과 10월 사이에 오존층이 많이 얇아지며 11월경이 되면 오존층은 다시 원상태로 회복된다고 한다.

인간들이 무한정 방출하는 프레온가스(CFCs)는 냉방기나 냉장고의 냉매와 발포성 단열제의 충전제로 이용되어 왔다. 프레온가스(Freon gas)가 대기류의 이동으로 성층권까지 올라가서 강한 자외선에 의해 염소(Cl)를 방출하고 이들 염소가 화학적인 반응을 일으켜 수만 개의 오존 원자를 파괴하여 오존층을 얇게 하거나 구멍을 낸다고 알려져 있다. 오존층은 해수면을 기준으로 25~30km 상공에 위치하는데 적도 지역을 제외하고 남·북반구에서 모두 오존의 감소

(Ozone Depletion)가 확인되고 있다. 캐나다 대기환경청(AES)의 발표에 의하면 1989~1993년 사이의 하절기에는 자외선량이 약 7% 가량 증가했고 매년 겨울철에는 약 5%씩 증가함이 확인되고 있다고 한다. 그러므로 뚫린 구멍을 막으려면 프레온가스를 생산하지 않든지, 생산하더라도 줄이는 방법뿐이다.

1987년 9월 캐나다 몬트리올에서 전 세계 23개국 대표들이 모여서 1998년 6월까지 프레온가스의 생산과 사용을 1986년에 비해 50% 정도 줄이기로 합의하였다. 그러나 그 후에도 오존층 파괴는 줄어들지 않고 점점 더 증가되고 있다. 그래서 1992년 11월에 전 세계의 절반에 가까운 국가의 대표들이 다시 모여 1990년대 중반까지 프레온가스를 포함한 모든 오존층 파괴 물질의 생산과 사용에 대한 규제를 강력히 하기로 하였다. 프레온가스는 한번 발생 시 약 100년 동안 대기 중에 머무는 것으로 추정되기 때문에 방출을 줄이는 수밖에 달리 도리가 없기 때문이다. 점차 파괴되어 가는 오존층을 보호하기 위해 1994년 제49차 유엔총회에서 의정서 채택일인 1987년 9월 16일을 '세계 오존층 보호의 날'로 지정하였고, 유엔총회는 모든 회원국이 국가 차원에서 몬트리올 협약의 목적에 상응하는 구체적인 행동으로 이날을 특별히 지킬 것을 요구하고 있다. 우리나라에서도 '세계 오존층 보호의 날'을 기념하여 민간 환경단체인 그린스카우트와 환경운동연합에서 오존층 보호 캠페인 등을 벌였다. NASA에서는 1996년 7월에 오존층을 조사하기 위해 TOMS(Total Ozone Mapping Spectrometer) 위성을

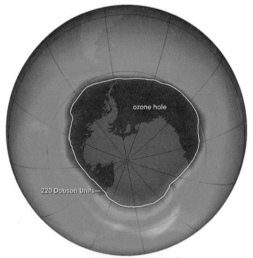

남극의 오존홀(NASA)

발사하였다.

오존층 파괴 문제에 대한 관심을 가지고 국제적으로 규제를 철저히 지킨다면 물질 순환 원칙으로 오존층의 파괴가 점점 줄어들 것으로 기대하고 있다. 아직 우리나라의 하늘의 오존층에 구멍이 났다는 소리는 듣지 못했지만 언젠가 남극의 오존홀처럼 우리나라의 상공에도 구멍이 뚫릴지 모를 노릇이다.

맑은 하늘이 보고 싶다
– 대기 오염

　맑은 하늘을 본지도 꽤 오래되었다. 앞으로 맑은 하늘이 부러워서 외국으로 이민 가는 사람도 있을지 모른다. 그렇다면 세계에서 가장 맑고 깨끗한 공기와 하늘은 어디에 있을까? 가장 넓은 바다인 태평양 중부 지역일 것처럼 생각하기 쉽지만, 사실은 남극 대륙이다. 남극은 워낙 하늘이 깨끗하고 공기가 맑아 시각적으로 원근을 판단할 수 없는 착시 현상이 나타난다고 한다. 그래서 남극 바다를 항해하는 선박이 떠다니는 얼음의 원근을 정확히 알 수 없을 때도 있다. 북반구의 대륙과 멀리 떨어져 있는 호주나 뉴질랜드 같은 나라는 전혀 문제가 없을 것 같지만 쓰레기 소각이나 겨울철 난방을 위한 벽난로(fire place)에서 발생하는 연기 때문에 건강을 해친다고 야단법석이다. 뉴질랜드에서 택시 운전을 하고 있는 피지인이 "뉴질랜드는 공기가 너무 탁해요."라고 하는 말이 엄살만은 아닌 것 같다.

　한편 우리나라는 중국의 개발·건설에 따른 먼지와 황사로 대기 오염이 심각하다. 뿐만 아니라 우리나라 자체에서 발생하는 대기 오염도 보통 문제가 아니다. 봄철에 생기는 황사는 그렇다 치고 대기 오염(공기 오염, Air Pollution)은 오존층을 파괴하고 지구온난화 현상을 초래하며 엘니뇨 발생에 간접적인 영향을 유발하기도 한다. 대기를 오염시키는 오염원으로는 화석 연료(석탄과 석유)의 사용이 주범이고 산업·운송·농업·국토 개발 분야 등을 들 수 있다. 또한 차량 및 공장 굴뚝에서 나오는 물질이 스모그를 만들어 내는데, 그 중에 자동차에서 배출되는 오염 물질은 심각하다. 자연에서 발생되는 산불·화산·바람에 의한 퇴적물의 이동, 꽃가루의 분산 등으로 발생되는 대기 오염도 무시할 수 없다.

우리나라 대도시의 하늘은 가끔 흐린 날씨 같기도 하고 안개 낀 날씨 같기도 한 뿌연 먼지층의 하늘이 된다. 때때로 외국에서 살던 사람이 한국에 돌아왔을 때 인천공항에 도착하자마자 목이 간지럽고 재채기가 나며 콧물이 난다고 호소하는 경우도 있다. 이 모두가 대기 오염(공기 오염) 때문이다. 뿐만 아니라 우리는 아침에 일어나서 창밖의 풍경이 흐릿한 것을 보고 '오늘도 안개가 끼었구나.' 하며 일상의 일로 체념해 버리기 일쑤이다. 국내선 비행기 내에서 방송하는 스튜어디스들도 '안개' 내지는 '흐린 날씨'라는 용어를 가끔 사용한다. 그러나 그것은 안개도 아니요, 흐린 것도 아닌 대기 오염으로 인한 미세 먼지(공해)가 하늘을 뿌옇게 만든 것일 가능성이 크다. 지표에서부터 약 1~2km 사이에 분포되어 있는 이 미세 먼지층은 비행기를 비롯한 교통수단의 시정(視程 : visibility)을 흐리게 할 뿐만 아니라 사람들의 호흡기나 눈에 질환을 일으키고 비와 섞여 우리의 강산을 더럽히는 주범이 되고 있다. 아마도 이대로 계속 가면 맑은 하늘을 구경하고 깨끗한 공기를 마시기 위해 여행하는 관광단이 생길지도 모를 노릇이다.

어려운 국가 경제를 일으켜 세우는 과정에서 생긴 부산물인 대기 오염을 개선하기 위하여 정부에서는 상당한 노력을 기울이고 있다. 우리의 조상들이 수천 년을 살아온 우리 땅의 하늘이 뿌연 것은 안타까운 일이 아닐 수 없다.

대기 오염의 심각성

그러나 우리는 분명히 현재의 오염된 하늘과는 다른 우리나라의 하늘을 기억하고 있다. 우리 후손들이 대대로 살아가야 할 우리 땅의 하늘에서도 어디서나 항상 반짝반짝 빛나는 별과 대낮같이 밝은 보름달, 7가지 색이 선명한 무지개를 다시 볼 수 있도록 노력해야 할 것이다. 맑고 청명한 하늘이 방송 뉴스의 이야깃거리가 되지 않을 정도로 당연한 날이 오길 기대한다.

 스모그

스모그는 안개에 다량의 먼지나 매연이 섞여 시정 거리가 2km 이하인 경우를 말한다. 스모그(smog)는 연기(smoke)와 안개(fog)가 결합된 합성어로 1905년 런던에서 열린 '공중위생회의'에서 처음 사용되었다. 1952년 런던에서는 강력한 스모그가 발생하여 10일 만에 4,000명이나 죽은 일이 있었다고 한다. 런던 지방의 스모그는 아황산가스(SO_2)와 매연 등 굴뚝에서 나오는 1차 오염 물질이 안개와 섞여 생긴 것이다. 반면에 LA형 스모그는 자동차나 공장에서 배출한 질소산화물 또는 탄화수소가 자외선을 흡수하여 광화학 반응을 일으켜 발생하는 현대판 스모그이다. 이런 스모그는 시야가 깨끗하다가도 햇빛이 강해지는 오후만 되면 희뿌옇게 시야를 가리게 되는 특징이 있다. 서울을 비롯한 우리나라 대도시를 덮고 있는 회색빛의 안개도 일종의 스모그이다.

그런데 한국형(서울형) 스모그 현상은 런던형이나 LA형과는 약간 다른 별도의 화학·물리적 반응을 보인다. 왜냐하면 서울은 공장 굴뚝 등 1차 오염원이 적은 데다 햇빛도 그리 강하지 않기 때문이다. 서울은 지난 1980년대에 비해 아황산가스는 10분의 1로, 일산화탄소와 먼지는 3분의 1로 줄었다고 한다. 자동차 수가 대폭 늘긴 했지만 정부의 개선 노력으로 이산화질소와 오존의 총량은 지난 1980년대와 비슷한 수준이라고 한다.

무한히 쓸 수 있는 보이지 않는 자원
- 바람

어느 누구도 바람 그 자체를 볼 수는 없다. 그러나 바람을 느낄 수는 있다. 왜냐하면 바람은 보트를 움직이게 하고, 나뭇가지를 흔들며, 뜨거운 여름날 우리의 얼굴을 시원하게 식혀 주기 때문이다. 바람은 항상 존재하며, 바람을 느낄 수 없을 만큼 고요한 날에도 바람은 불고 있다. 뇌운雷雲 속이나 높은 산을 넘는 경우(약 1%)를 제외하면 바람은 거의 수평 방향으로 흐른다. 바람을 가장 잘 활용하고 있는 것은 새鳥들이다. 새는 날개를 펼치면 오랫동안 공중을 날 수 있는데 바람이 불지 않는 날에도 날개의 양쪽 끝을 완전히 펴서 활공하면서 날아다닌다. 높이에 따라 다르지만 100m 높이에서 활공하기 시작하면 수평으로 1,600m 정도를 날 수 있다고 한다. 대기 속에 약간의 바람만 있어도 새는 상승기류에 의해 비행을 계속할 수가 있으므로 바람은 새들의 동력이라고 해도 틀린 말이 아니다.

꽃가루도 바람에 의해서 이동된다. 어떤 것은 2개의 공기 주머니로 바람을 타고 100km나 멀리 떨어진 곳까지 날아가는 것도 있다. 뿐만 아니라 양귀비(楊貴妃, Papaver somniferum)씨의 경우도 바람을 타고 150km나 떨어진 곳까지 날아간다고 한다. 민들레홀씨가 땅에 떨어지지 않고 바람을 타고 날아가는 것은 씨를 감싸고 있는 명주실(가는 털)이 햇빛을 받아 따뜻해지고 이때 털을 둘러싸고 있는 공기가 가벼운 풍선과 같은 역할을 하며 날아가기 때문이다. 이것들은 솜털 모양의 비행 기관을 가지고 있는 것과 마찬가지이다. 바람을 이용한 범선帆船은 BC 4500년경 이미 이집트에서 사용되었다. 또 14세기경에는 4각 돛과 3각 돛을 설치한 큰 범선이 만들어졌으며, 19세기 말에는 돛의 수가 40개나 되는 4,000톤급의 거대한 범선을 만들어 계절풍季節風과 무역풍貿易風을 이용해 해양을 누비고 다녔다.

14~15세기경부터는 바람을 제분製粉의 동력원으로 사용해 왔는데, 이는 풍차를 말한다. 이러한 풍차는 네덜란드, 인도, 중국 등에서 탈곡이나 소금을 만들기 위해 물을 끌어올리는 도구로 사용해 왔다. 뿐만 아니라 최근에는 과학기술의 발달로 전력의 공급이 어려운 외딴 섬이나 산악지대 등에서 풍력 발전용으로 이용하고 있다. 돌과 여자, 바람이 많다는 제주에는 실제로도 바람이 많이 분다. 그런 까닭에 바람은 제주도민의 생활에 어려움과 불편을 주어 왔지만

무역풍이 부는 방향

지금은 풍력발전으로 수익을 주고 있기도 하다.

비행기가 바람을 이용하는 것은 말할 나위도 없다. 고공비행하는 제트 비행기는 성층권 부근의 강풍대强風帶에 진입하여 제트 기류를 이용해서 비행시간을 줄일 수 있다. 행글라이더도 동력기에 끌려서 날지만 일단 하늘에 오르면 산악파동기류山岳波動氣流를 이용해서 높이 올라간다. 또한 제2차 세계대전 중 일본은 편서풍을 이용한 풍선 폭탄을 미국에 날려 보냈다. 이와 같이 지구인들은 무한 무상으로 바람을 쓰고 있다. 비록 눈에 보이지 않는 바람이지만 우리에게는 하루도 없어서는 안 될 귀중한 자원인 셈이다. 지금도 바깥에는 바람이 분다. 빨래를 말리고, 꽃씨와 연을 날리고, 여름의 더위를 식혀 주면서 항상 바람은 우리 곁을 맴돈다.

하늘에서 튀는 수만 볼트의 전기
– 번개

　　일반적으로 전기라고 하면 발전소에서 만들어 공장이나 집으로 보내오는 것을 생각한다. 그런데 구름에서 전기가 생긴다는 것은 쉽게 상상이 되지 않는다. 좀 더 범위를 넓혀 보면 전기는 구름에만 있는 것이 아니고 사람들의 손에도 있고, 지금 읽고 있는 이 책에도 있다. 세상의 모든 물질에서는 전기가 생긴다. 그 이유는 모든 물질이 원자로 구성되어 있고 원자의 핵은 양전기를 가진 양성자와 음전기를 가진 전자, 그리고 중성의 성질을 가진 중성자로 이루어져 있기 때문이다. 직접 접하는 전기와 달리 하늘에서 생기는 전기는 번개로 나타나고 천둥소리를 낸다. 번개나 천둥을 무서워하지 않는 사람도 가까운 곳에서 '번쩍, 우르릉 쿵쾅' 하고 빛을 발하고 소리가 나면 놀라게 된다.

　　번개(lightning)는 구름과 구름, 구름과 대지 사이에서 방전이 일어나 번쩍이는 불꽃을 말하는데, 주로 적란운(積亂雲 : 뇌운)●과 함께 나타난다. 뇌우

적운보다 낮게 뜨는 수직 운. 위는 산 모양으로 솟고 아래는 비를 머금는다. 우박, 소나기, 천둥 따위를 동반하며 소나기구름, 소낙비구름, 쌘비구름 등으로 부른다.

동안 번개의 섬광閃光은 구름 내부에서 나타날 수도 있고 구름과 구름 사이, 구름과 대기 사이, 혹은 구름과 지면 사이에서 나타날 수도 있다. 천둥(thunder)은 뇌성과 번개를 동반하는 대기 중의 방전 현상이다. 빛은 1초에 대략 30만km를 움직이고 소리는 약 340m/s 움직이므로 번쩍하고 번개가 치고 나서 천둥소리가 들리기까지 걸린 시간(초)에 340을 곱하면 천둥 친 곳까지의 거리를 알 수 있다. 천둥소리가 아무리 크더라도 대개

는 20km 정도까지만 뻗어 나간다. 그런데 번개 자체는 빛의 속도가 아니다. 번개가 발생한 것을 알 수 있도록 보이는 것은 빛이지만, 번개 자체가 구름에서 땅으로 전진하지는 않기 때문이다.

전기적으로 반대되는 성질을 가지고 있는 양성자와 전자는 서로 끌어당기면서 균형을 이루고 있다. 그러나 이러한 힘의 균형이 깨지기도 한다. 옷을 입을 때, 겨울에 문고리를 잡을 때, 차의 문을 열 때에 마찰에 의해 전자의 일부가 떨어져 우리 몸으로 이동한다. 흔히 정전기라 말하는 것이 발생한 것이다. 구름과 지상의 물체 사이에서 일어나는 일도 정전기와 같은 원리이다. 구름에는 물방울만 있는 것이 아니라 먼지나 염분도 있다. 이들이 공중으로 올라가면서 공기와 마찰하여 전자를 잃어 균형이 깨진다. 이때 일부 구름은 전자를 잃어 양전기를 갖게 되고 또 일부 구름은 전자를 얻어 음전기를 갖게 된다. 이때 무거운 물방울이 많은 구름 아래쪽은 음전기를 띄고 가벼운 위쪽은 양전기를 띄

번개

게 된다. 아래쪽에 양전기를 가진 구름이 지상 가까이 오면 양전기에 이끌려 지상에 음전기(전자)가 모이게 된다. 어느 순간 지면의 전자는 구름으로 순식간에 빨려 들어간다. 이때 번개가 친다. 마치 문고리와 손끝 사이에서 전기가 튀듯이 말이다. 번개가 칠 때는 엄청난 양의 전기가 순간적으로 흐르는데 그 속도는 1초에 약 16만 km이고 지그재그로 밝게 빛나는 번개의 온도는 약 섭씨 2800℃에 이르기도 한다.

하늘에 떠 있는 얼음 알갱이
– 구름

    맑은 하늘에는 공기 이외에는 아무것도 없는 것처럼 보이지만 미세한 얼음 알갱이들이 무수히 많이 떠 있다. 이것들이 조밀하게 응집되어 구름을 형성한다. 구름(cloud)의 모양은 너무나 다양하여 일일이 다 열거할 수 없다. 다양한 구름의 모양을 관찰하던 약제사이자 아마추어 기상학자인 영국의 하워드(Luke Howard, 1772~1864)는 1803년에 『구름의 분류에 관하여』라는 에세이에서 구름에 이름을 붙였다. 1896년에는 그를 경축하여 국제구름년을 제정하고, 2002년 4월 7일에는 에세이 발표 200주년을 기념해 하워드가 말년을 보낸 집 벽에 "Luke Howard … Namers of Clouds"라고 쓴 장식판을 달아 주었다.

    구름은 외관상의 모양과 높이에 따라 10여 가지의 종류로 나눈다. 높이에 따라 상층운, 중층운, 하층운으로 나누며, 모양에 따라 적운(積雲, cumulus, 뭉게구름), 층운(層雲, stratus, 안개구름), 권운(卷雲, Cirrus, 새털구름)으로 나눈다. 우리가 흔히 말하는 뭉게구름이나 새털구름은 문학적으로 표현한 것이고 기상학적인 용어는 아니다. 또한 구름의 모양이나 종류들은 한 유형으로만 나타나는 것이 아니라 혼합된 형태로 생기기도 한다. 상층운은 높이 6,000m 이상에서 만들어지는 구름으로 권운, 권적운(Cirrocumulus), 권층운(Cirrostratus)으로 나뉘고, 중층운은 높이 2,000m 이상에서 6,000m 미만 사이에서 형성되는 구름이다. 고적운(Altocumulus), 고층운(Altostratus)은 2,000~3,000m 이내에 존재하며, 지상

2,000m 이내에는 하층운이 있다. 그 외에 난층운(Nimbostratus), 층적운(Stratocumulus), 층운, 수직운, 적운, 그리고 비행기가 지나간 흔적인 비행운 등으로 나눌 수 있다.

지상은 태양열을 받아 공중보다 기온이 높다. 이때 지상의 따뜻한 공기의 부피가 팽창되어 공중으로 올라간다(상승 기류). 하늘로 올라갈수록 공기의 온도는 계속 낮아진다. 공중의 수증기가 물방울로 변하는 온도(이슬점) 아래로 내려가면 수증기는 응결된다. 이렇게 생긴 작은 물방울이나 얼음 알갱이가 일정한 곳에 몰려서 구름이 형성된다. 작은 물방울이 구름처럼 높은 곳에 떠 있지 않고 땅 가까운 곳에 떠 있는 것은 안개이다. 여름철에는 대기 중에 적란운과 적운이 많이 떠 있고, 가을철에는 권운과 권적운이 많이 나타난다. 날씨 예보를 할 때는 보통 운량(雲量, amount of clouds)에 따라 맑음(운량 0~2), 갬(운량 3~7), 흐림(운량 8~10)으로 일컫는다. 운량 0은 하늘에 구름이 한 점도 없을 때이고, 운량 10은 하늘이 온통 구름으로 뒤덮일 때이다.

햇빛이 구름 깊은 곳까지 통과되어 대부분의 구름은 희게 보인다. 하지만 여름철 수평선이나 지평선상에서는 매우 어두운 회색 구름이 자주 보이는데, 이 구름은 비를 가득 머금고 있는 소나기구름(積亂雲, cumulonimbus)이다. 소나기구름은 두께가 10km나 될 정도로 다른 구름에 비해 두껍기 때문에 햇빛이 거의 통과하지 못해서 검게 보인다. 약간 푸른색을 띠는 구름은 구름 내부의 물방울이 빗방울 크기에 도달했음을 의미하며, 엷은 연두색 얼음이 태양빛을 산란시킬 때에 생성된다. 이 구름(적란운)은 곧 굵은 비 또는 우박으로 변해 내리고 강풍 또는 토네이도가 다가올 것을 의미한다. 노란 구름은 매우 드물지만 늦은 봄에서 이른 가을철에 생길 수 있다. 그 외에 붉은색, 오렌지색, 분홍색 구름은 해가 뜰 때나 질 때 태양빛이 대기에 의해 산란되면서 보이는 구름이다.

태양에서 날아오는 전자기파
- 자외선

　태양의 복사열이 지구에 도달하며 일부는 대기로 되돌아가는데 이때 원래의 방향으로 되돌아가는 것을 반사 작용(reflection)이라고 한다. 또한 빛이 진행 방향을 벗어나서 다른 방향으로 빠져나가는 것을 산란 작용(scattering), 공기 중의 산소, 오존, 수증기 등에 의해 지구로 빨려드는 것을 흡수 작용(absorption)이라고 한다. 특히 오존(O₃)은 산소원자 3개로 구성된 비교적 불안정한 분자로, 지구를 둘러싸고 있는 산소의 일종이다. 오존은 독성이 강해서 공기 중에 극소량만 섞여 있어도 인간에게 치명적인 해를 입힌다. 반면에 대기 중에 있는 오존은 태양에서 오는 자외선을 차단해 주기 때문에 없어서는 안 될 중요한 기체이다. 그러므로 지구에 오존층이라는 차폐막이 없어지면 자외선이 지표까지 도달하여, 지상에는 생물이 살수 없게 된다.

　만약 사람들이 오존층을 통과한 자외선을 오랫동안 쬐인다면 피부암, 백내장, 면역결핍증 등 인체에 손상이 온다. 지구 생성 초기에 대기가 자외선을 막아 주지 못했다면 지구에는 생물이 살 수 없었을 것이다. 자외선은 파장이 엑스선보다 길고, 가시광선(可視光線)보다 짧은 전자기파로 파장은 대략 1억분의 1cm부터 10만분의 4cm에 이른다. 자외선(紫外線, Ultraviolet ray)은 가시광선의 단파장인 보라색의 바깥쪽에 위치하는 전자기파이다. 여름에 햇빛에 오래 노출되어 있으면 얼굴이 검게 그을리는 것도 자외선에 의한 화학 작용 때문이다.

자외선은 형광 작용을 하기 때문에 형광등에 이용되며 살균 작용이 강해서 살균 소독기 등에도 쓰인다. 하지만 최근에는 자외선을 걸러 주는 오존층의 파괴로 과다한 자외선이 지구로 유입되어 지구인의 생활에 해를 끼치고 있다.

이러한 자외선으로부터 신체를 보호하기 위한 제품으로 차단제 크림이나 차단 모자, 차단 마스크 등이 등장했다. 특히 자외선 차단제(일명 선크림)는 화장품의 일종으로 자리를 잡았다. 자외선 차단제는 태양의 자외선으로 인해 발생하는 피부암, 홍반, 기미, 주근깨, 검버섯 등의 피부 트러블을 막아 준다. 일부 국가에서는 야외 활동을 할 때 차단제를 필수적으로 바르도록 권하고 있다.

그 외에 자외선은 우주를 탐사하는 데도 이용되는데 특히 자외선 망원경(紫外線望遠鏡, ultraviolet telecope)은 가시 영역 근처의 짧은 파장 영역을 관측하는 데 사용되는 망원경(광학 기구)이다. 1978년에 국제자외선탐사선(IUE)이 발사되어 일정한 궤도로 지구를 돌며 천체의 자외선 복사를 연구해 왔고, 1990년대 초에 발사된 극자외선관측위성(EUV)도 활동 중이다. 이와 같이 자외선은 인간에게 해를 끼치기도 하지만 각종 광학 기구에 응용되어 지구를 관측하는 데 사용되기도 한다.

자외선의 위치

태양풍이 만드는 하늘의 커튼
- 오로라

　하늘에 아름답게 새겨진 붉은색이나 녹색 등 다양한 색의 커튼 모양을 찍은 사진을 보았을 것이다. 이 신비하고 아름다운 기상 현상은 인간의 힘으로는 도저히 흉내 낼 수 없는 '오로라(북극광 : 北極光)'로 주로 북극 지방(그린란드와 알래스카)에서 볼 수 있다. 그린란드 원주민들은 오로라(aurora)를 '공놀이'라고 하는데 이것의 어원은 전설에서 비롯된 것이다. 내용인즉, 오로라를 보면서 휘파람을 불면 '오로라'가 가까이 다가오고, 개처럼 마구 짖으면 '오로라'가 사라진다는 것이 그 줄거리이다. 이런 전설을 통해 주민들은 '오로라'를 이리 굴러 왔다가 저리 튕겨 가는 공으로 연상했음직하다. 남극에도 오로라가 생기지만 북극과는 달리 남극은 일반 관광객이 드나들지 않고 주민들이 없기 때문에 남극에서 오로라를 보았다는 뉴스를 접하기는 어렵다.

　재미있는 것은 이 오로라가 태양풍의 작품이라는 것이다. 태양에서 방출된 플라스마의 일부가 지구 자기장에 이끌려 대기로 진입하면서 공기 분자와 반응하여 빛을 내는 현상이다. 하늘은 늘 태양풍에 노출되어 있는데, 지구를 둘러싸고 있는 자기장(磁氣場, magnetic field)으로 인해 대부분의 태양풍은 자기권 밖으로 흩어진다. 그런데 지구의 자기권은 극지방으로 갈수록 구부러지는 형태여서 극지방에서는 자기층이 얇게 형성된다. 바로 이 얇은 층에 태양풍이 스며들게 된다. 이때 태양풍 입자들과 대기 속의 공기 분자가 충돌하면서 오로라가 생기게 되는 것이다. 이러한 오로라는 거대한 커튼 모양으로 하늘을 가로질러 출렁이는 것처럼 보일 때가 있다. 주로 위도 65~70° 사이에서 나타나며 지표로부터 65~100km 사이에서 많이 나타난다. 오로라는 녹색 혹은 황록색이 가장 많이 보이지만 때때로 적색, 황색, 청색, 보라색을 띠기도 한다.

　알래스카의 페어뱅크스(Fair banks)에서도 가장 경이롭고 장엄한 자연 현상 중의 하나인 오로라를 자주 볼 수 있다고 한다. 별이 빛나는 밤에 하늘 위에서 빨간색, 초록색 그리고 노란색 등으로 빛나는 오로라가 나타나는데 이 광경을 보면 누구라도 자연에 대한 경이로움을 느낀다고 한다. 이누잇(Inuit)족의 전설에 따르면, 오로라는 저승에 영혼이 있다는 증거라고 한다. 즉 사람들은 오로라가 횃불을 들고서 방황하는 여행자들을 최종 여행지까지 안내하는 영혼에게서 나온다고 믿고 있다. 또 사금 채취꾼들은 오로라가 금광맥에서 나온 빛이 반사된 것이라고 믿기도 한다. 이러한 오로라는 통상 8월 말부터 다음 해 4월까지 볼 수 있는데, 특히 맑고 캄캄한 밤하늘에서 가장 잘 볼 수 있다.

1만 미터 상공에 공기의 강이 있다
- 제트 기류

　제트 기류는 하늘 위의 공기 흐름이며, 바다의 해류처럼 하늘에도 공기가 흐르고 있다. 대류권의 상부 또는 성층권의 하부 영역에 좁고 수평으로 부는 강한 공기의 흐름을 제트 기류(Jet Stream)라고 한다. 제트 기류는 지상 9,000~1만m 높이에서 불고 풍속은 보통 100~250km/h 정도 되지만 최대 500km/h에 이르기도 한다. 만일 제트 기류가 없다면 지구의 대기가 제대로 섞이지 않아 지구의 온도는 부분적으로 정상적이지 못할 것이다. 현재 대한항공을 이용하는 경우 인천~LA 구간의 비행시간은 10시간 35분이 소요되고, LA~인천은 13시간 10분으로 약 2시간 이상 차이가 난다. 이렇게 같은 구간을 왕복하더라도 오고 가는 방향에 따라 차이가 나는 것은 태평양 북반구 지역의 서쪽에서 동쪽으로 부는 제트 기류의 영향 때문이다.

　공교롭게도 이 제트 기류는 항공기가 길로 이용하는 3만~4만 피트(약 9.144~12.192km) 사이에서 흐르기 때문에 항공기가 비행할 때 가급적이면 이 제트 기류를 많이 활용하는 편이다. 미주행 항공편은 이 제트 기류를 십분 활용하여 미국으로 가고, 한국으로 돌아올 때는 제트 기류를 피해 항로를 북쪽으로 이동해서 북극 항로를 이용하는 편이다. 갈 때는 뒤에서 바람(제트 기류)이 밀어 주므로 비행시간을 평균 1~2시간 이상 단축할 수 있고, 연료도 덜 들이고 빠른 시간 안에 도착할 수 있다. 물론 갈 때와 올 때의 항로의 연장 차이도 있을 수 있

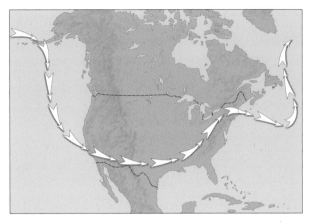

제트 기류(2006. 3. 8)

지만 그보다는 제트 기류의 영향 때문에 오가는 시간에 차이가 발생한다는 게 더 정확한 분석이다. 제트 기류의 특징을 보면 ① 중위도 지방의 고도 약 9~10km 상부 대기권(권계면)에 존재하고, ② 북반구를 기준으로 서쪽에서 동쪽으로 흐르는 기류이며, ③ 속도는 계절에 따라 다르지만 시속 100~200km에 이를 정도로 매우 빠르고, ④ 기류의 경로 모양은 계곡의 하천이나 뱀처럼 흐르는 형태이고, ⑤ 북반구에서 겨울철에는 북위 35°에 위치하며 여름철에는 북위 50° 부근에서 형성된다.

이 바람을 왜 제트 기류(Jet Stream)라고 할까? 사람들은 제트 기류가 존재한다는 것을 어떻게 알게 되었을까? 이것은 제2차 세계대전(1940년대) 때 투하된 폭탄이 목표한 지점을 벗어난 것 때문이라고 한다. 또 2차 세계대전 시 미군 폭격기가 아시아(일본) 쪽의 임무를 마치고 미국으로 돌아가는 과정에서 갈 때보다 시간이 덜 걸린 데서 알아차렸다고 한다.

그렇다고 제트 기류라는 이름이 제트기와 직접 관련이 있는 것은 아니다. 원래 제트라는 용어는 빠른 유체(가스나 물 등 흐르는 물체들)의 흐름을 의미하는 것이다. 항공기에서 주로 사용하는 '제트 엔진'이라는 용어는 뜨거운 연소 가스의 흐름, 즉 제트를 내뿜는다고 해서 붙여진 이름이다. 하지만 제트 항공기가 가장 효율적으로 운항하는 고도인 3만~4만 피트 사이에 제트 기류가 존재하는 것이 우연치고는 대단한 우연이다.

● 참고 자료

– 라이너 괴테, 『선생님도 모르는 우주이야기』 2007, 글담출판사.

– 후쿠에 준 · 이와노 유미, 『3일 만에 읽는 우주』 2008, 서울문화사.

– 장 라디크, 『위대한 건축 우주』 2006, 웅진씽크빅.

– 비일상연구회, 『우주를 여행하는 85가지 방법』 2008, 태학원.

– 케네스 C. 데이비스, 『울퉁하고 불퉁한 우주이야기』 2008, 푸른숲.

– 지식리트머스, 『세상에서 가장 신비로운 우주지도』 2009, 북스토리.

– 윤실, 『우주와 지구이야기』 2007, 전파과학사.

– 박석재, 『해와 달과 별이 뜨고 지는 원리』 2009, 도서출판성우.

– 김지현 · 김동훈, 『풀코스 우주여행』 1999, 현암사.

– 이정후 · 김성식 · 박찬, 『우주의 신비』 2008, 청문각.

– 윤경철, 『대단한 지구여행』 2006, 푸른길.

– 채연석, 『우리는 이제 우주로 간다』 2007, 해나무(북하우스).

– 한국천문학회, 『천문학용어집』 2003, 서울대학교 출판부.

– 한국천문연구원, 『천체사진집』 2004, 한국천문연구원.

– 내셔널지오그래픽, 『내셔널지오그래픽 한국판』 2009년 9월호.

– 『World Reference ATLAS』 2002, Octopus Publishing Group. LTD.

– 『Geographic's Family Atlas』 2000, Random House NewZealand.

– 『Geographical Atlas of the World』 1997, CIB.

– 『Worlds Beyond Ours』 1968, Odhams.

– 교육과학기술부 홈페이지(http://www.mest.go.kr/me_kor/index.jsp)

– 항공우주연구원 홈페이지(http://www.kari.re.kr)

– 한국천문연구원 홈페이지(http://www.kasi.re.kr)

– 미국항공우주국 홈페이지(http://www.nasa.gov/home/index.html)

● 부록

SI 접두어

10^n	접두어	기호	배수	십진수
10^{24}	요타(yotta)	Y	자	1 000 000 000 000 000 000 000 000
10^{21}	제타(zetta)	Z	십해	1 000 000 000 000 000 000 000
10^{18}	엑사(exa)	E	백경	1 000 000 000 000 000 000
10^{15}	페타(peta)	P	천조	1 000 000 000 000 000
10^{12}	테라(tera)	T	조	1 000 000 000 000
10^9	기가(giga)	G	십억	1 000 000 000
10^6	메가(mega)	M	백만	1 000 000
10^3	킬로(kilo)	k	천	1 000
10^2	헥토(hecto)	h	백	100
10^1	데카(deca)	da	십	10
10^0	(없음)	(없음)	일	1
10^{-1}	데시(deci)	d	십분의 일	0.1
10^{-2}	센티(centi)	c	백분의 일	0.01
10^{-3}	밀리(milli)	m	천분의 일	0.001
10^{-6}	마이크로(micro)	μ	백만분의 일	0.000 001
10^{-9}	나노(nano)	n	십억분의 일	0.000 000 001
10^{-12}	피코(pico)	p	일조분의 일	0.000 000 000 001
10^{-15}	펨토(femto)	f	천조분의 일	0.000 000 000 000 001
10^{-18}	아토(atto)	a	백경분의 일	0.000 000 000 000 000 001
10^{-21}	젭토(zepto)	z	십해분의 일	0.000 000 000 000 000 000 001
10^{-24}	욕토(yocto)	y	일자분의 일	0.000 000 000 000 000 000 000 001

수량이 매우 크거나 작은 수를 표현할 때 일련의 접두사들을 SI 단위와 결합하여 사용하는데, 우리에게 친숙한 센티미터(cm)는 100분의 1 또는 10^{-2}m에 해당된다.

국내 천문대

순	지역	이름	홈페이지	전화번호	비고
1	강원	화천광덕산천문대	오픈 예정		시민천문대
2	강원	영월별마로천문대	http://www.yao.or.kr	033-374-7460	시민천문대
3	강원	횡성우리별천문대	http://www.ourstar.net	033-345-8471	사설천문대
4	강원	횡성천문인마을	http://www.astrovil.co.kr	033-342-9023	사설천문대
5	강원	평창청소년수련원	http://www.pnyc.or.kr	033-330-0800	국립청소년수련원
6	강원	양구국토정중앙천문대	http://www.ckobs.kr	033-480-2586	시민천문대
7	경기	파주도서관	http://www.pajulib.or.kr	031-940-5656	시민천문대
8	경기	여주세종천문대	http://www.sejongobs.co.kr	031-886-2200	사설청소년수련원
9	경기	국립과천과학관	http://www.scientorium.go.kr	02-3677-1500	국립과학관
10	경기	안성천문대	http://www.nicestar.co.kr	031-677-2245	사설천문대
11	경기	가평코스모피아	http://www.cosmopia.net	031-585-0428	사설천문대
12	경기	양평국제천문대	http://www.ngc7000.co.kr	031-775-0822	사설천문대
13	경기	양평중미산천문대	http://www.astrocafe.co.kr	031-771-0306	사설천문대
14	경기	양주송암천문대	http://www.starsvalley.com	031-894-6000	사설천문대
15	경기	일산어린이천문대	http://astrocamp.net	031-975-3245	사설천문대
16	경기	평택무봉산청소년수련원	http://www.moobong.or.kr	031-610-4416	사설청소년수련원
17	경기	가평자연과별	http://www.naturestar.co.kr	031-581-3001	사설천문대
18	경기	과천정보과학도서관	http://www.gclib.net/	02-3677-0892	시민천문대
19	경기	의정부과학도서관	http://ast.uilib.net	031-828-8656	시민천문대
20	경기	군포누리천문대	http://www.gunpolib.or.kr/nuri/index.ax	031-501-7100	사설천문대
21	경남	김해 김해천문대	http://www.astro.gsiseol.or.kr	055-337-3785	시민천문대
22	경북	영천보현산천문관	http://boao.kasi.re.kr/	054-330-1000	시민천문대
23	경북	거창월성청소년수련원	http://www.moonstar.or.kr	055-945-1913	군립청소년수련원
24	경북	영양반딧불천문대	http://firefly.yyg.go.kr	054-680-6045	시민천문대
25	경북	예천천문우주센터	http://www.portsky.net	054-654-1710	사설천문대
26	경북	보현산천문대	http://boao.kasi.re.kr	054-330-1000	천문연구원
27	광주	광주빛고을천문대	http://fmayouth.or.kr/	062-373-0942	시립청소년수련원
28	대전	만인산푸른학습원	http://www.maninedu.or.kr	042-280-5566	시민천문대

국내 천문대

순	지역	이름	홈페이지	전화번호	비고
29	대전	국립중앙과학관	http://www.science.go.kr	042-601-7913	국립과학관
30	대전	대전시민천문대	http://star.metro.daejeon.kr	042-863-8763	시민천문대
31	부산	금련산천문대	http://cafe.naver.com/mtkumryunstar.cafe	051-610-3224	시민천문대
32	서울	광진청소년수련관	http://www.seekle.or.kr	02-2204-3100	시민천문대
33	서울	창동청소년문화의집	http://www.dazzl.or.kr/	02-908-0924	시민천문대
34	서울	서울영어과학교육센터	http://www.seoulese.or.kr	02-971-6232	시민천문대
35	전남	고흥우주천문과학관	오픈 예정	061-830-5477	시민천문대
36	전남	순천만천문대	http://www.suncheonbay.go.kr	061-744-8111	시민천문대
37	전남	곡성섬진강천문대	http://star.gokseong.go.kr	061-363-8528	시민천문대
38	전남	국제청소년교육재단	http://sacamp.co.kr	061-381-8361	사설청소년수련원
39	전북	무주반디랜드	http://www.bandiland.com	063-320-2182	시민천문대
40	전북	남원항공우주천문대	http://spica.namwon.go.kr/index.sko	063)620-6900	시민천문대
41	전북	남원만행산천문체험관	http://www.skystarville.or.kr	063-626-9009	시민천문대
42	제주	서귀포천문과학관	http://astronomy.seogwipo.go.kr	064-739-9701	시민천문대
43	제주	제주별빛누리공원	http://star.jejusi.go.kr	064-728-8900	시민천문대
44	충남	서산천문기상관	오픈 예정		시민천문대
45	충남	천안국립중앙청소년수련원	http://www.nyc.or.kr	041-620-7700	국립청소년수련원
46	충남	청양칠갑산천문대	http://tour.cheongyang.go.kr	041-940-2790	시민천문대
47	충북	보은서당골천문대	http://www.seodanggol.co.kr	043-542-0981	사설청소년수련원
48	충북	충주고구려천문과학관	http://www.gogostar.kr	043-842-3247	시민천문대
49	충북	소백산천문대	http://soao.kasi.re.kr	043-422-1108	천문연구원
50	충북	청주별학교	http://www.cjuland.co.kr	043-200-4705	시민천문대
51	충북	제천별새꽃돌천문대	http://ntam.org	043-653-6534	사설천문대

교양으로 읽는 하늘 이야기

대단한 하늘여행

초판 1쇄 발행 2011년 4월 8일
초판 2쇄 발행 2015년 11월 5일

지은이 윤경철

펴낸이 김선기
펴낸곳 (주)푸른길
출판등록 1996년 4월 12일 제16-1292호
주소 (08377) 서울특별시 구로구 디지털로 33길 48 대륭포스트타워 7차 1008호
전화 02-523-2907, 6942-9570~2
팩스 02-523-2951
이메일 purungilbook@naver.com
홈페이지 www.purungil.co.kr

ISBN 978-89-6291-154-1 03440

이 도서의 국립중앙도서관 출판시도서목록(CIP)은 e-CIP홈페이지(http://nl.go.kr/ecip)에서
이용하실 수 있습니다.(CIP 제어번호 : CIP2011001157)